高等职业教育土建类专业“十四五”创新规划教材

建筑工程测量

主　编　谢　波
副主编　魏永恒　贾晨琛
主　审　范家茂

中国建材工业出版社

图书在版编目（CIP）数据

建筑工程测量/谢波主编．--北京：中国建材工业出版社，2023.5

ISBN 978-7-5160-3705-8

Ⅰ.①建…　Ⅱ.①谢…　Ⅲ.①建筑测量—高等学校—教材　Ⅳ.①TU198

中国国家版本馆 CIP 数据核字（2023）第 007444 号

内　容　简　介

本书依据建筑工程测量的工作过程和作业流程构建课程体系，内容包括施工测量准备、场区控制测量、建筑物施工控制测量、施工放样、变形测量、竣工测量和资料整理。本书将测绘仪器学、测绘学以及建筑工程测量专业知识有机融合，构建了建筑工程测量专业知识体系，同时融合了现行的测绘专业及建筑工程测量专业的标准和规范。

本书将理论与实践相结合，适用于培养应用型人才的教学，也适用于相关行业从业者自学和岗位培训，对企业测量技术人员也有一定的参考价值。

建筑工程测量

JIANZHU GONGCHENG CELIANG

主　编　谢　波

副主编　魏永恒　贾晨琛

主　审　范家茂

出版发行：中国建材工业出版社

地　　址：北京市海淀区三里河路 11 号

邮　　编：100831

经　　销：全国各地新华书店

印　　刷：北京雁林吉兆印刷有限公司

开　　本：787mm×1092mm　1/16

印　　张：14

字　　数：320 千字

版　　次：2023 年 5 月第 1 版

印　　次：2023 年 5 月第 1 次

定　　价：59.80 元

本社网址：www.jccbs.com，微信公众号：zgjcgycbs

请选用正版图书，采购、销售盗版图书属违法行为

前　言

课程建设是提高高等职业教育教学质量的核心，而工学结合的教材建设是课程建设的重要环节和教学改革的重点及难点。建筑工程测量学是土木工程类专业的基础课和必修课，全国很多高等职业院校仍采用传统的学科式基础理论知识教材，缺少与职业工作过程的联系，造成学生在利用知识解决实际问题时十分困难。鉴于此，本书编写的基本思想是，按照高等职业院校培养目标和人才培养模式的需要，依据建筑工程测量的工作过程和作业流程，在职业技能培养中融入测绘学科的专业知识，从而培养学生的专业理论知识、职业能力和素养。

本书具有如下特点：

（1）构建完整的建筑工程测量工作过程。建筑工程测量工作过程包括施工测量准备、场区控制测量、建筑物施工控制测量、施工放样、变形测量、竣工测量和资料整理等。编者在调查重点建筑施工生产企业和搜集相关资料的基础上，详尽分析和分解工作过程中的具体工作内容，归纳出工作内容所对应的技能和知识点。

（2）编写职业工作过程适用的技能知识。在本书编写过程中，以职业工作过程为导向，将理论知识内容进行重构，将实践技能和理论知识有机结合。在建筑工程测量技术活动中，工作内容多、专业知识复杂，但职业特点十分明确。本书以满足独立完成建筑工程测量任务的要求和培养实际操作能力为重点，将技能操作详尽描述。理论知识是理解技能操作的必要解释、补充和有益拓展，本书理论知识适用，难度适中。

（3）在技能知识中融入现行的职业标准。职业标准与职业活动密切相联，本书以建筑工程测量工作过程为导向，反映了特定职业的实际工作标准和规范，如技术设计、选点埋石、资料搜集、仪器检验标准和规范、作业准备规划、外业观测操作记录检测要求、内业计算规范、成果精度要求等，培养学生的规范意识、质量意识，促进学生职业素养的形成。

本书在工学结合的编写方式上进行了一定的探索，编者希望它能起到抛砖引玉的作用，并期待更多的高等职业教育专家参与到这项工作中来。

编者在本书的编写过程中参阅了大量的文献和资料，并得到众多师友的热心帮助和支持，在此对提供文献和资料的单位和个人深表谢意！

限于作者的水平，书中不当之处恳请读者批评指正。

编　者

2023 年 2 月

目　　录

绪 论

1. 建筑工程测量的任务

测量学也称为测绘学，是研究地球的形状、大小和地球表面各种物体的几何形状及其空间位置的科学。根据研究对象和工作任务的不同，测量学又分为大地测量学、摄影测量学、工程测量学、地图制图学等学科。

建筑工程测量是工程测量学的一个重要分支，它是研究在测绘学基本理论基础上，利用测绘专门仪器，为建筑工程建设的质量和安全保证提供专业的测绘技术服务和保障的科学。其主要任务包括：

（1）测绘大比例尺地形图

把工程建设区域内的地貌和各种物体的几何形状及其空间位置，依照规定的符号和比例尺绘成地形图，并把建筑工程所需的数据用数字表示出来，为规划设计提供图纸和资料。

（2）建筑物的施工放样

把图纸上规划设计好的建（构）筑物，按照设计要求在现场标定出来，作为施工的依据；配合建筑施工，进行轴线投测和标高测设等测量工作，确保施工质量。

（3）竣工测量

工程竣工后，为了反映主要建构筑物、道路和地下管线等实际状况，为将来工程检修、改建或扩建等提供实际资料，应进行竣工测量，编绘竣工总平面图。

（4）建筑物的变形测量

在建筑物施工和运营期间，应进行变形观测，以了解建（构）筑物的稳定性和变形规律，保证安全施工和运营安全。

由此可见，建筑工程测量工作贯穿于工程建设的全过程，其工作质量直接关系到工程建设的质量。因此，从事工程建设的工程技术人员必须掌握建筑工程测量的基本知识和技能。通过本课程的学习，学生应掌握和应用测量学的基本原理和理论，能熟练操作常规测量仪器，完成建筑工程测量工作的基本任务。

2. 建筑工程测量的工作过程

测绘工作的基本原则是：

在布局上“从整体到局部”；

在程序上“先控制后细部”；

在精度上“由高级到低级”；

在作业上“随时检查”。

建筑工程测量必须遵守上述基本原则，其一般工作过程是：

承接项目任务后，首先，收集相关规划、勘察设计、施工设计图、标准规范等资料，然后到现场踏勘，交接起算控制点，了解施工场地的地形情况和周围环境，初步选定控制点和水准路线；在收集资料和现场踏勘的基础上进行施工测量方案的编制，并完成仪器检测，施工现场准备测量等准备工作。

然后，在施工区域建立场区首级控制网，包括场区平面控制网和高程控制网，为场地内所有建筑物的定位、确定相互位置关系提供基本依据。场区控制网具有控制全局，限制测量误差累积的作用，既要保证技术上的精度要求，又要保证外业观测的经济合理。

其次，在场区控制网的基础上建立单个建筑物施工控制网，包括建筑物施工平面控制网和建筑物高程控制网。建筑物施工控制网为单个建筑物定位和施工放样的基本控制，为建筑物的骨架、内部的尺寸和相互位置关系提供依据。小规模或精度高的独立施工项目，可直接布设建筑物施工控制网。

再次，根据建筑物施工控制网，按照施工图纸和施工方案进行建筑物的定位、主轴线投测、细部放线和标高传递的工作，也就是通常的施工放样。随着高层建筑物的施工高度的不断提升，主轴线投测、细部放线和标高传递的工作要求反复进行，因此这些工作是贯穿于建筑施工的整个过程，是建筑工程测量的主要工作。

在建筑施工放样的过程中，甚至在场地准备测量中，对建筑场地、地基、建筑结构及周边受影响的建筑物都需要进行变形测量，以保证建筑工程的施工质量和安全，因此，变形测量也贯穿于工程建设的整个过程。在工程交工后的运营期或使用期，也要继续进行变形测量，直至建筑物变形稳定为止。

为了反映主要建筑物或构筑物、道路和地下管线等位置的工程实际状况，为将来工程交付使用后进行检修、改建或扩建等提供实际资料，建设工程完工后应进行竣工测量，编绘竣工总平面图。

最后，为了上交竣工验收资料和积累资料，应进行建筑工程测量资料的分类整理，并编写资料清单，然后上交和归档保管。

建筑工程测量的工作过程如图 0.1 所示。

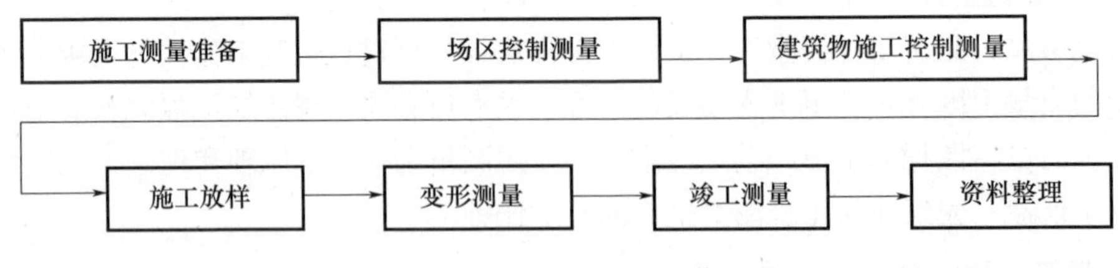

图 0.1　建筑工程测量的工作过程

1　施工测量准备

施工测量是为建筑工程施工提供全过程、全方位的测绘保障和服务的一项重要技术工作。施工测量准备是建筑工程测量的首要环节，一般包括资料、技术、仪器及现场等方面的准备工作，具体包括资料收集、现场踏勘、资料分析、施工测量方案编制和仪器检核以及施工场地准备测量等内容。

1.1　资料收集

施工测量前，应根据工程任务的要求收集有关规划、勘察、设计及施工等资料，一般包括：

1. 城市规划、测绘成果

城市规划、测绘成果主要是城市测量的控制测量资料，包括成果表、点之记等，其用途是作为起算数据。

确定几何图形的形状、大小和位置所具有的已知数据称为起算数据。确定几何图形的形状、大小和位置所必须或最少的已知数据称为必要起算数据。实际中起算数据往往要求多于必要起算数据，以便相互检核起算数据的正确性。

水准网和三角高程网的必要起算数据为一个已知点高程；测角网的必要起算数据为一个已知点坐标，一个相邻已知方位，一个相邻已知边长或两个相邻点坐标；测边网和边角网的必要起算数据为一个已知点坐标，一个相邻已知方位，实际测量中常采用两个点坐标。

2. 工程勘察报告

工程勘察报告是建筑物地基的工程地质特性的勘察结论，对地基土、基坑的支护、周围建筑物及地下管线等提出监测要求。

3. 施工设计图纸与有关变更文件

施工设计图纸包括总平面图、建筑施工图、结构施工图、设备施工图等，是建筑物定位、放线和高程测设的主要依据。

4. 施工组织设计或施工方案

施工组织设计或施工方案对施工测量的内容和精度提出具体要求，并安排有施工过程的进度计划，是编制施工测量方案的重要依据。

5. 施工场区地下管线、建（构）筑物等测绘成果

施工场区地下管线、建（构）筑物等测绘成果是施工场地准备测量、场区控制测量等的重要参考资料。

6. 项目合同文件、技术文件等技术要求和规定

项目合同文件、技术文件等包含工程的测区范围、成果标准、工期等要求，是各专业技术设计的主要依据之一。

7. 国家及行业标准和规范

标准、规范主要指国家标准、行业标准和地方规范。建筑工程标准、规范主要有《工程测量标准》《建筑施工测量标准》《建筑变形测量规范》《城市测量规范》等。标准、规范规定了工程实施的主要作业依据、技术规程、质量保证措施和检验方法等。

1.2 现场踏勘

现场踏勘时应先了解施工场地的地形情况，察看周围环境，初步选定平面控制点的位置、选择适当的水准路线和交接测量桩。

1. 选定平面控制点

要根据现场条件、施工组织设计总平面图、首层平面图等合理布设场区平面控制点，控制点应选在通视条件良好、安全、易保护的地方。

2. 选择水准路线

水准路线应沿着道路布设，水准点的点位地基应稳定，不宜布设在易于淹没，易受振动和地势隐蔽而不易观测的地方。

3. 交接测量桩

测量桩是起算控制点和测量定位的依据，应对测量桩成果资料和现场点位或桩位进行交接。交接测量桩工作是在建设单位主持下，由建设、监理、施工单位共同参与，在施工现场进行，由项目技术负责人、测量专业工长、测量人员参加。

（1）交接的测量桩位类型有城市平面控制点（城市导线点或 GPS 点）、红线桩、拨地桩、道路中线桩、拟建建筑物角点、建筑物定位的参照物或点位、水准点等。定位依据桩点位不应少于 3 个，工程依据的水准点数量不应少于 2 个。

（2）交接桩测量资料必须齐全，并应附标桩示意图，表明各种标桩平面位置和高程，必要时应附文字说明，依照资料在现场指认移交；交接桩时，各主要标桩应完整稳固；现场标桩应与书面资料相吻合。

（3）交接桩办理完毕后，必须履行交接桩手续，签署测量交接桩记录表，并妥善保管相关资料和现场标桩。

1.3 资料分析

资料分析是对收集的资料和成果进行分析或验证，以保证资料的正确性和适用性，主要包括图纸审核和起算控制点的检核。

1.3.1 图纸审核

设计图纸标示了建筑物与相邻地物的相互关系以及建筑物本身的内部尺寸关系，是施工测量的主要依据。图纸审核主要是审核总平面图、建筑施工图、结构施工图、设备施工图的坐标系统与高程系统、建筑轴线关系、几何尺寸、各部位高程等是否正确，并了解和掌握有关工程设计变更文件。

1. 建筑总平面图

建筑总平面图主要表示整个建筑场地的总体布局，如图 1.1 所示。建筑总平面图给出了建筑场地上所有建筑物和道路的平面位置及其主要点的坐标，标出了相邻建筑物之间的尺寸关系，注明了各栋建筑物室内地坪高程，是测设建筑物总体位置和高程的重要依据。

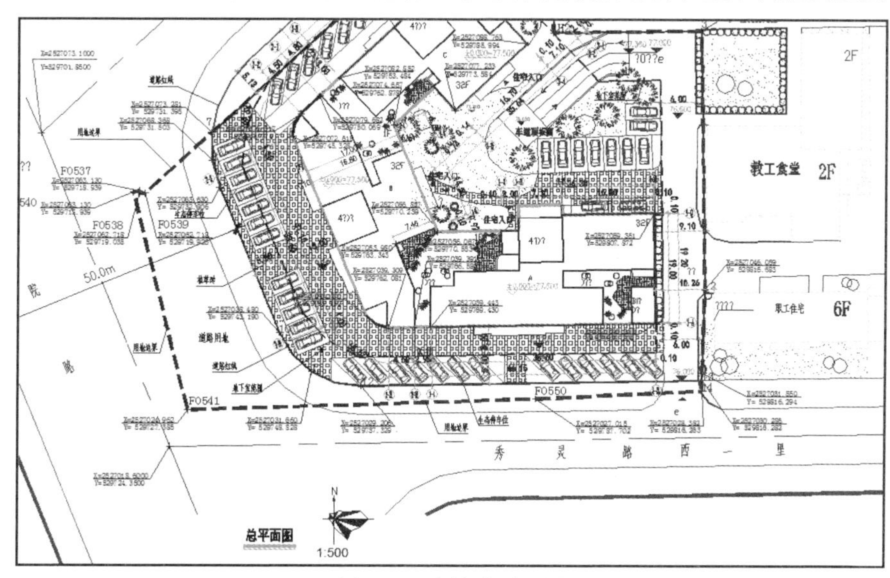

图 1.1 建筑总平面图

2. 建筑平面图

建筑平面图是假想用一水平剖切面沿门窗洞口位置将房屋剖切后，对剖切面以下部分所作的水平投影图，如图 1.2 所示。建筑平面图标明了建筑物首层、标准层等各楼层的总尺寸，以及楼层内部各轴线之间的尺寸关系，是测设建筑物细部轴线的依据。

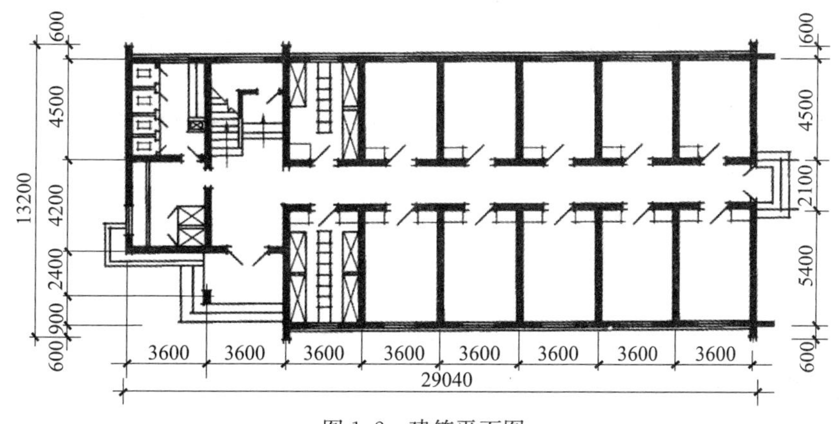

图 1.2 建筑平面图

3. 基础平面图及基础详图

基础平面图是假想用一水平面沿建筑物室内地面以下剖切后，移去建筑物上部和基坑回填土后所作的水平剖面图；基础详图表明基础各部分的构造和详细尺寸，如图 1.3 所示。基础平面图及基础详图标明了基础形式、基础平面布置、基础中心或中线的位置、基础边线与定位轴线之间的尺寸关系、基础横断面的形状和大小以及基础不同部位的设计标高等，是测设基槽、基坑开挖边线和开挖深度的依据，也是基础定位及细部放样的依据。

4. 立面图和剖面图

立面图是将建筑物的不同侧表面投影到铅直投影面上得到的正投影图；剖面图是假想用一铅直剖切面，将房屋沿楼梯间等剖开投影到铅直投影面上得到的正投影图，如图 1.4所示。立面图和剖面图标明了室内地坪、门窗、楼梯平台、楼板、屋面及屋架等的设计高程，这些高程通常是以±0.000 标高为起算点的相对高程，是测设建筑物各部位高程的依据。

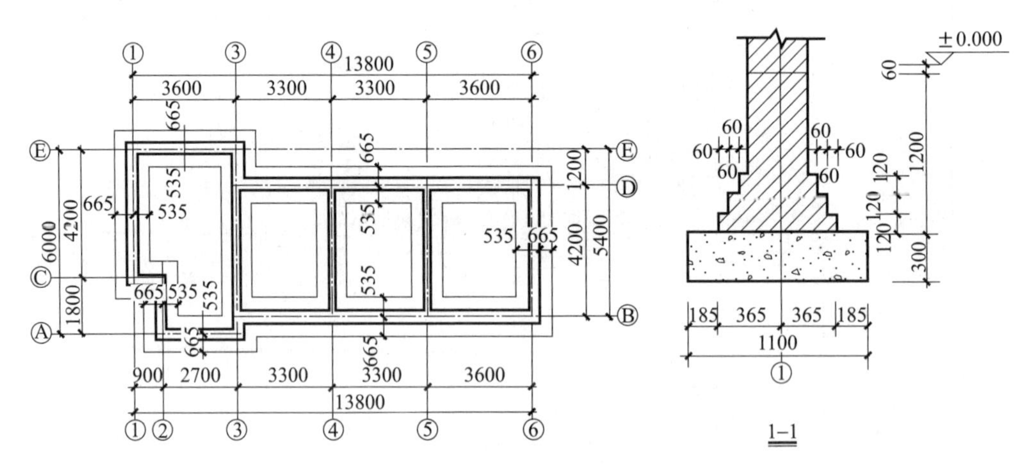

图 1.3　基础平面图及基础详图

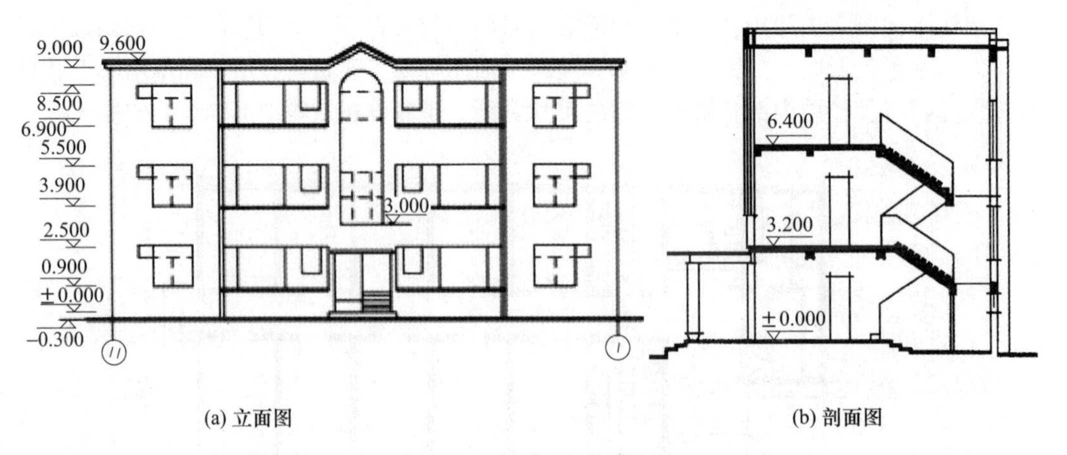

(a) 立面图

(b) 剖面图

图 1.4　立面图和剖面图

1.3.2 起算控制点检核

现场踏勘交接的具有平面坐标和高程的测量成果是测区的起算控制点，是测区平面定位和高程放样的基准。一般情况下，测区起算平面控制点不应少于3个，起算水准点不应少于2个。应做好起算控制点的资料交接和点位现场交接工作，并在施工测量之前进行检测。

1. 平面控制点的检核

平面控制点的检核方法主要有边长检核、角度检核、坐标检核等方法。通过外业测量起算点间的平面边长、水平角度、坐标的方法，与其理论平面边长、水平角度和坐标相比较，看其是否超出相应等级测角中误差、测距相对中误差、坐标误差的限差要求。

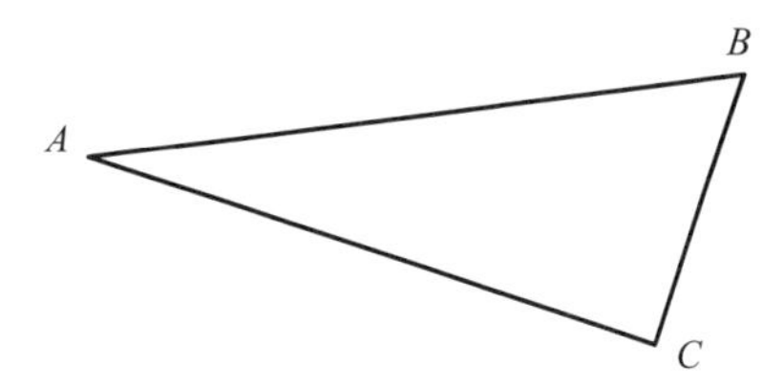

图1.5 三个已知平面控制点

如图1.5所示，假设给定的A、B、C为三个已知坐标的平面控制点，现检测A、B、C三点坐标是否满足要求。

（1）边长检核

利用给定的坐标值计算AB的理论边长，现场实际测量AB的实测边长，计算AB边长的相对误差f'，查阅相应等级点的边长相对中误差f，根据测量误差的规律，取2倍的中误差作为限差，如果$f'\leqslant 2f$，则满足要求，否则为不合格。同法可以检核边长AC、BC。

例如A、B、C为一级导线点，坐标分别为A（6280.153，8302.176），B（6248.636，8425.914），C（6178.682，8398.147），现对边长AB进行检核。根据给定的坐标计算边长AB的理论距离$D_{AB理}=127.689$m，现场采用测距仪测量边长AB的实测距离$D_{AB实}=127.683$m，则边长AB的相对误差为（127.689－127.683）÷127.689＝1/21200，小于一级导线测距中误差1/30000的2倍（1/15000），则满足一级点的精度要求。

（2）角度检核

利用给定的坐标值计算角度A的理论值$\angle A_{理}$，现场实际测量角度A的实测角度$\angle A_{实}$，计算两者的差值$\Delta=\angle A_{理}-\angle A_{实}$，查阅相应等级点的测角中误差$m_\beta$，根据测量误差的定律，取2倍的中误差作为限差，如果$\Delta\leqslant 2m_\beta$，则满足要求，否则为不合格。同法可以检核角度$\angle B$、$\angle C$。

例如上例中A、B、C三个一级导线点，现对角度A进行检核。根据给定的坐标计算角度A的理论值$\angle A_{理}=32°18'21''$，现场采用全站仪测量角度A的实际角度$\angle A_{实}=32°18'13''$，二者的差值小于一级导线测角中误差5″的2倍（10″），满足一级点的精度要求。

（3）坐标检核

以已知点A点为测站点架设全站仪，瞄准另一点已知点B为后视点，在完成仪器参数设置、数据输入和测站检核后，测量C点的坐标，和C点的理论坐标值进行比较，如果较差大于相应等级点的点位相对误差，则其中有点不满足要求。

不同等级点的点位相对误差计算思路如下：

假设A、B、C点为一级导线点，查规范可知，一级导线的平均边长为500m，导线的测角中误差为 5″，测距相对中误差为 1/30000。

相邻点的点位误差是由测角误差和测距误差引起的，为二者之和，计算式为：

$$m^2=\left(\frac{m_\beta}{\rho}s\right)^2+\left(s\frac{1}{k}\right)^2 \tag{1.1}$$

式中　m——相邻点的点位中误差；

m_β——测角中误差；

$\rho=206265''$；

s——测距边长；

$1/k$——测距相对中误差。

将一级导线点的相关数据代入上式，得：

$$m=\sqrt{(5''/206265''\times500000)^2+(500000\times1/30000)^2}=20.6\ (\text{mm})$$

点的坐标表示为（X，Y），按照等影响原则，X、Y 坐标的误差分别为：

$$m_X=m_Y=m/\sqrt{2}=14.6\ (\text{mm})$$

式（1.1）表明，在利用全站仪进行一级点的坐标检核时，实测的 X、Y 坐标和理论 X、Y 坐标差值都应小于 14.6mm，否则不满足一级点的精度要求。

2. 高程控制点检核

高程控制点的检核主要是高差检核的方法，利用水准仪通过等精度水准测量的方法，测量高程控制点间的高差，与其理论高差相比较，看其是否超出相应等级水准点间高差较差的限差要求。

不同等级水准点检测已测测段高差较差的限差要求为：二等水准点间小于 $6\sqrt{L_i}$，三等水准点间小于 $20\sqrt{L_i}$，四等水准点间小于 $30\sqrt{L_i}$。其中，L_i 为检测段长度，以 km 计。

假设给定的 A、B 为已知的四等水准点，其高差为 $h_{AB理}$，按照四等水准测量的要求测量 A、B 的高差为 $h_{AB实}$，计算 $\Delta h_{AB}=h_{AB理}-h_{AB实}$，查阅四等水准测量检测已测测段高差较差的限差为 $\pm30\sqrt{L_i}$。如果 $\Delta h_{AB}\leqslant30\sqrt{L_i}$，则满足四等水准点的精度要求。

经检核后，对于不合格的起算数据，应及时向甲方和施测单位反映校核结果。必要时，请施测单位重新复测。

例：××工程平面坐标复测表（表 1.1）、高程复测表（表 1.2）。

表 1.1　平面坐标复测表

测站	测点	实测角度（° ′ ″）	理论角度（° ′ ″）	差值（″）	实测距离（m）	理论距离（m）	差值（mm）
02	01	0 00 00	—	—	480.61715	480.61839	−1.24
	03	185 08 11.56	185 08 05.34	6.22	291.08425	—	—
	2074	337 00 50.62	337 00 53.20	−2.58	253.76302	—	—
2074	01	0 00 00	—	—	266.13545	266.13527	0.18
	02	135 09 15.38	135 09 11.68	3.70	253.76308	253.76614	−3.06
01	02	0 00 00	—	—	480.61243	—	—
	2074	21 51 37.13	21 51 35.99	1.14	266.13539	—	—

表 1.2 高程复测表

序号	路线	实测高差（m）	理论高差（m）	差值（mm）
1	01-2074	−1.0396	−1.0394	−0.2
2	2074-02	−0.3714	−0.3695	−1.9
3	02-03	0.0231	0.0234	−0.3

从表 1.1 可见，平面控制点有 01、02、03、2074 四个点，检测了 01-02、01-2074、02-2074 三条边长，同时检测了角度∠01-02-03、∠03-02-2074、∠01-2074-02、∠02-01-2074 四个角度。

从表 1.2 可见，高程控制点有 01、02、03、2074 四个点，检测了 01-2074、2074-02、02-03 三个测段的高差。

1.4 施工测量方案编制

建筑工程施工测量方案是建筑工程测量专业活动的技术设计，是指导建筑工程测量的主要技术依据，其内容主要包括：

（1）工程概况；

（2）任务要求；

（3）施工测量技术依据、测量设备、测量方法和技术要求；

（4）起算控制点的校测；

（5）施工控制网的建立；

（6）建筑物定位、放线、验线等施工过程测量；

（7）基坑监测；

（8）建筑施工变形监测；

（9）竣工测量；

（10）施工测量管理体系；

（11）安全质量保证体系与具体措施；

（12）成果资料整理与提交；

（13）附图、附表。

1.5 仪器检验

建筑工程测量是应用测绘仪器进行操作的专业性非常强的技术性工作。为保证测量成果准确可靠，测量仪器必须进行周期性的法定检验和不定期的日常检验。

周期性的法定检验是指在一定年限内，测量仪器应按国家计量部门或工程建设主管部门的有关规定进行强制性检定，经国家技术监督局授权的具有检定资质的单位检定合格后方可使用。法定检验具有强制性、合法性、专业性等特点。

不定期的日常检验是在工程开工前或仪器设备使用一定时间后进行的常规性的检

验。日常检验对保障仪器的完好性和精度具有重要意义。

建筑工程测量中一般常用的测绘仪器主要有水准仪、经纬仪、全站仪、垂准仪等。下面分别介绍各种测绘仪器的构造、功能以及检验项目和方法。

1.5.1 水准仪

水准仪是一种能够提供水平视线的测绘仪器，分为气泡式、自动安平式和电子水准仪。气泡式完全根据水准管气泡安平仪器视线；自动安平式先用水准气泡粗平，然后用水平补偿器自动安平视线；电子水准仪是用条纹码水准尺和光电扫描进行自动读数，其安平方式也属于自动安平式。

水准仪按其高程测量精度有 DS05、DS1、DS3、DS10 几种等级。“D”和“S”是“大地测量仪器”和“水准仪”的汉语拼音的第一个字母，数字为每千米往、返测得高差中数的偶然中误差值，以毫米（mm）计。精度为 DS05、DS1 的水准仪属于精密水准仪，精度为 DS3、DS10 水准仪属于普通水准仪。如果仪器标注为“DSZ”，“Z”是“自动安平”的汉语拼音的第一个字母，表示该仪器为自动安平水准仪，即仪器只需要粗略整平，利用水平补偿器自动获取视线水平时的读数。

1. 水准仪的构造及其辅助工具

1）水准仪的构造

水准仪主要由望远镜、水准器、基座三部分组成。图 1.6 为 DS3 微倾式水准仪的各部件名称。

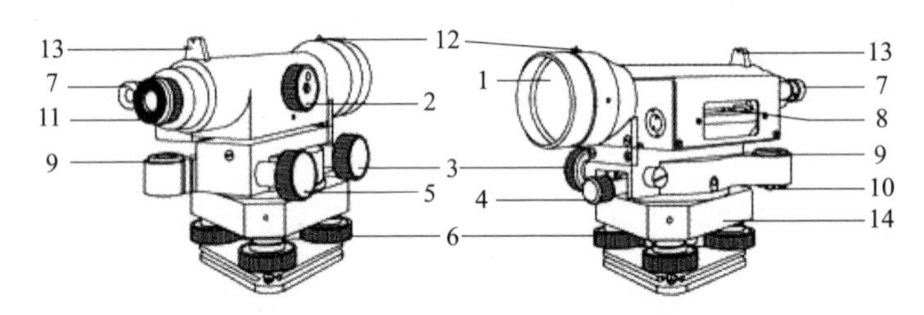

图 1.6 DS3 微倾式水准仪

1—物镜；2—物镜调焦螺旋；3—微动螺旋；4—制动螺旋；5—微倾螺旋；6—脚螺旋；7—气泡观察窗；8—水准管；9—圆水准器；10—圆水准器校正螺丝；11—目镜；12—准星；13—照门；14—基座

（1）望远镜

望远镜是用于瞄准远处目标并读数，其构造如图 1.7 所示。它主要由物镜、物镜调焦螺旋、物镜调焦透镜、十字丝分划板、目镜和目镜调焦螺旋所组成。

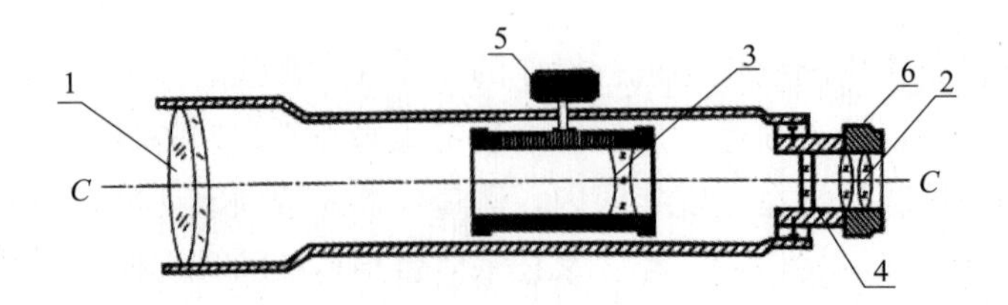

图 1.7 DS3 微倾式水准仪的望远镜构造

1—物镜；2—目镜；3—调焦透镜；4—十字丝分划板；5—物镜调焦螺旋；6—目镜调焦螺旋

物镜是使目标形成一个倒立缩小的实像。物镜调焦透镜是使目标在不同位置上成像清晰。如图 1.8 所示，十字丝分划板有横丝和竖丝，竖丝用于准确瞄准水准尺；横丝有三根，中间长的一根为中丝，用于截取水准尺上的读数，上、下丝又叫视距丝，用于测定水准仪至水准尺的距离。目镜是将十字丝和物镜中成像同时放大。目镜调焦螺旋用于调整十字丝使成像清晰。

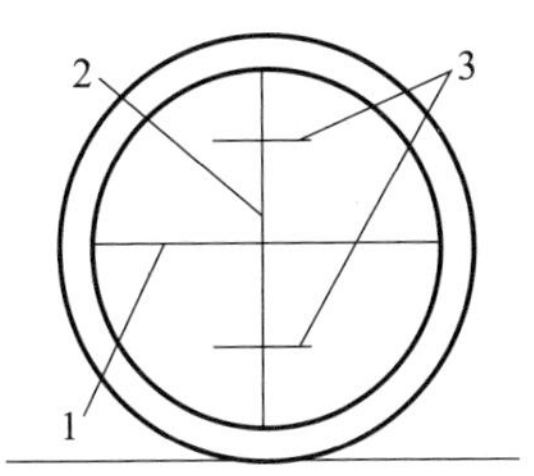

图 1.8 十字丝分划板

1—十字丝中丝；2—十字丝竖丝；3—十字丝上丝、下丝（视距丝）

视准轴为物镜光心与十字丝中丝和横丝交点的连线。水准仪提供的水平视线就是处于水平的视准轴。

当目标成像与十字丝平面不重合时则会产生视差现象，如图 1.9 所示。当观测者眼睛上下移动，如图 1.9（a）中 1、2、3 位置，目标影像与十字丝有相对移动，如图 1.9（b）中 1′、2′、3′，这时会影响精确瞄准和读数，因此必须消除视差，方法是反复调整目镜调焦螺旋和物镜调焦螺旋，使十字丝与目标均最清晰。最清晰的概念是再顺时针或逆时针调焦时均会变模糊。

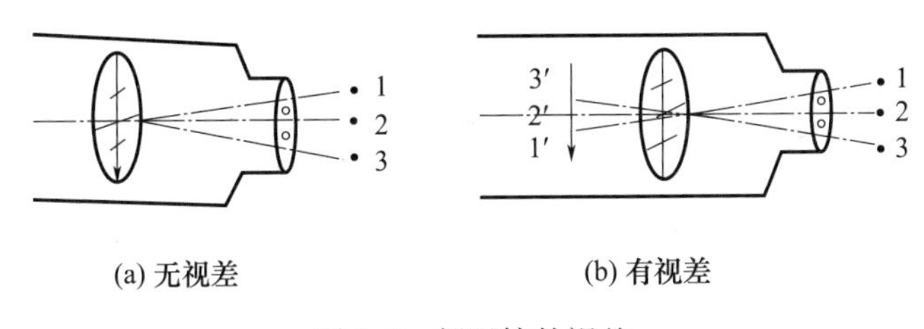

图 1.9 望远镜的视差

（2）水准器

水准器是用来判断望远镜的视准轴是否水平及仪器竖轴是否竖直的装置。水准器通常分为圆水准器和管水准器两种，前者精度较低，用于粗略置平仪器称为粗平；后者精度较高，用于精确置平仪器称为精平。

① 圆水准器

如图 1.10 所示，圆水准器是将一圆柱形的玻璃盒装嵌在金属框内，盒顶内壁是球面，盒内装有酒精或乙醚，并留有一个气泡。圆水准器顶面外部中央刻有一个小圆圈，球面中圆圈的中心称为圆水准器零点，过零点所作球面的法线称为圆水准器轴。球面的法线指的是过球面上的一点作相切的平面（称切平面），过该点作切平面的垂

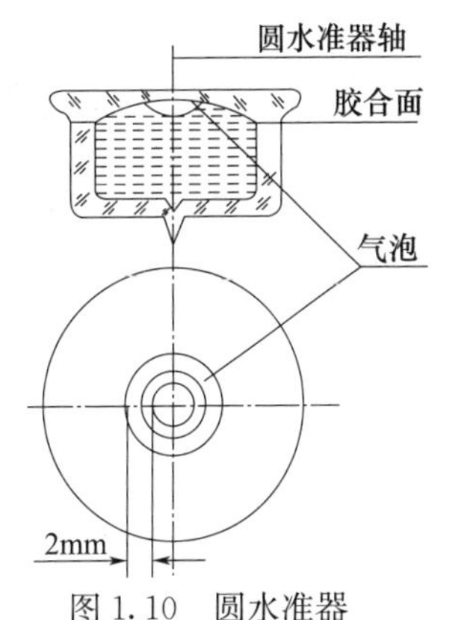

图 1.10 圆水准器

线，该垂线是球面的法线。由于重力作用，当气泡居中时，圆水准器轴处于铅垂位置。

圆水准器分划值一般为 5′/2～10′/2mm，精度较低，所以圆水准器的作用是用于水准仪的粗略整平。

②管水准器

管水准器也称为水准管、长水准器。如图 1.11 所示，水准管是一纵向内壁磨成圆弧的玻璃管，管内注满酒精或乙醚，加热融封冷却后留有一个气泡，因气泡较轻，故处于管内最高位置。水准管圆弧中点为水准管零点（O），过零点所作圆弧的切线称为水准管轴（LL）。气泡中点与水准管零点重合称为气泡居中，这时水准管轴处于水平位置。

如图 1.12 所示，水准管圆弧 2mm 所对的圆心角称为水准管分划值，又称灵敏度。水准管分划值的实际意义可以理解为：当气泡移动 2mm 时水准管轴所倾斜的角度。设水准管内壁圆弧的曲率半径为 R（单位：mm），则水准管分划值为：

$$\tau=\frac{2}{R}\rho''，\rho''=206265'' \tag{1.2}$$

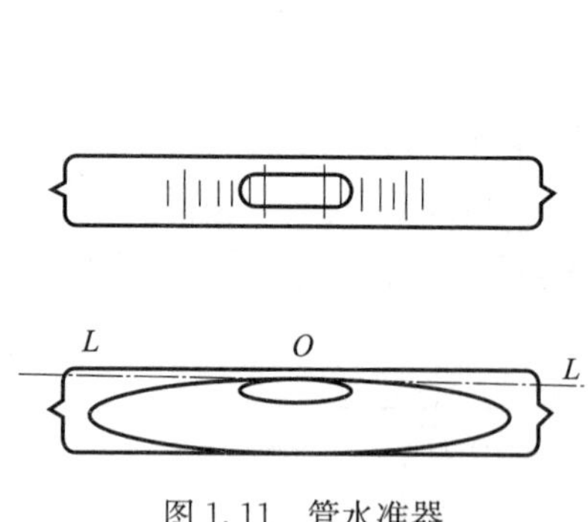

图 1.11　管水准器

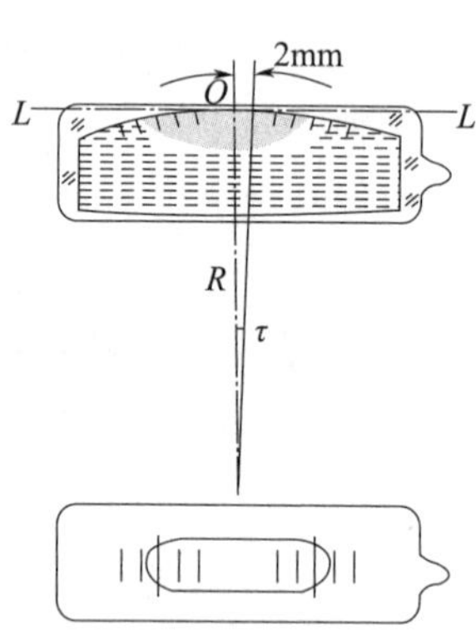

图 1.12　水准管分划值

水准管的分划值越小，则灵敏度越高，置平仪器的精度也越高，因此，它是水准仪等级的一个重要指标。DS3 水准仪水准管分划值一般≤20″/2mm，精度较高，所以管水准器的作用是用于仪器的精确整平。

为了提高判断水准管气泡居中的精度，微倾式水准仪一般在水准管的上方安装一组符合棱镜，如图 1.13 所示，通过棱镜的反射作用，使水准管气泡两端的像反映在望远镜旁的符合气泡观察窗中，当气泡两端的像重合时，则表示气泡居中，水准管轴处于水平。

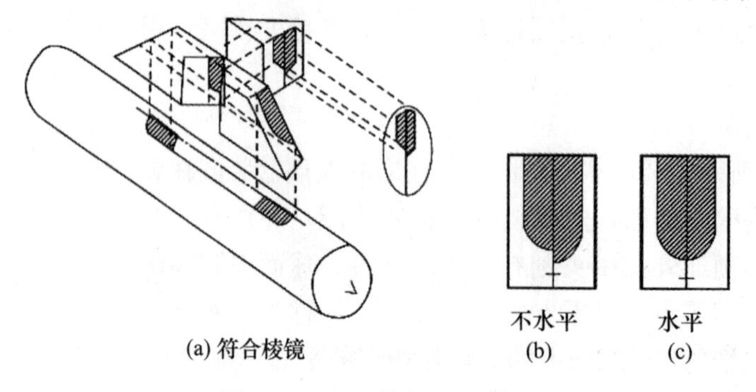

图 1.13　水准管与符合棱镜

需要说明的是，自动安平水准仪没有管水准器，使用时只要使圆水准器气泡居中，通过仪器望远镜内的补偿器这一装置，就可以自动将视准轴置平，直接准确读出视线水平时的读数，可以大大缩短水准测量的时间，并提高精度。

(3) 基座

如图 1.14 所示，基座主要由轴座、脚螺旋和连接板组成。轴座用于承托仪器上部结构；脚螺旋用来调节高低，使圆水准器气泡居中；连接板用于连接三脚架。

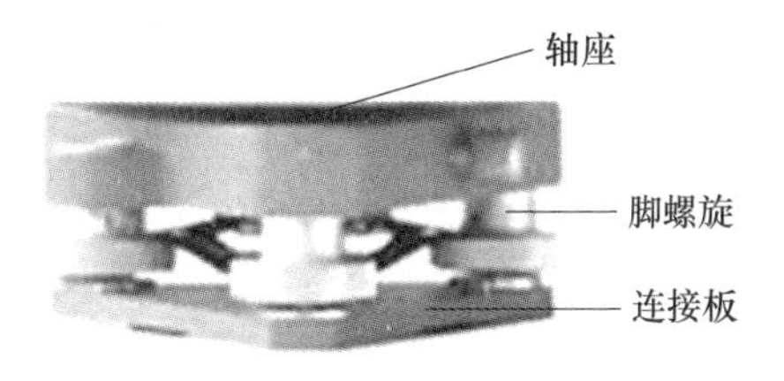

图 1.14　基座

2) 水准仪的辅助工具

和水准仪配套使用的辅助工具有三脚架、水准尺、尺垫等。

(1) 三脚架

如图 1.15 所示，三脚架由木材或铝材制成，可以通过松紧脚腿上面的箍套旋钮来伸缩脚腿的长度，从而调整三脚架的高度。三脚架顶部是一块平整的架头，架头中间有一直径 35mm 左右的孔洞，中心螺旋（连接螺旋）通过孔洞可以和基座连接板中间的螺丝孔连接，从而将仪器固定在脚架上。

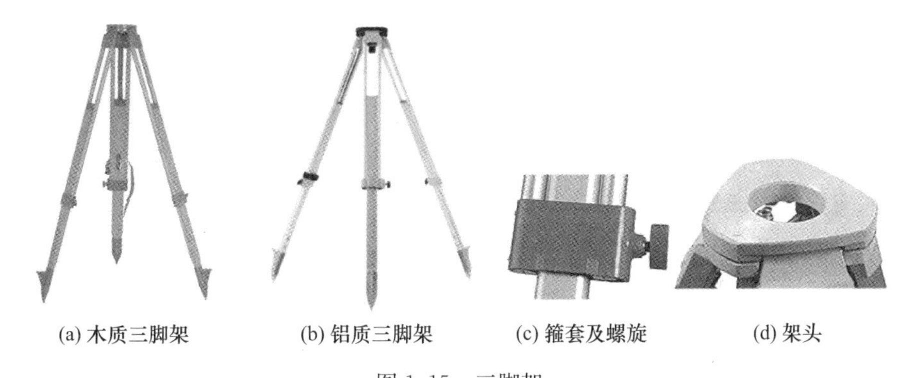

(a) 木质三脚架　(b) 铝质三脚架　(c) 箍套及螺旋　(d) 架头

图 1.15　三脚架

(2) 水准尺

如图 1.16 所示，水准尺是水准测量时用于读数的标尺，用干燥优质木材、铝材或玻璃钢制成，常用的水准尺有塔尺、双面尺和铟钢尺。

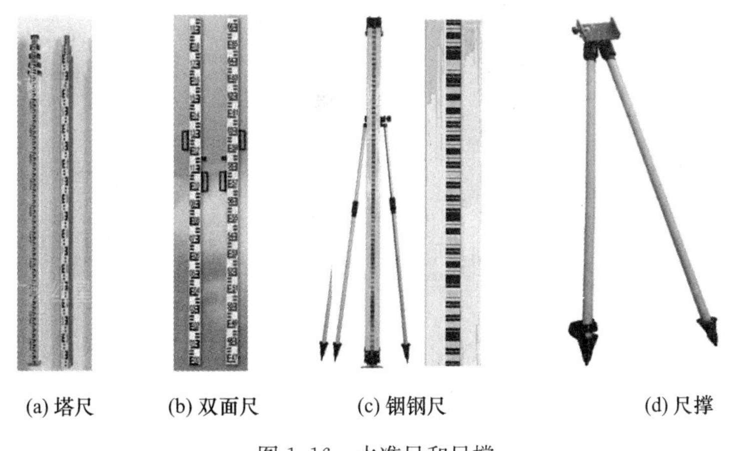

(a) 塔尺　(b) 双面尺　(c) 铟钢尺　(d) 尺撑

图 1.16　水准尺和尺撑

图 1.16（a）为塔尺，多用于等外水准测量，其长度有 3m 和 5m 两种，用两节或三节套接在一起。尺的底面为零点，尺身每隔 1cm 或 0.5cm 刻一分划，黑白相间，每米和每分米处注有分划注记，大于 1m 的数字注记加注红点或黑点，点的个数表示米数。塔尺携带方便，但是接头处容易产生误差，影响尺长的精度。

图 1.16（b）为区格式木质双面水准尺，多用于三、四等水准测量，其长度为 3m。尺面有黑面和红面，一面黑白相间称为黑面尺或基本分划或主尺，另一面红白相间称为红面尺或辅助分划或辅尺，两面刻划均为 1cm，每分米处注有分划注记，用两位数表示。

黑面尺的尺底分划均由零开始；而红面尺的尺底分划，一根尺由 4687mm 开始，而另一根尺由 4787mm 开始，称零点差，这样是为了使水准测量过程中在红面上的读数不致与黑面读数近似，便于发现读数错误。零点差为 4687mm 和 4787mm 的两根双面水准尺须成一对使用。双面尺带有圆水准器，用于较精确竖立水准尺。

图 1.16（c）为铟钢水准尺，多用于精密水准测量，其长度有 2m、3m 等几种型号，分格值有 10mm 和 5mm 两种。铟钢尺的特点是刻划严密，精度高，热膨胀系数小，受外界温度影响几乎可以忽略。和铟钢尺配套使用的是尺撑，如图 1.16（d）所示，用于使圆水准器的气泡居中并保持稳定，保证铟钢尺的垂直度。

（3）尺垫

如图 1.17 所示，尺垫一般为三角形或圆形的铸铁块，下方有三个支脚以便踩入土中，使之稳定，上有突起半球形，水准尺立于球顶，当转动方向时尺底高程不变。尺垫的作用是作为水准测量的转点。

2. 水准仪使用的操作步骤

水准仪使用的操作步骤包括安置、粗平、瞄准、精平和读数等。

1）安置

水准仪的安置包括三脚架的架设和仪器的安置。

（1）三脚架的架设步骤：首先拧松脚腿上面的箍套螺旋，伸缩三脚架三条腿到合适的长度，使架头大致在操作者胸部高度，并拧紧箍套螺旋；然后张开三脚架，先固定一个脚腿，再动其他两个脚腿使架头大致水平；最后将三脚架腿踩入地面，使其固定在地上。如有必要仍要再伸缩三脚架腿的长度，保持三脚架头大致水平。

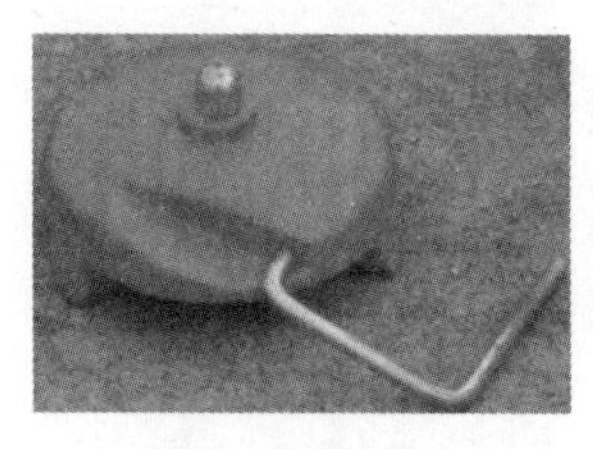

(a) 圆形尺垫

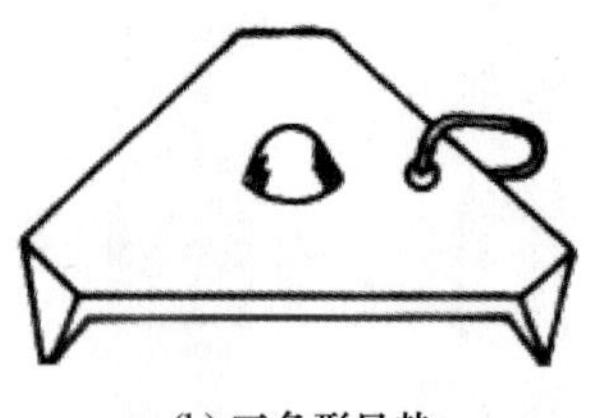

(b) 三角形尺垫

图 1.17　尺垫

总之，三脚架的架设要保证“高度、角度、平整度”：保证三脚架的高度适合观测者；架腿和地面的角度要合适；架头的平整度要合适（平整）。如图 1.18（a），三脚架的三条脚腿张开的太大或太小，都不够稳定和安全。图 1.18（b）是三脚架正确的架设方式。

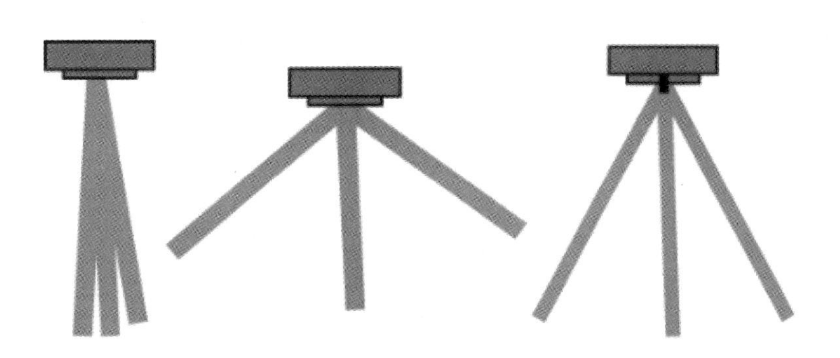

(a) 不正确的架设方式　　(b) 正确的架设方式

图 1.18　三脚架的架设方式

（2）仪器的安置步骤：从仪器箱内取出仪器，将三脚架中心螺旋对准仪器底板下面的中心，旋紧脚架上的中心螺旋直到将仪器固定在三脚架头上，当中心螺旋旋紧后不要再用力旋转，以免过紧。

需要注意，仪器的安置应注意三个细节：仪器应放在架头中心位置，三角形底板的三边一般应和三角形架头的三边大致平行，三个脚螺旋的位置应在适中的位置，即能升能降且幅度大致一样。

2）粗平

粗平是借助圆水准器的气泡居中，使仪器竖轴大致处于铅垂方向。粗平是通过转动三个脚螺旋来实现的。

如图 1.19（a）所示，气泡未居中而位于 a 处，首先按图上箭头所指的方向用两手指相对转动脚螺旋①和②，使气泡移到 b 的位置，且气泡中心和圆圈中心的连线与脚螺旋①和②中心的连线大致垂直，如图 1.19（b）所示；然后，再转动脚螺旋③即可使气泡居中。在转动脚螺旋的过程中，气泡的移动方向与左手大拇指运动的方向一致。

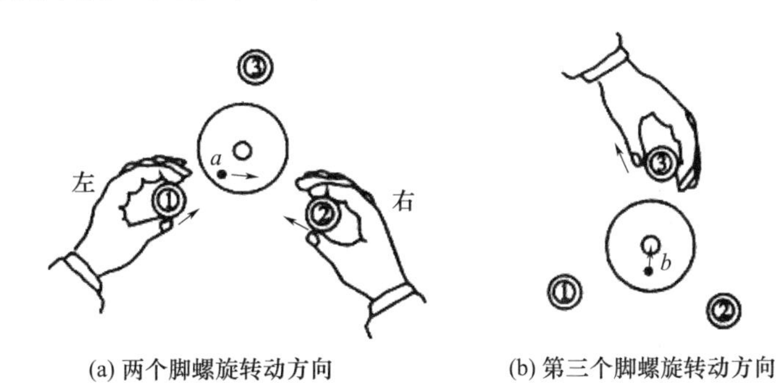

(a) 两个脚螺旋转动方向　　(b) 第三个脚螺旋转动方向

图 1.19　粗平

3）瞄准

瞄准是将望远镜对准水准尺，进行目镜和物镜调焦，使十字丝和水准尺像十分清晰，以便于在水准尺上读数的过程。

具体操作方法如下：转动望远镜目镜的调焦螺旋，使十字丝清晰；用望远镜上部的缺口和准星瞄准水准尺称为粗瞄；转动物镜对光螺旋使目标清晰，转动微动螺旋使十字丝竖丝正好对准水准尺的中间称为精瞄。

如 1.20 所示，目镜调焦是为了使不同视力的人都能观测到清晰的目标。首先将望远镜对准天空（或明亮背景），然后旋转目镜上的调焦螺旋，调节目镜与十字丝分划板的距离，就可使十字丝清晰。

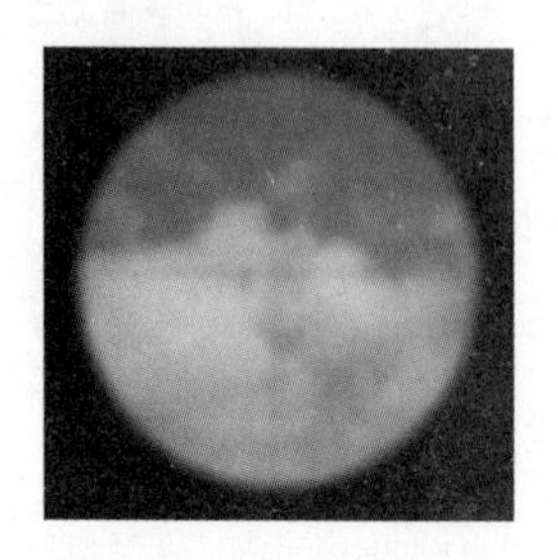

(a) 十字丝调整前

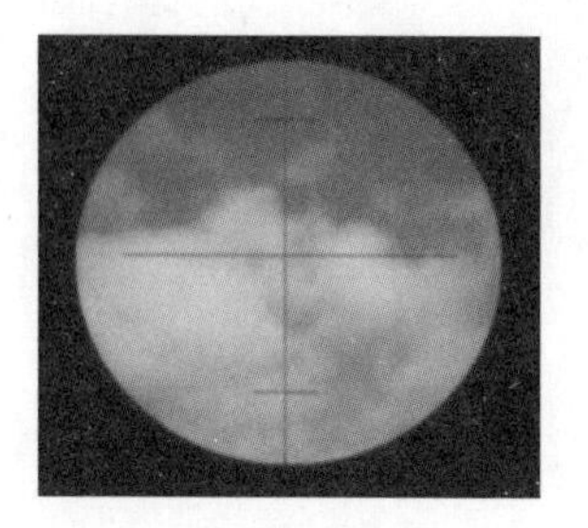

(b) 十字丝调整后

图 1.20　十字丝调整前后对比

如图 1.21 所示，在物镜调焦和精瞄时，由于目标距仪器远近不同，所以目标成像没有落在十字丝分划板上，可通过旋转物镜调焦螺旋和水平微动螺旋，使目标的像清晰地落在十字丝分划板平面上。

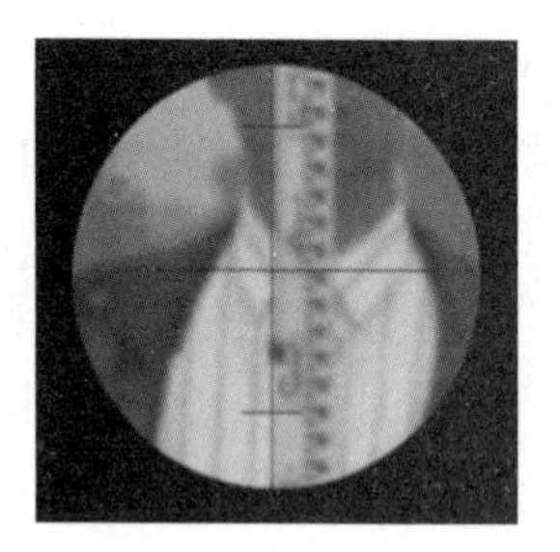

(a) 调整前目标的像

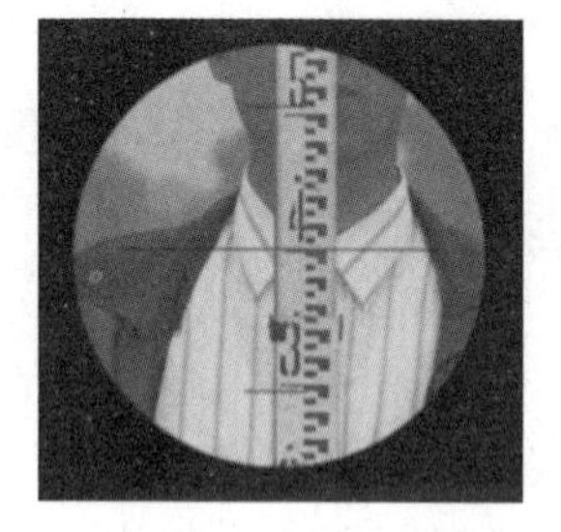

(b) 调整后目标的像

图 1.21　调整前后目标像的对比

4）精平

精平是借助管水准器的气泡居中，使仪器视准轴处于精确水平位置。如图 1.22所示，有符合气泡观察窗的水准仪通过旋转微倾螺旋，使左右两端的水准管半抛物影像精确吻合，就表示水准管气泡居中，视准轴处于水平位置。

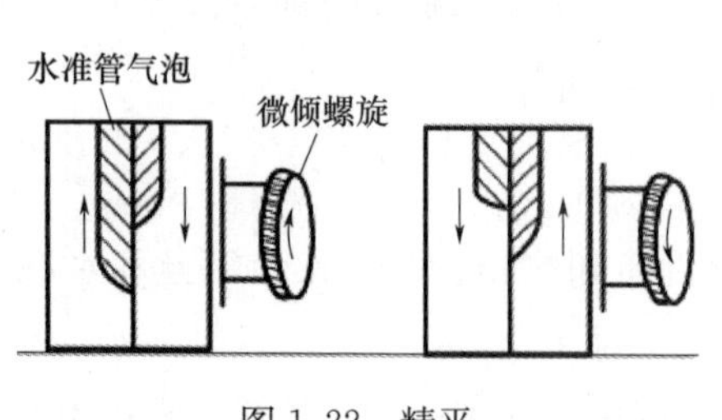

图 1.22　精平

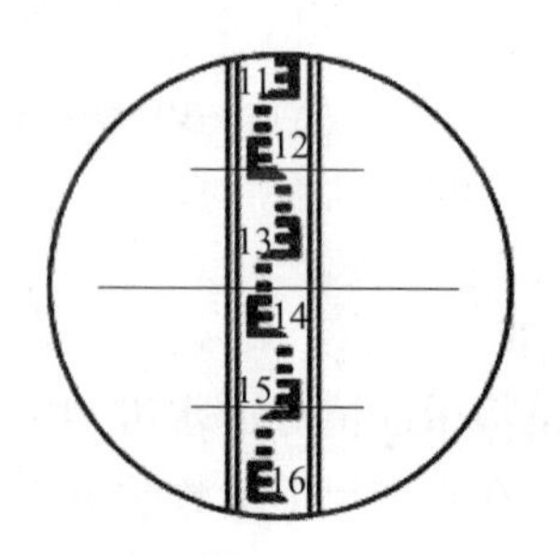

图 1.23　水准尺读数

由于气泡的移动有惯性，所以转动微倾螺旋的速度不能快，特别在符合水准器的两端气泡影像将要对齐的时候尤其要注意。只有当气泡已经稳定不动而又居中的时候才达到精平的要求。但有水平补偿器的自动安平水准仪不需这项操作。

5）读数

当水准仪精平后，即可在水准尺上读数。注意：十字丝的横丝有三根，分别为上丝、中丝、下丝，读上丝、下丝时是用于测量距离，读中丝是用于测量高差。

读数时不要读错。当望远镜为正像时从下往上读，当望远镜为倒像时从上往下读，总之，从小数往大数读。读取米、分米、厘米、毫米，毫米位是估读的，所以共读取四位数字，这对于观测、记录和计算都有一定的好处，可以防止不必要的误会和错误。

如图 1.23 所示的双面尺，现在要求读出中丝的读数。首先根据中丝所在的位置，读出米位、分米位的读数，中丝在 13 和 14 之间，则米位读数是 1，分米位读数是 3。

然后，从 13 处往 14 方向数黑白（或红白）的整数格数，有几格，厘米位就是几，代表的是厘米位的读数。从 13 分米往 14 分米方向数黑白的整数格数为 3 格，所以厘米位读数就是 3。

最后，中丝在第 4 格位置的毫米位读数要估计着读出来。黑、白一格代表 10mm，根据中丝所在位置，从小数往大数方向估读。需要注意，虽然是估读，但是误差也不能过大，比如中丝明显地过了半格，毫米位估读为 4 就是误差过大，估读误差在 1～2mm 之间。图中毫米位估读为 4。

所以，根据上述读数过程，图 1.23 中中丝的最后读数为 1334，单位是 mm。

3. 水准测量

1）水准测量的原理

水准测量是利用水准仪提供的一条水平视线通过读取在两根水准尺上的读数，来测定地面两点间的高差，进而由已知点的高程推算出未知点的高程的方法。

如图 1.24 所示，设 A、B 点到大地水准面的高度分别为 H_A、H_B，在两点大致中间位置安置水准仪，利用水准仪提供一条水平视线，分别截取 A、B 两点水准尺上的读数 a、b，由于在较近距离时可以近似认为水平视线和大地水准面平行，所以可以得到水平视线高 H_i 为

$$H_i = H_A + a = H_B + b \tag{1.3}$$

测量工作是由 A 点到 B 点进行的，A 点在测量的前进方向相反方向，称为后视点，后视点 A 上立的尺称为后视尺，后视尺上的读数 a 称为后视读数，仪器到后视点的距离称为后视距；B 点在测量的前进方向，称为前视点，前视点 B 上立的尺称为前视尺，前视尺上的读数 b 称为前视读数，仪器到前视点的距离称为前视距。

A、B 两点的高差 h_{AB} 可以写为：

$$h_{AB} = H_B - H_A = a - b \tag{1.4}$$

若 A 点高程 H_A 已知，则由式（1.3）和式（1.4）可求出 B 点高程为：

$$H_B = H_A + (a - b) = H_A + h_{AB} \tag{1.5}$$

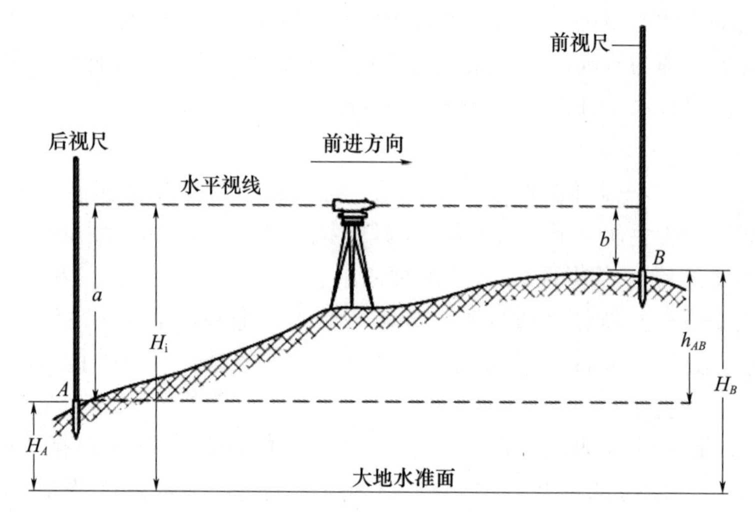

图 1.24 水准测量原理

2）水准点、转点、测站、测段、路线

（1）水准点

按水准测量方法测定的达到规定精度的高程控制点称为水准点，以 BM 为代号。一般已知的水准点用“⊗”表示，未知的水准点用“○”表示。

水准点分为永久性水准点和临时性水准点。永久性水准点一般用混凝土制成标石，按一定规格埋设，顶部嵌有半球形金属标志作为该点的高程。在建筑工程中常采用临时性水准点，可埋设简单的预制标石或现场浇灌标石，或用木桩或钢钉打入地面，也可在地表凸出的坚硬岩石或房屋四周水泥面用红油漆作为标志。埋设预制标石或现场浇灌标石应间隔一段时间后进行观测，防止标石有下沉等移动，保证有一个稳定的过程。

（2）转点

如果两点间高差较大或相距较远，仅安置一次仪器不能测得它们的高差，这时需要加设若干个临时的立尺点作为传递高程的过渡点，称为转点，常用 ZD 或 TP 表示。如图 1.25 所示，欲求得 B 点的高程，选择一条施测路线，用水准仪依次测量 BM_A 到转点 TP_1 的高差，转点 TP_1 到转点 TP_2 的高差、转点 TP_2 到 B 的高差，则 BM_A 到 B 点的高差为三段高差之和，B 点的高程为 BM_A 加上三段高差之和。

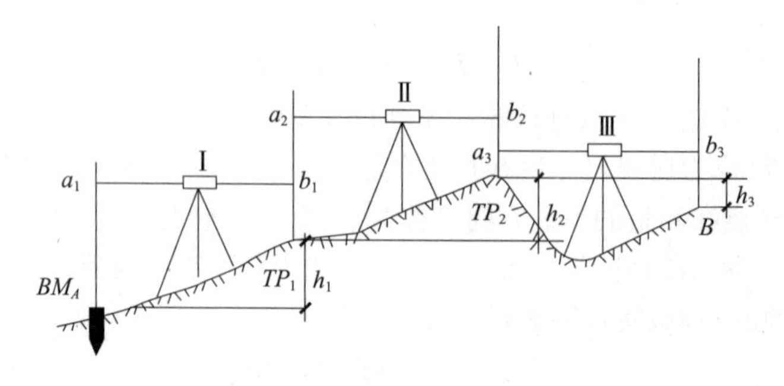

图 1.25 转点和连续水准测量

(3) 测站

测量时安放仪器进行观测的地点称为测站。通常架设仪器一次进行观测的过程称为一测站。

(4) 测段

在两个水准点之间进行水准测量时所经过的线路称为测段。测段由两个水准点之间进行的所有测站组成。

(5) 路线

在多个水准点之间进行水准测量时所经过的多个测段称为水准路线。水准路线分为单一水准路线和水准网。单一水准路线又分为附合水准路线、闭合水准路线和支水准路线。

① 如图 1.26 (a) 所示，附合水准路线是从一个已知高程点 BM_1 出发，沿 1，2，3……到欲求高程点依次进行观测，最后连测到另一已知高程点 BM_2 的水准路线。

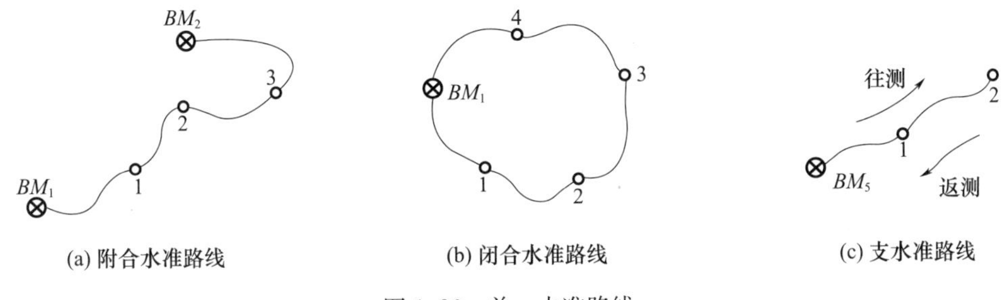

图 1.26 单一水准路线

理论上附合水准路线的各测段高差代数和等于终点已知高程减去起点已知高程，即 $\sum h$ 理 $=H_{终}-H_{始}$。但由于测量误差的存在，使得 $\sum H_{测}\neq H_{终}-H_{始}$，其差值称为附合水准路线的高差闭合差，以 f_h 表示：

$$f_h=\sum h_{测}-\sum h_{理}=\sum h_{测}-(H_{终}-H_{始}) \tag{1.6a}$$

式中 $H_{终}$——路线终点的已知高程；

$H_{始}$——路线起点的已知高程。

② 如图 1.26 (b) 所示，闭合水准路线是从一个已知高程点 BM_1 出发，沿 1，2，3……到欲求高程点依次进行观测，最后连测到该已知高程点 BM_1 的水准路线。

理论上闭合水准路线的各测段高差代数和等于零，即 $\sum h_{理}=0$，同样由于测量误差的存在使得 $\sum h_{测}$ 往往不等于零，其差值称为闭合水准路线的高差闭合差，于是有：

$$f_h=\sum h_{测} \tag{1.6b}$$

③ 如图 1.26 (c) 所示，支水准路线是从一个已知高程点出发，沿 1，2，3…到欲求高程点依次进行观测，最后既不连测到另一已知高程点，又不连测到自身的水准路线。

支水准路线没有检核条件，因此在实际应用中常采用往、返测的方法进行施测和检核。理论上支水准路线的往测高差与返测高差，其大小相等，符号相反，即 $\sum h_{往}=-\sum h_{返}$，如果不相等，其差值即为高差闭合差，亦称较差，即：

$$f_h=\sum h_{往}+\sum h_{返} \tag{1.6c}$$

闭合差的数值必须在一定限值内。不同等级的水准测量，高差闭合差的限值也不同，等外水准测量高差闭合差的容许值规定为：

$$f_{h允}=\pm 12\sqrt{n}\ (\text{mm}) \tag{1.7}$$

式中　n——水准路线的测站总数。

水准路线中连接不同测段的点称为结点。单一水准路线的所有结点连接的测段数最多为 2 个，水准网中至少有一个结点连接的测段数为 3 个及以上。如图 1.27 所示，水准网是由若干条单一水准路线相互连接构成的网状水准路线。只有一个起始点的水准网称为独立水准网，有 2 个及以上已知水准点的水准网称为非独立水准网或附合水准网。

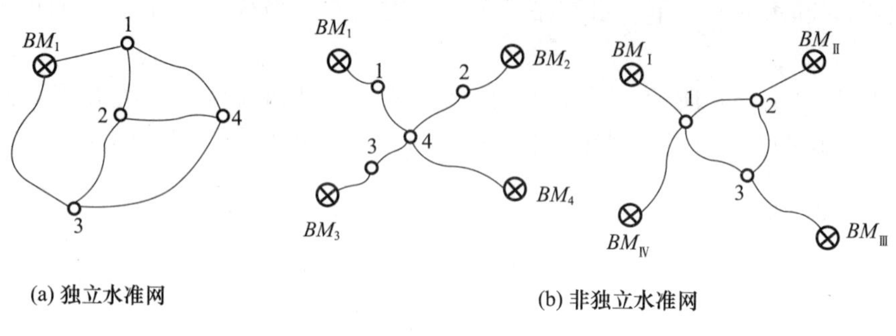

图 1.27　水准网

3）地球曲率对高差的影响

如图 1.28 所示，考虑地球曲率时，大地水准面并不是一个水平面而是一个曲面，理论上 A、B 两点的高差应为通过水准仪的水准面在 A、B 水准尺上的读数 a' 和 b' 之差，即：

$$h_{AB}=a'-b' \tag{1.8}$$

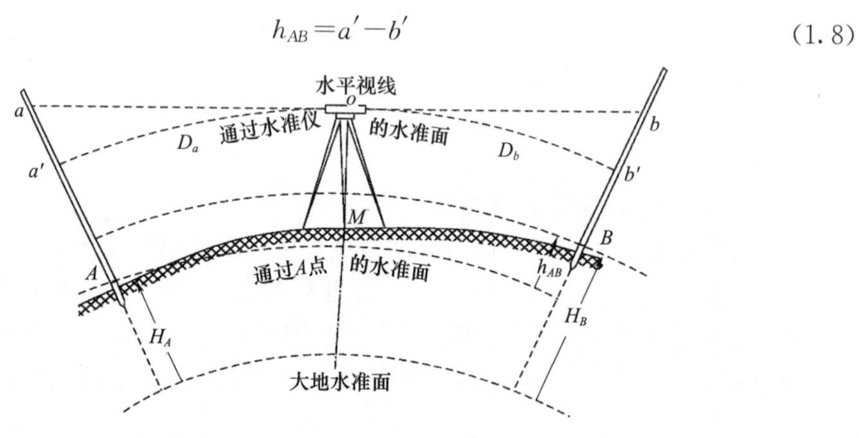

图 1.28　地球曲率对高差的影响

而实际上水准仪的读数为通过水准仪的水平线在 A、B 水准尺上截取的读数 a 和 b，两者读数之间的关系为：

$$a'=a-aa' \tag{1.9a}$$

$$b'=b-bb' \tag{1.9b}$$

由于

$$(aa'+R)^2=oa^2+R^2 \tag{1.10}$$

所以

$$aa'=\frac{oa^2}{2R+aa'} \tag{1.11}$$

式中，水平距离 oa 和弧线长度 D_a 相差很小，可用 D_a 代替 oa，aa'相对于R 很小，可以忽略，所以上式可以写成：

$$aa'=\frac{D_a^2}{2R} \tag{1.12a}$$

同理

$$bb'=\frac{D_b^2}{2R} \tag{1.12b}$$

当 D_a 或 D_b＝100m 时，aa'或 bb'＝0.78mm，可见，地球曲率对水准测量读数的影响值不可简单忽略。

根据

$$h_{AB}=a'-b'=\left(a-\frac{D_a^2}{2R}\right)-\left(b-\frac{D_b^2}{2R}\right)=a-b-\frac{D_a^2-D_b^2}{2R} \tag{1.13}$$

若水准仪安置在前后视距大致相等的地点，即 $D_a=D_b$，则 $h_{AB}=a-b$，此时按水平视线或按水准面测定高差已无区别，地球曲率对高差测量无影响。因此，使前视、后视的距离保持大致相等是水准测量的基本原则，称为中间法水准测量。

4）连续水准测量

如果两点间高差较大或相距较远，仅安置一次仪器不能测得它们的高差，这时需要加设若干个临时的立尺点作为传递高程的转点，这种设置转点、多次架设仪器测量高差的过程称为连续水准测量。

（1）观测步骤

如图 1.29 为某普通水准测量，设 A 为已知水准点，H_A＝123.446m，欲测 B 点高程。因为 AB 之间距离较远或坡度较大，所以中间需设三个转点 TP_1、TP_2、TP_3，要求测点间距小于 100m。

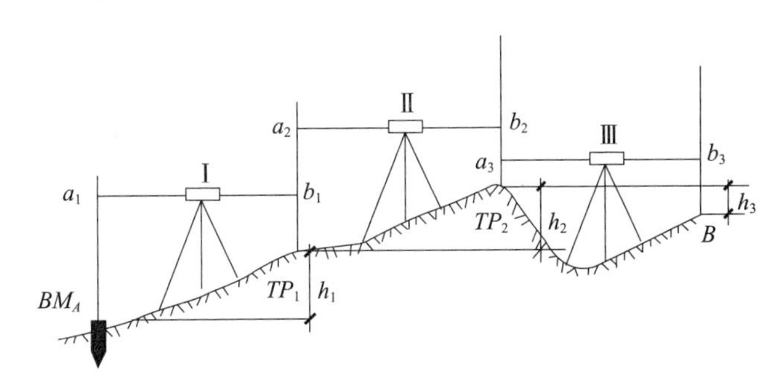

图 1.29 连续水准测量

① 将水准尺立于已知高程的水准点 A 上，作为后视尺。

② 将水准仪安置于水准路线的适当位置，在路线前进方向上的适当位置 TP_1 放置尺垫，在尺垫上竖立水准尺作为前视尺。仪器到两水准尺的距离应基本相等。

③ 将仪器整平，照准后视标尺，调整目镜调焦螺旋和物镜调焦螺旋，使十字丝和目标均成像为最清晰，即消除视差，用微倾螺旋调节使水准管气泡居中，用中丝读取后视读数，并记入记录表（表 1.3）。

④ 转动望远镜照准前视标尺，消除视差，用中丝读取前视读数，并记入记录表。

⑤ 将仪器迁至第二站，此时，第一站的前视尺不动，变成第二站的后视尺，第一站的后视尺移至前面适当位置 TP_2，成为第二站的前视尺，按第一站相同的观测程序进行第二站的观测。重复上述过程，一直观测至待定点。

需要注意的是：仪器迁站时，要将仪器水平制动螺旋松开，三脚架脚腿合拢，一手托住仪器基座，一手抱住架腿，夹持脚架于腋下，往施测前进方向行进；后视尺立尺员未见仪器迁站，不得移动尺垫和前行，应该等测站人员招呼或看见测站迁站后，跟着前进。如果地形复杂，应将仪器装箱迁站。

（2）记录计算

连续水准测量的数据记录按表 1.3 进行，后、前视读数记录以 mm 为单位，计算数据以 m 为单位。

表 1.3　连续水准测量外业观测记录表

测站	测点	后视读数（mm）	前视读数（mm）	高差（m）	高程（m）	备注
Ⅰ	A	2142		+0.884	123.446	
	TP_1		1258			
Ⅱ	TP_1	0928		−0.307		
	TP_2		1235			
Ⅲ	TP_2	1664		+0.233		
	TP_3		1431			
Ⅳ	TP_3	1672		−0.402		
	B		2074		123.854	
Σ		6.406	5.998			

5）普通水准测量

我国国家规定等级的水准测量依精度要求不同分为一、二、三、四等，不属于国家规定等级的水准测量称为普通水准测量或等外水准测量。普通水准测量所用的仪器工具的精度要求不高，观测方法和计算方法相对简单。

普通水准测量的每一测段的观测过程和连续水准测量的过程一样。普通水准路线的计算包括测段计算和路线计算。

（1）测段计算

测段计算主要是计算测段高差和汇总测站数。测段高差是一个测段内所有测站高差之和。

（2）路线计算

以一条附合水准路线举例说明水准路线的计算过程。如图 1.30 所示的附合水准路线 A-1-2-3-B，已知 H_A=65.376m，H_B=68.623m，点 1、2、3 为待测水准点。各测段高差、测站数如图 1.30 所示。

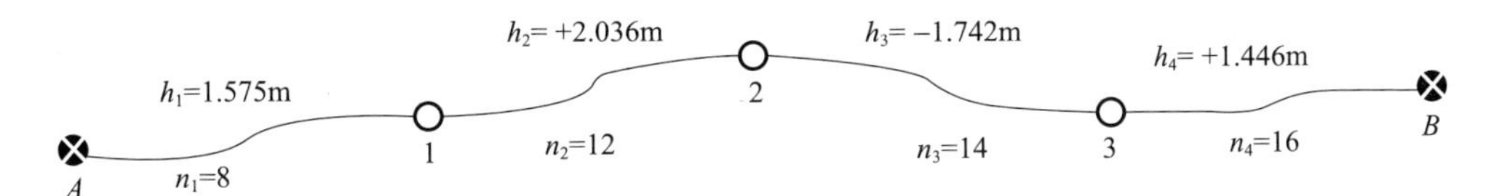

图 1.30 附合水准路线

①高差闭合差的计算与检验

$f_h=\sum h-(H_B-H_A)=3.315-(68.623-65.376)=+0.068\ (m)=+68\ (mm)$

取等外水准闭合差的限差为：

$$f_{h允}=\pm 12\sqrt{50}=\pm 84\ (mm)$$

因为 $f_h \leqslant f_{h允}$，故精度符合要求。

② 高差闭合差的分配

高差闭合差的分配原则是与测站数成正比例，与 f_h 反符号分配到各测段的高差观测值上去，该分配值称为改正数，即：

$$v_i=-\frac{f_h}{\sum n}\times n_i \tag{1.14}$$

式中 v_i——第 i 测段的改正数。

本例中：

$$v_1=-(0.068\div 50)\times 8=-0.011\ (m)$$
$$v_2=-(0.068\div 50)\times 12=-0.016\ (m)$$
$$v_3=-(0.068\div 50)\times 14=-0.019\ (m)$$
$$v_4=-(0.068\div 50)\times 16=-0.022\ (m)$$

③ 改正后的高差计算

按公式 $h_{改}=h_{测}+v$ 计算，本例中：

$$h_{1改}=1.575+(-0.011)=1.564\ (m)$$
$$h_{2改}=2.036+(-0.016)=2.020\ (m)$$
$$h_{3改}=-1.742+(-0.019)=-1.761\ (m)$$
$$h_{4改}=1.446+(-0.022)=1.424\ (m)$$

④ 高程的计算

按公式 $H_{前}=H_{后}+h_{改}$ 计算，本例中：

$$H_A=65.376\ (m)$$
$$H_1=H_A+h_{1改}=65.376+1.564=66.940\ (m)$$
$$H_2=H_1+h_{2改}=66.940+2.020=68.960\ (m)$$
$$H_3=H_2+h_{3改}=68.960-1.761=67.199\ (m)$$

计算过程和成果见表 1.4。

表 1.4 附合水准路线计算表

测段	测点	测站数	实测高差（m）	改正数（m）	改正后高差（m）	高程（m）	备注
	A					65.376	
1		8	+1.575	−0.011	+1.564		
	1					66.940	
2		12	+2.036	−0.016	+2.020		
	2					68.960	
3		14	−1.742	−0.019	−1.761		
	3					67.199	
4		16	+1.446	−0.022	+1.424		
	B					68.623	
Σ		50	+3.315	−0.068	+3.247		
辅助计算	$f_h=+68$（mm） $f_{h允}=\pm12\times\sqrt{50}=\pm84$（mm）						

6）水准测量的误差

水准测量误差包括仪器误差、观测误差和外界条件影响误差三方面。

（1）仪器误差

① 水准管轴与视准轴不平行误差。水准管轴与视准轴不平行存在少量的残余误差。该误差的影响与距离成正比，只要观测时注意使前、后视距离相等，便可消除此项误差对测量结果的影响。

② 水准尺误差。由于水准尺刻划不准确、尺长变化、弯曲等原因，会影响水准测量的精度。因此，水准尺要经过检核才能使用。

（2）观测误差

① 水准管气泡的居中误差。水准测量时，视线的水平是根据水准管气泡居中来实现的。由于气泡居中存在误差，致使视线偏离水平位置. 从而带来读数误差。为减小此误差的影响，每次读数时，都要使水准管气泡严格居中。

② 估读水准尺的误差。水准尺估读毫米数的误差大小与望远镜的放大倍率以及视线长度有关。在测量工作中，应遵循不同等级的水准测量对望远镜放大倍率和最大视线长度的规定，以保证估读精度。

③ 视差的影响误差。当存在视差时，由于十字丝平面与水准尺影像不重合，若眼睛的位置不同，便读出不同的读数，而产生读数误差。因此，观测时要仔细调焦，严格消除视差。

④ 水准尺倾斜的影响误差。水准尺倾斜，将使尺上读数增大，从而带来误差。如水准尺倾斜 3°30′，在水准尺上 1m 处读数时，将产生 2mm 的误差。为了减少这种误差的影响，水准尺必须扶直。

（3）外界条件影响误差

① 水准仪下沉误差。由于水准仪下沉，使视线降低而引起高差误差。测量中常采用一定的观测方法减弱其影响。

② 尺垫下沉误差。如果在转点发生尺垫下沉，将使下一站的后视读数增加，也将

引起高差的误差。为了防止水准仪和尺垫下沉，测站和转点应选在土质实处，并踩实三脚架和尺垫，使其稳定。也可采用观测方法减弱其影响。

③ 地球曲率及大气折光的影响。地球曲率使读数有误差。同时，水平视线经过密度不同的空气层折射，形成向下弯曲的曲线，它与理论水平线所得读数之差，就是大气折光引起的误差。采取前后视距相等、限制视线的长度和视线离地面高度、选择良好的观测时间等方法可以减弱其影响。

④ 温度的影响误差。温度的变化不仅会引起大气折光的变化，而且当烈日照射水准管时，由于水准管本身和管内液体温度的升高，气泡会发生移动，从而影响水准管轴的水平产生气泡居中误差。所以，测量中应避免烈日暴晒，必要时为仪器打伞遮阳。

4. 视距测量

视距测量是利用水准仪或经纬仪望远镜中十字丝横丝中的视距丝，即上、下丝和水准尺，按几何光学原理进行测距的一种方法。视距测量的操作简便，但是测距精度相对较低，精密视距测量的测距精度可达 1/2000～1/3000，普通视距测量的测距精度仅有 1/200～1/300。

如图 1.31 所示，欲测定 A、B 两点间的水平距离 D。将水准仪安置在 A 点，照准 B 点上竖立的视距尺。当望远镜视线水平时，视线与视距尺面垂直，视距丝的下、上丝读数为 m、n，其读数差 $l=m-n$，l 称为视距间隔。

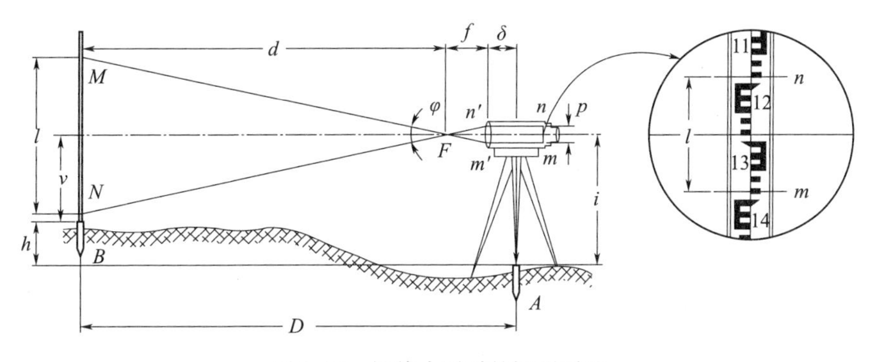

图 1.31 视线水平时的视距原理

设物镜焦点到视距尺之间的距离为 d，用 P 代表十字丝平面上两视距丝之间的固定间距，用 f 代表物镜焦距，ΔMNF 与 $\Delta m'n'F$ 为相似三角形，可得：

$$\frac{MN}{m'n'}=\frac{d}{f} \tag{1.15}$$

故

$$d=\frac{MN\times f}{m'n'}=\frac{f}{p}l \tag{1.16}$$

仪器中心距物镜焦点的距离是 $\delta+f$，其中 δ 是仪器中心到物镜光心的距离，故仪器中心至视距尺的距离为：

$$D=d+(\delta+f)=\frac{f}{p}l+(\delta+f) \tag{1.17}$$

设 $K=\frac{f}{p}$，$C=\delta+f$，则：

$$D=Kl+C \tag{1.18}$$

上式中的 K 称为视距乘常数，C 称为视距加常数。在仪器设计时，通过选择适当焦距的物镜和适当的视距丝间距，可使 $K=100$。对于内对光望远镜来讲，视距加常数可忽略不计，取 $C\approx 0$，于是视线水平时的视距为：

$$D=Kl \tag{1.19}$$

上式即为水准仪视距测量的基本公式。

5. 电子水准仪

（1）电子水准仪的构造

电子水准仪又称为数字水准仪，它集合了电子技术、编码技术、图像处理技术于一体，具有速度快、精度高、操作简便、易于实现内外业一体化等优点，广泛应用于精密水准测量工作中。

电子水准仪由基座、水准器、望远镜、操作面板和数据处理系统等部件组成，可以自动显示观测数据，完成数据的记录、储存和处理。图 1.32 是 DL07 电子水准仪的构造图。

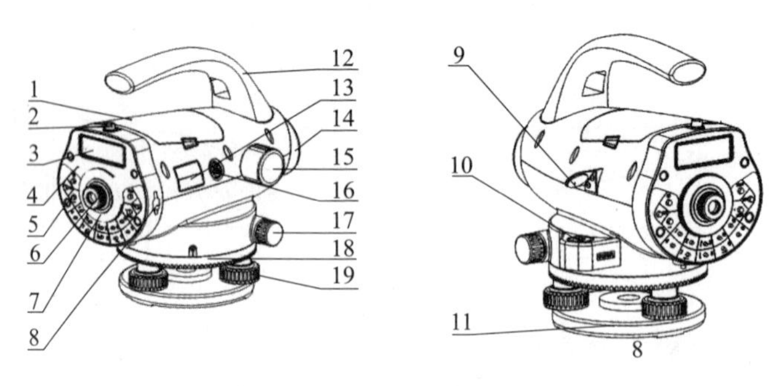

图 1.32　电子水准仪的构造

1—电池；2—粗瞄器；3—液晶显示屏；4—面板；5—按键；6—目镜；7—目镜护罩；8—数据输出插口；9—圆水准器反射镜；10—圆水准器；11—基座；12—提柄；13—型号标贴；14—物镜；15—调焦手轮；16—电源开关/测量键；17—水平微动手轮；18—水平度盘；19—脚螺旋

电子水准仪的测量原理：当仪器置平并照准条码标尺后，视准线上下一定范围内的条码影像经仪器的光学系统成像在图像识别处理系统，图像识别处理系统接收到的图像信号转换成数字视频信号，再与仪器内预存的标准代码参考信号进行相关比对，移动测量信号使之与参考信号达到最佳符合，从而得到视线在标尺上的位置，经数字化后得到中丝读数，再通过比对上下丝的视频信号及条码成像的比例，从而得到视距。

电子水准仪配套使用的辅助工具有三脚架、水准尺和尺垫。三脚架和尺垫同光学水准仪一样。如图 1.33 所示，与电子水准仪配套使用的是条码水准尺，它由玻璃纤维塑料或铟钢制成，全长 2～4.05m。尺面上刻有宽度不同、黑白相间的

图 1.33　条码水准尺

条码，相当于普通水准尺上的分划，用于数字测量。

（2）电子水准仪的使用

电子水准仪的使用包括安置、整平、瞄准、读数等操作步骤，安置、整平、瞄准等步骤和光学水准仪一样。

电子水准仪用于精密水准测量时测站的观测可采取两次观测的方法，读数时可直接读取视距、中丝读数，并可以设置测站的限差，如视线高度、视距差、累计视距差、两次读数高差之差等技术要求，当施测过程中这些技术参数不满足时，仪器可以自动报警提示。

电子水准仪还具有水准路线平差的功能，详情可参考随机的使用说明书。

6. 水准仪的检验

1）水准仪和水准尺的法定检验

（1）水准仪视准轴与水准管轴的夹角 i，DS1 和 DSZ1 型不应超过 15″；DS3 和 DSZ3 型不应超过 20″。

（2）补偿式自动安平水准仪的补偿误差 $\Delta\alpha$ 对于二等水准不应超过 0.2″，三等不应超过 0.5″。

（3）水准尺上的米间隔平均长与名义长之差，线条式因瓦水准尺不应超过 0.15mm，条形码尺不应超过 0.10mm，木质双（单）面水准尺不应超过 0.5mm。

2）水准仪的日常检验

如图 1.34 所示，水准仪的主要轴线有：仪器旋转轴或竖轴（VV）、圆水准器轴（$L'L'$）、水准管轴（LL）、望远镜的视准轴（CC）。各轴线间应满足以下几何条件：

① 水准管轴 LL 平行于视准轴 CC，即：$LL//CC$；

② 圆水准器轴 $L'L'$ 平行于仪器竖轴 VV，即：$L'L'//VV$；

③ 十字丝的横丝垂直于仪器竖轴。

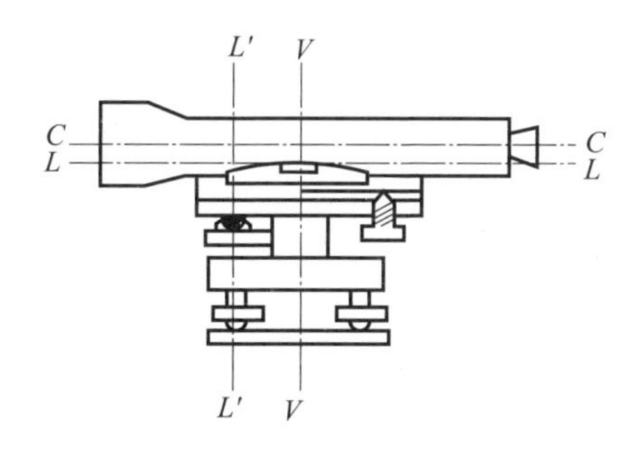

图 1.34　水准仪主要轴线间关系

如果水准管轴不平行于视准轴，则水准管气泡居中，水准管轴水平时，视准轴处于倾斜状态，即视线不是水平的；如果圆水准器轴不平行于仪器竖轴，那么当圆水准器气泡居中，即圆水准器竖轴垂直时，仪器竖轴却处于倾斜状态，此时无法调节水准管精平仪器；如果十字丝的横丝不垂直于仪器竖轴，那么当仪器竖轴垂直时，十字丝的中丝却处于倾斜状态，这就无法在标尺上读取读数。

水准仪的检验顺序：

① 圆水准器轴平行于仪器竖轴的检验。

如图 1.35 所示，调整脚螺旋使圆水准器气泡精确居中，则圆水准器轴 $L'L'$ 处于竖直位置。松开制动螺旋使仪器绕竖轴 VV 旋转 180°，若气泡仍然居中，则说明 VV 轴处在竖直位置，$L'L'$ 与 VV 平行，不需校正。若旋转 180°后气泡不再居中，则说明 $L'L'$ 与 VV 不平行，如果气泡偏移出居中黑圆圈之外，则应进行校正。

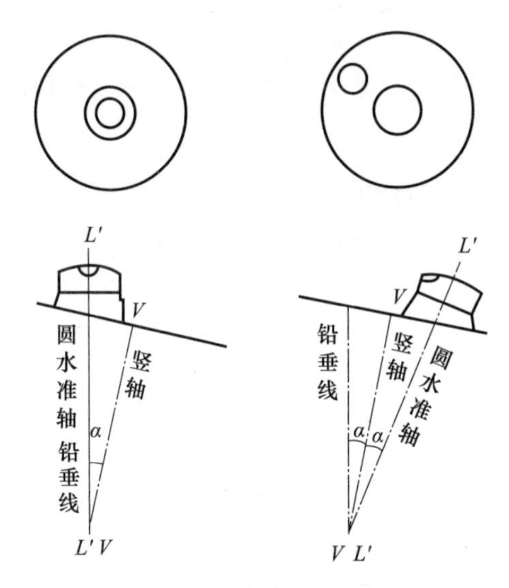

图 1.35　圆水准器轴平行于仪器竖轴的检验

② 十字丝横丝垂直于仪器竖轴的检验。

如图 1.36 所示，仪器整平后，从望远镜视场内选择一清晰目标点 P，用十字丝中丝的一端照准 P 点，拧紧制动螺旋，转动水平微动螺旋，若 P 点始终沿横丝移动，说明十字丝横丝垂直于竖轴；如果 P 点偏离开横丝，则表明十字丝横丝不垂直于竖轴，应进行校正。

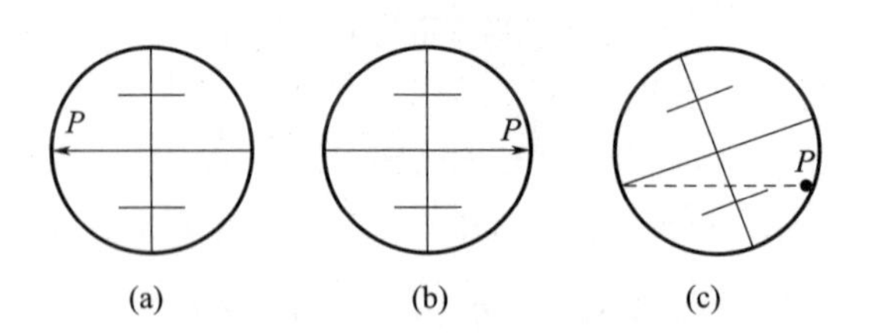

图 1.36　十字丝横丝的检验

③ 水准管轴平行于视准轴的检验。

如图 1.37 所示，在地面上选定相距约 50m 的 A、B 两点，并打入木桩或放置尺垫。安置水准仪于 AB 的中点，仪器精平后分别读出 A、B 两点水准尺的读数 a_1、b_1，根据两读数可求出两点间的正确高差 h_1。若 LL 轴与 CC 轴不平行，设其在垂直面内的交角为 i，不会影响该高差值的正确性，这是因为仪器到 A 和 B 点的距离 DA 和 DB 相等，

在所得读数 a_1、b_1 中，因水准管轴平行于视准轴所产生的偏差 x 是相同的，在计算高差时可以抵消，即有：

$$h_1=(a_1-x)-(b_1-x)=a_1-b_1 \tag{1.20}$$

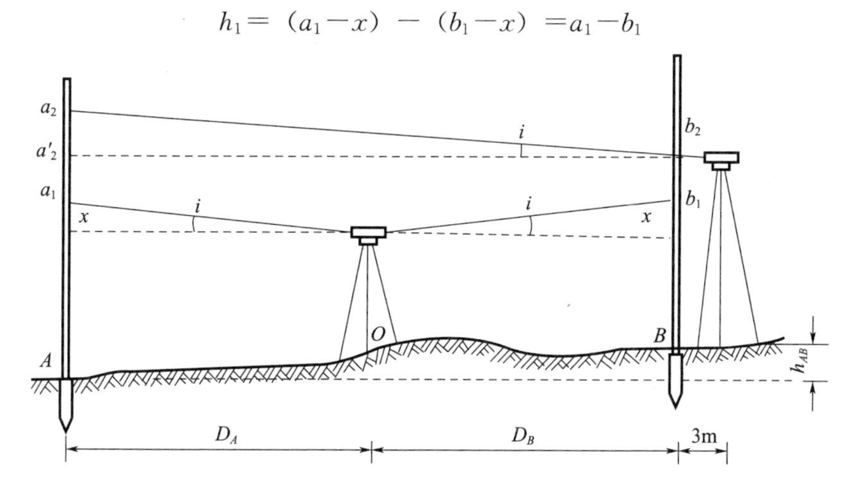

图 1.37 水准管轴平行于视准轴的检验

将仪器移至离 B 点约 3m 处，精确整平仪器后，依次照准 A、B 两点上的水准尺读数，设读数分别为 a_2 和 b_2，则第二次测得的高差为：

$$h_2=a_2-b_2 \tag{1.21}$$

由于仪器离 B 点尺很近，i 角对 b_2 的影响很小，b_2 可认为是正确读数。离 A 尺的距离为 D_{AB}，i 角对 a_2 的影响为：

$$\frac{i''}{\rho''}D_{AB}=h_2-h_1 \tag{1.22}$$

根据上式计算出 DS3 或 DSZ3 水准仪的 i 角误差小于 20″时，满足条件不需要校正，否则需要进行校正。

1.5.2 经纬仪

经纬仪是一种主要用于测量角度的测绘仪器，分为光学经纬仪和电子经纬仪。光学经纬仪的水平度盘和竖直度盘采用光学玻璃制造，读数设备为比较复杂的光学系统。电子经纬仪具有与光学经纬仪相类似的外形和结构特征，它采用光电扫描度盘和自动显示系统，可以自动读数和显示方向值。

经纬仪按其角度测量精度有 DJ07、DJ1、DJ2、DJ6 几种等级，其中，字母 D、J 分别为“大地测量仪器”和“经纬仪”的汉语拼音的第一个字母，数字 07、1、2、6 表示仪器的精度等级，即“一测回水平方向的方向中误差”，单位为秒数。DJ07、DJ1、DJ2 型经纬仪属于精密经纬仪，DJ6 型经纬仪属于普通经纬仪。

1. 经纬仪的构造及其辅助工具

1）经纬仪的构造

图 1.38 为 DJ6 型光学经纬仪的各种部件名称。如图 1.39 所示，经纬仪主要由照准部、水平度盘和基座三大部分组成。

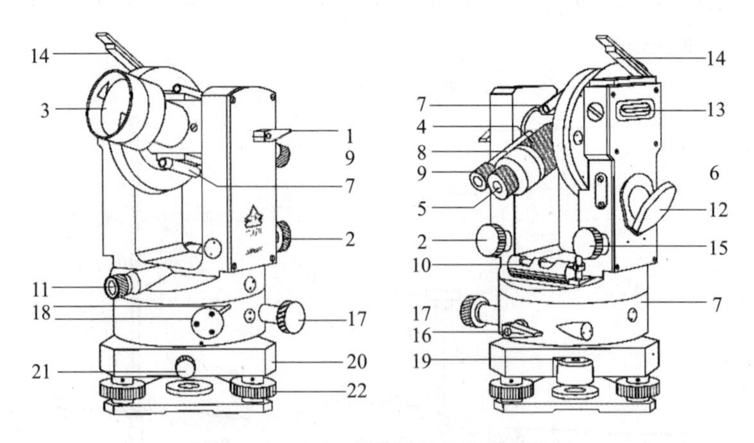

图 1.38　DJ6 型光学经纬仪的部件

1—望远镜制动螺旋；2—望远镜微动螺旋；3—物镜；4—物镜调焦螺旋；5—目镜；6—目镜调焦螺旋；7—光学瞄准器；8—度盘读数显微镜；9—度盘读数显微镜调焦螺旋；10—照准部水准管；11—光学对中器；12—度盘照明反光镜；13—竖盘指标水准管；14—竖盘指标水准管观察反射镜；15—竖盘指标水准管微动螺旋；16—水平方向制动螺旋；17—水平方向微动螺旋；18—水平度盘变换手轮与保护卡；19—圆水准器；20—基座；21—轴套固定螺旋；22—脚螺旋

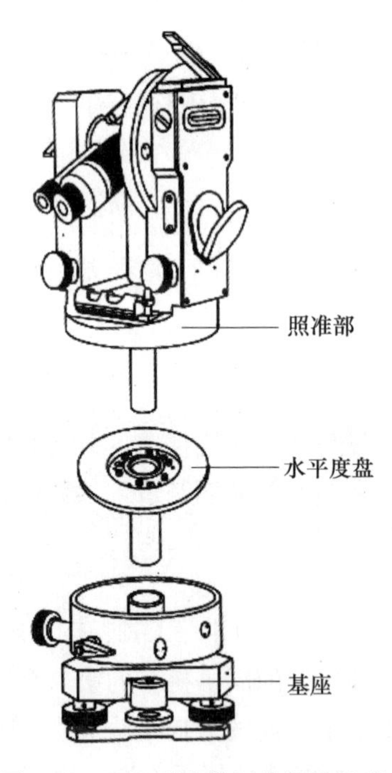

图 1.39　DJ6 型光学经纬仪的组成

(1) 照准部

照准部是经纬仪上部的可转动部分，主要由望远镜、读数设备、竖盘、支架、照准部水准管、照准部旋转轴和光学对中器等组成。

经纬仪望远镜的构造与水准仪望远镜基本相同。望远镜、竖盘与横轴固连在一起，安放在支架上。如图 1.40 所示，光学经纬仪竖盘部分主要包括竖直度盘、竖盘指标水准管和竖盘指标水准管微动螺旋等。

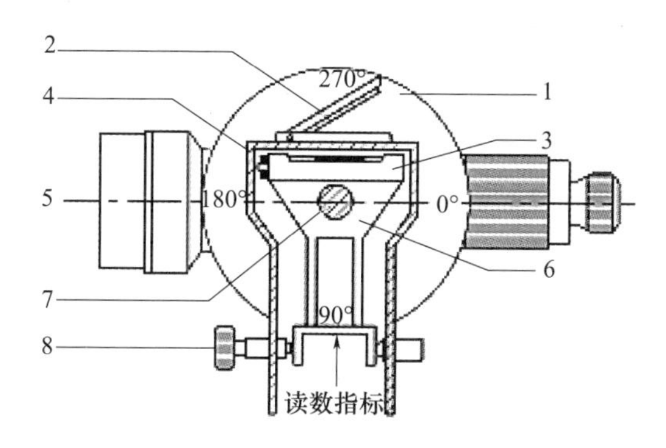

图 1.40 竖盘结构

1—竖盘；2—竖盘指标水准管反光镜；3—竖盘指标水准管；4—竖盘指标水准管校正螺钉；5—望远镜视准轴；6—竖盘指标水准管支架；7—横轴；8—竖盘指标水准管微动螺旋

竖盘固定在横轴一端且与横轴垂直。当望远镜绕横轴旋转时，竖盘随之转动，而竖盘指标不动。竖盘指标为分（测）微尺的零分划线，它与竖盘指标水准管固连在一起。当旋转竖盘指标水准管微动螺旋使指标水准管气泡居中时，竖盘指标即处于正确位置。也有些光学经纬仪采用竖盘指标自动归零装置，自动调整竖盘指标使其处于正确位置。

竖盘为全圆周刻划，刻划注记形式有顺时针与逆时针两种。当望远镜视线水平，竖盘指标水准管气泡居中时，竖盘读数应为 90°或 90°的整倍数。

照准部水准管是用来精确整平仪器的。光学对中器的作用是通过它将仪器中心安置在测站点的铅垂线上。读数设备包括读数显微镜、测微器以及光路中的一系列棱镜、透镜等。为了控制照准部在水平方向内的转动，照准部上装有水平制动和微动螺旋；为了控制望远镜在竖直面内的转动，在支架一侧装有望远镜制动螺旋和微动螺旋。

（2）水平度盘

水平度盘是由光学玻璃制成的精密刻度盘，分划从 0°至 360°，按顺时针注记，用以测量水平角。水平度盘有一空心轴，空心轴插入度盘的外轴中，外轴再插入基座的套轴内。在测角过程中，水平度盘与照准部的关系是分离的，即水平度盘不随照准部转动；若要改变水平度盘的位置，可利用度盘变换手轮将度盘转到所需要的位置。还有少数仪器采用复测装置，这类仪器水平度盘与照准部的关系可离可合；当复测扳手向下扳到位，照准部与度盘扣合在一起，度盘随照准部一起转动，度盘读数不变；当复测扳手向上扳到位，照准部与度盘分离，度盘不随照准部转动。

（3）基座

基座是支撑仪器的底座，包括轴座、脚螺旋、底板、三角形压板等。照准部连同水平度盘一起插入基座轴套后，用轴套固定螺旋，又称中心锁紧螺旋固紧；轴套固定螺旋切勿松动，以免仪器上部与基座脱离而摔坏。仪器装到三脚架上时，须将三脚架头上的中心连接螺旋旋入基座底板，使之固紧。采用光学对中器的经纬仪，其连接螺旋是空心的；连接螺旋下端大都具有挂钩或像灯头一样的插口，以备悬挂垂球之用。基座上的三个脚螺旋是用来整平仪器的。基座上有圆水准器，其作用是粗略整平仪器用。

2）经纬仪的辅助工具

和经纬仪配套使用的辅助工具有三脚架、照准标志、水准尺等。

三脚架用于安置经纬仪，和水准仪的三脚架构造一样，只是尺寸相对大一些；水准尺为双面标尺，用于视距法测量距离。图 1.41 为经纬仪的照准标志，主要有标杆、测钎、花杆、对中杆、单棱镜组等。

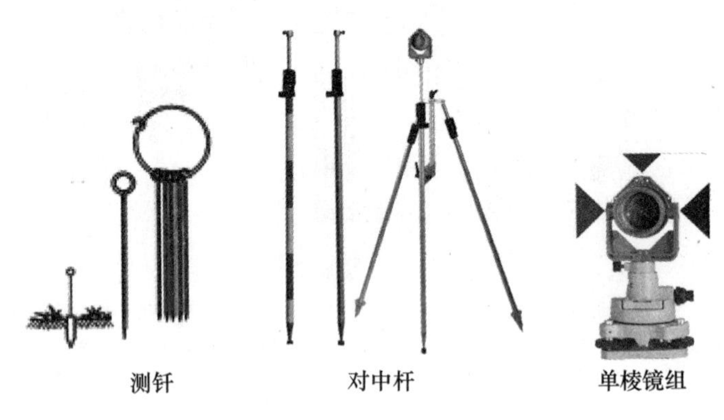

图 1.41　照准标志

对中杆由中空结构的外杆和收缩在外杆中的内杆组成。外杆下端为尖状，用于竖立在测量点上。内杆可以从外杆里面拉伸出来，杆上有刻度，以厘米为单位，表示对中杆的尖端到安装在内杆顶部的单棱镜的高度。

单棱镜组由基座、棱镜和对中板（觇板）组成。基座由光学对中器、圆水准器、管水准器、底座、脚螺旋、三角板等组成。棱镜为圆柱形的玻璃柱磨制而成，正面为一平面，背面是三个相互成 120°的平面，镶嵌在塑料棱镜罩壳里面；棱镜罩壳和 U 形支架连接，U 形支架下部有连接器，可以和基座的凹槽连接。对中板和棱镜罩壳连接，顶部、左右边有三角形标志。

2. 经纬仪的使用

经纬仪的使用包括安置、对中、整平、瞄准和读数等操作步骤。

1）安置

经纬仪的安置和水准仪的安置步骤一样，除了保证高度、角度、平整度之外，还要求三脚架架设时大致对中，即架头中心与地面点大致在一条铅垂线上。

在取出经纬仪的时候，由于仪器比较重，所以要一只手紧握 U 形支架一侧或仪器提手，另一只手抓紧基座，把仪器底部三角板放置在架头上，握 U 形支架或仪器提手的手不松手，另一只手连接和旋上中心螺旋后方可松手，防止仪器摔落。

2）对中

对中的目的是使仪器的竖轴与测站点的标志中心在同一铅垂线上。经纬仪对中主要有光学对中器对中和激光对中器对中两种方法。光学对中器对中适用于光学经纬仪，激光对中器对中适用于电子经纬仪和全站仪。

（1）光学对中器对中

如图 1.42 所示，对中前先要调焦，通过转动目镜调焦螺旋使对中器分划板十字丝最清晰，再转动或通过拉伸光学对中器使地面上的测点标志最清晰。如图 1.43 所示，保持三脚架的一条腿固定不动，双手分别握紧三脚架的另两条腿，眼睛观察光学对中器，在地面拖动三脚架脚腿，使对中器分划板上的对中标志对准地面上的测点标志，然后将三脚架的脚尖固定和踩实。

拖动三脚架的概念是三脚架不离开地面或离开地面很少，以防止抬得太高，当将三脚架再放到地面时，对中器发生位移，导致偏移地面点较多。

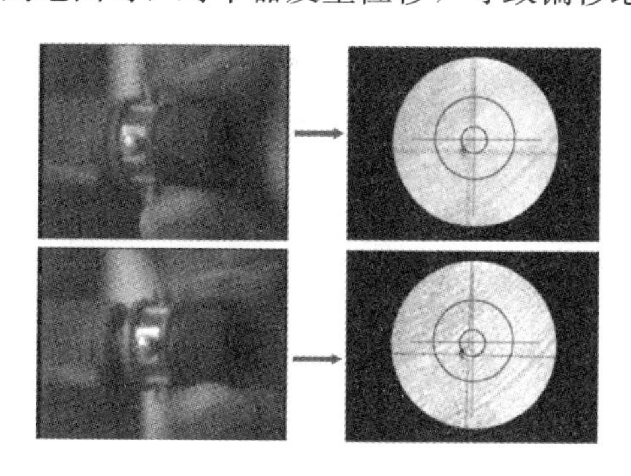

图 1.42 调焦

图 1.43 对中

(2) 激光对中器对中

先打开激光对中器，然后保持三脚架的一条腿固定不动，双手分别握紧三脚架的另两条腿，眼睛观察激光对中器发射在地面的激光点，在地面拖动三脚架脚腿，使对中器发出的激光点对准地面上的测点标志，然后将三脚架的脚尖固定和踩实。

3) 整平

经纬仪整平的目的是使仪器的竖轴竖直，即水平度盘处于水平位置。整平包括粗平和精平两个步骤，方法有两种，区别在于粗平的依据不同。

方法一：

(1) 粗平

① 任选三脚架的一个脚腿，如图 1.44 (a) 中脚腿 1，升降它，使圆水准器气泡移动，满足圆水准器气泡中心和居中标志黑圈中心连线，垂直于脚螺旋 A、B 或脚螺旋 B、C 的连线；如图 1.44 (b) 所示，圆水准器气泡中心和居中标志黑圈中心连线垂直于脚螺旋 A、B 的连线。

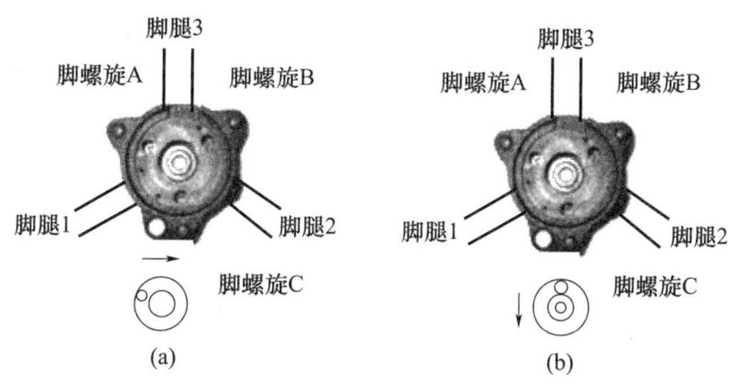

图 1.44 粗平

② 升降脚腿 3，圆水准器气泡沿 A、B 脚螺旋连线垂直方向移动或沿圆水准器气泡中心和居中标志黑圈中心连线移动，直到居中。

上述过程是通过调节三脚架脚腿的高度使圆水准器气泡居中的。其关键是第一步，即升降一条脚腿后需要比较准确地判断上述的两条连线垂直，否则第二步升降脚腿后，圆水准器气泡仍然绕着居中标志黑圈移动，而不会向黑圈里面移动且居中，这时要重新按照步骤一和步骤二来操作。

（2）精平

① 如图 1.45 所示，任选两个脚螺旋，转动照准部，使管水准器与所选两个脚螺旋中心连线平行，同时向里面或向外面相对转动两个脚螺旋，使管水准器气泡居中。管水准器气泡在整平中的移动方向与转动脚螺旋左手大拇指运动方向一致。这一步的关键是同时旋转两个脚螺旋。

② 转动照准部 90°，转动第三个脚螺旋，使管水准器气泡居中。

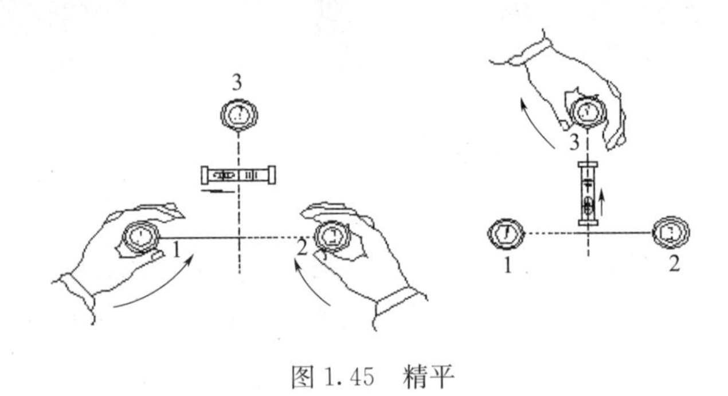

图 1.45　精平

方法二：

（1）粗平

① 任选三脚架的两个脚螺旋腿，如图 1.44 中 A、B 脚螺旋，转动照准部使管水准器的管水准轴与所选的两个脚螺旋的连线垂直，升降 A、B 脚螺旋对应的脚腿 3，使管水准器气泡居中。

②转动照准部使管水准轴与 B、C 脚螺旋的连线垂直，升降脚腿 2 使管水准器气泡居中；或者转动照准部使管水准轴与 A、C 脚螺旋的连线垂直，升降脚腿 1 使管水准器气泡居中。

升降脚腿时不能移动脚腿地面支点。升降时左手抓紧脚腿上半段，大拇指按住脚腿下半段顶面，并在松开箍套旋钮时以大拇指控制脚腿上下半段的相对位置实现渐进的升降，管水准气泡居中时扭紧箍套旋钮。整平时管水准器气泡偏离零点少于一格。

（2）精平

同方法一的精平操作过程。

可见，上述两种整平方法的区别在于：第一种方法粗平时看的是圆水准器，而第二种方法粗平时看的是管水准器。由于管水准器比较灵敏，因此第二种方法在管水准器将要居中时，调节三脚架脚腿的高度，要求变动的幅度和速度很小。

由于粗平升降脚腿和精平调节脚螺旋，因而会使得仪器的竖轴发生变动，导致仪器竖轴和地面点发生了偏移，但是偏移量不会太大，这时松开连接螺旋，在脚架架头的孔洞（直径 65mm 左右）范围内移动仪器，使得仪器再次对中。对中后旋紧连接螺旋，再次精平，再看是否对中，如果没有对中，则再次挪动仪器对中后再精平，这样反复对中和整平，直到仪器既对中又整平才可以进行后面的操作。

4）瞄准

先调节目镜调焦螺旋使十字丝最清晰，然后松开水平制动螺旋和望远镜制动螺旋，利用望远镜上的粗瞄器使目标位于望远镜的视场内，如图 1.46（a）所示，当大致对准目标后，固定水平制动螺旋和望远镜制动螺旋，然后进行物镜调焦，即调节物镜调焦螺旋使目标影像最清晰。

最后调节水平微动螺旋和望远镜微动螺旋以精确照准目标，如图 1.46（b）所示。在进行水平角观测时，应尽量照准目标的底部。目标成像较大时，可用十字丝的单纵丝去平分目标；目标成像较小时，可用十字丝的双纵丝将目标夹在正中间。观测竖直角时，用横丝的单横丝切准目标，用双横丝将目标夹在正中间。为了精确照准目标，单丝、双丝瞄准目标要多次反复进行，直到单丝、双丝都照准目标为止，如图 1.46（c）所示。

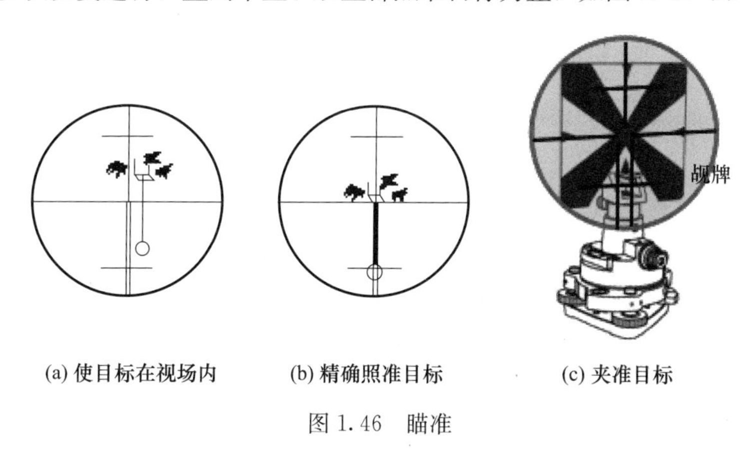

(a) 使目标在视场内　(b) 精确照准目标　(c) 夹准目标

图 1.46　瞄准

5）读数

经纬仪显示的是方向值。光学经纬仪的水平度盘和竖直度盘都是玻璃制成的，整个圆周都是 360°，一般每隔 1°或 30′有一刻划线。度盘分划线通过一系列的光学零件组成的光学系统，成像于望远镜旁的读数显微镜内，观测者通过显微镜读取度盘读数。光学读数方法稍微复杂。

电子经纬仪的读数系统采用光电扫描和电子元件进行自动读数和液晶显示。电子测角不是按照光学经纬仪的度盘上的分划线，用光学读数法读取方向值，而是从度盘上取得电信号，再将电信号转换为数字并显示方向值。

3. 水平角测量

水平角是从一点出发的两条方向线所构成的空间角在水平面上的投影的夹角，或是指地面上一点到两个目标点的方向线垂直投影到水平面上的夹角。

如图 1.47 所示，A、O、B 为地面上三点，过 OA、OB 直线的竖直面，在水平面上的交线 O_1A_1、O_1B_1 所夹的角 β，就是 OA 和 OB 之间的水平角。可以这样简单理解，水平角$\angle AOB$是以方向线OA为起始边，顺时针旋转到方向线OB（终止边OB）时，在水平面上旋转的角度值就是水平角度值$\angle AOB$。

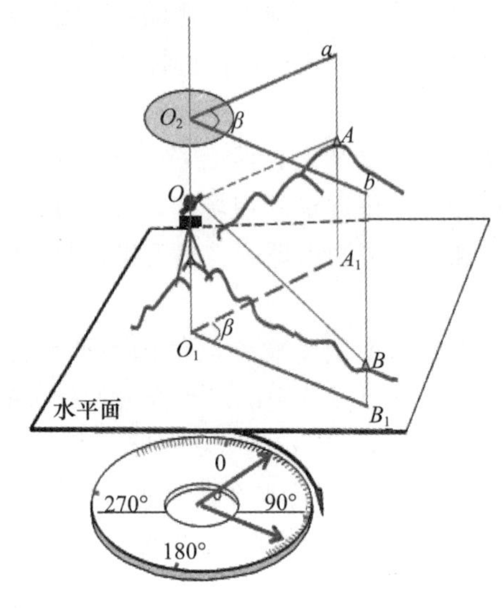

图 1.47　水平角

根据水平角的概念，若在过O点的铅垂线上，水平地安置一个有刻度的水平度盘，度盘中心在O_2点，过OA、OB竖直面与水平度盘交线为O_2a、O_2b，在水平度盘上读数为a、b。则水平角$\angle AOB$为：

$$\angle AOB=b-a=\beta \tag{1.23}$$

式中　a、b——方向线OA、OB在水平度盘上的读数，称为方向值，方向值随着水平度盘0°放置的位置不同而不同；水平角度值$\angle AOB$为OA、OB的方向值的差值，但是不随着水平度盘0°放置的位置而改变。

根据定义，水平角度值的范围为0°～360°。

观测水平角常用的方法为方向观测法，方向观测法可以分为测回法和全圆测回法（全圆方向观测法）。

1）测回法

测回法适用于观测只有两个目标构成的水平角，是测角的基本方法。

（1）一测回的观测步骤

如图1.48所示，现测量水平角$\angle AOB$，在O点安置经纬仪并完成对中、整平，用测回法观测一个测回的操作程序如下：

① 盘左观测：照准目标时，如果竖盘位于望远镜观测方向的左侧则称为盘左，又叫正镜。

调整望远镜为盘左位置，精确照准左边的目标A，对水平度盘置数，略大于0°，将读数$a_{左}$记入手簿；然后顺时针转动照准部，精确照准右边的目标B，读取水平度盘读数$b_{左}$，记入

图 1.48　测回法观测水平角

手簿。

上述盘左观测的过程为上半测回。计算上半测回观测的水平角值：

$$\beta_{左}=b_{左}-a_{左} \tag{1.24a}$$

② 盘右观测：照准目标时，如果竖盘位于望远镜观测方向的右侧则称为盘右，又叫倒镜。

倒转望远镜变为盘右位置，先照准右边的目标 B，读取水平度盘读数 $b_{右}$，记入手簿；然后逆时针转动照准部，再照准目标 A，读取水平度盘的读数 $a_{右}$，记入手簿。

上述盘右观测的过程为下半测回。计算下半测回观测的水平角值：

$$\beta_{右}=b_{右}-a_{右} \tag{1.24b}$$

上、下半测回合称为一测回，一测回的水平角值为上、下半测回角值的均值，即：

$$\beta=(\beta_{左}+\beta_{右})/2 \tag{1.25}$$

由于水平度盘的刻划注记是按顺时针方向增加的，因此在计算角值时，无论是盘左还是盘右，均用右边目标的读数减去左边目标的读数，如果右边目标读数不够减，则应加上 360°后再减。

（2）多测回的观测

为了提高观测精度，减小度盘分划等误差的影响，水平角需要观测多个测回，每测回间应改变起始度盘的位置，其改变值为 $180°/n$，n 为测回数。

例如，当测回数 $n=3$ 时，第一测回起始方向读数设置为 0°；第二测回起始方向的读数和第一测回起始方向的读数之差为 $180°/3=60°$，即设置为 60°；第三测回起始方向的读数和第二测回起始方向的读数之差为 $180°/3=60°$，即设置为 $60°+60°=120°$。

各测回的观测过程和一测回的观测过程一样。多测回的水平角值等于各个测回水平角值的平均值。

（3）记录计算

测回法水平角观测的记录计算表格格式有两种，见表 1.5 和表 1.6。

表 1.5　测回法观测记录表（格式一）

测站	测回	竖盘位置	目标	水平度盘读数（°　′　″）	2C（″）	半测回角值（°　′　″）	一测回角值（°　′　″）	各测回平均值（°　′　″）
O	1	左	A	0　01　12	+06	39　15　36	39　15　33	39 15 38
			B	39　16　48	+12			
		右	A	180　01　06		39　15　30		
			B	219　16　36				
O	2	左	A	90　00　06	−06	39 15 48	39 15 42	
			B	129　15　54	+06			
		右	A	270　00　12		39 15 36		
			B	309　15　48				

表 1.6　测回法观测记录表（格式二）

测站	测回	目标	水平度盘读数		2C (″)	半测回角值 (° ′ ″)	一测回角值 (° ′ ″)	各测回平均值 (° ′ ″)
			盘左 (° ′ ″)	盘右 (° ′ ″)				
O	1	*A*	0 01 12	180 01 06	+06	39 15 36	39 15 33	39 15 38
		B	39 16 48	219 16 36	+12	39 15 30		
O	2	*A*	90 00 06	270 00 12	−06	39 15 48	39 15 42	
		B	129 15 54	309 15 48	+06	39 15 36		

上表中 2*C* 为两倍照准差，为正倒镜（盘左盘右）照准同一目标时的水平度盘读数之差，按下式计算：

$$2C=\text{盘左读数}\,L-(\text{盘右读数}\,R\pm180°) \tag{1.26}$$

式中，盘右读数大于 180°取减号；盘右读数小于 180°取加号。

两倍照准差 2*C* 反映的是瞄准误差和视准轴误差的大小，可以从盘左、盘右的观测值取均值得到抵消。

填写上述表格需要注意以下几点：

① 度、分、秒的记录格式：度、分、秒之间以空格或以小横杠分隔。如 0°01′12″应记为：0 01 12或 0-01-12。

② 度、分、秒的取位：度位可取一位、两位或三位；分位和秒位取两位，如果只有一位，则前面加 0，凑成两位。如 180°1′6″应记为：180 01 06 或 180-01-06。

③ 逢 0.5 凑整：如表 1.6 中，测量∠*AOB* 第一测回角值为 39°15′33″，第二测回角值为 39°15′42″，两测回的平均值为（39°15′33″+39°15′42″）/2=39°15′37.5″，最后的 37.5″取整数，根据“单进双舍”或“奇进偶舍”的原则，37.5 取整数为 38。假如计算数值为 38.5，则取整数为 38。

2）全圆方向观测法

当一个测站上观测方向有三个或三个以上时，需要同时测量出多个角度，此时应采用全圆测回法进行观测。

（1）一测回的观测步骤

如图 1.49 所示，设在 *O* 点安置经纬仪，观测 *A*、*B*、*C*、*D* 四个方向间的水平角。在 *O* 点对中、整平后，用全圆方向观测法观测一个测回的操作程序如下：

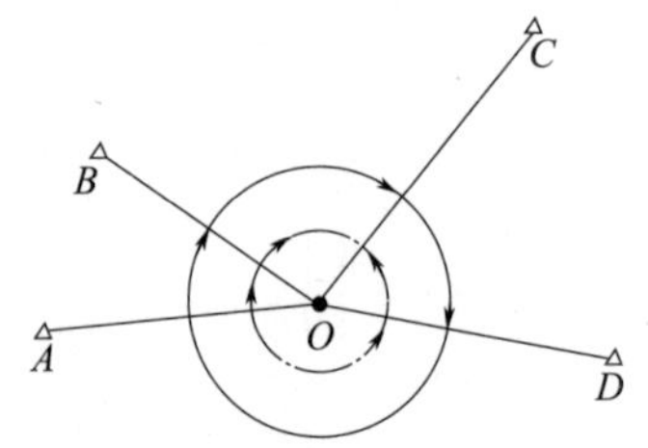

图 1.49　方向观测法

① 盘左观测

选定一个距离适中、目标清晰的方向 *A* 作为起始方向，又称为零方向，以正镜照准 *A* 点，水平度盘置数略大于 0°，将读数记入手簿；按顺时针方向旋转照准部，如图 1.49中实线箭头，依次照准 *B*、*C*、*D* 和 *A*，读数、记录。

② 盘右观测

倒转望远镜变为盘右位置，以倒镜照准目标 *A*，读数、记录；按逆时针方向旋转照准准部，如图1.49中虚线箭头，依次照准 D、C、B、和 A，读数、记录。

至此，一测回的观测过程完成。

在盘左观测和盘右观测的半测回观测中，最后都有一个再次观测起始方向的操作，这个操作称为“归零”，“归零”的目的是检核观测过程中仪器是否发生了变动。由于有了“归零”操作，相当于作了一个圆周的观测，所以这种观测方法被称为全圆方向观测法。

（2）多测回的观测

为了提高观测精度、减小度盘分划等误差的影响，可变换水平度盘位置观测若干个测回，每测回改变起始度盘的位置，其改变值为 $180°/n$，n 为测回数。

各测回的观测过程和一测回的观测过程相同。多测回水平角等于各个测回水平角的平均值。

（3）记录计算

全圆方向观测法的记录格式见表1.7。盘左观测时，由上往下记录；盘右观测时，由下往上记录。计算在表格中进行，计算过程如下：

① 计算半测回归零差。半测回作业中，开始和最后两次照准起始方向的读数差称为半测回归零差。

② 计算两倍照准差 $2C$。$2C$ 的计算式同前。

表1.7 全圆方向观测法观测记录表

测回	目标	水平度盘读数		2C＝左－（右±180°）（″）	平均读数＝［左＋（右±180°）］/2（° ′ ″）	归零后的方向值（° ′ ″）	各测回归零方向平均值（° ′ ″）
		盘左（° ′ ″）	盘右（° ′ ″）				
1	2	3	4	5	6	7	8
1	A	0 02 06	180 02 18	－12	(0 02 10) 0 02 12	0 00 00	0 00 00
	B	60 42 30	240 42 36	－06	60 42 33	60 40 23	60 40 18
	C	130 57 24	310 57 06	＋18	130 57 15	130 55 05	130 55 16
	D	240 48 54	60 48 48	＋06	240 48 51	240 46 41	240 46 40
	A	0 02 12	180 02 06	＋06	0 02 09		
2	A	90 01 00	270 01 06	－06	(90 01 06) 90 01 03	0 00 00	
	B	150 41 12	330 41 24	－12	150 41 18	60 40 12	
	C	220 56 30	40 56 36	－06	220 56 33	130 55 27	
	D	330 47 48	150 47 42	＋06	330 47 45	240 46 39	
	A	90 01 06	270 01 12	－06	90 01 09		

③ 计算同一方向盘左、盘右读数的平均值。计算公式为：

$$平均值＝［盘左读数 L＋（盘右读数 R±180°）］/2 \tag{1.27}$$

一测回中，起始方向盘左、盘右读数的平均值有两个，应再取这两个平均值的中数作为起始方向读数平均值的最后结果，写在第一个平均值上方的括号内（如表 1.7 中第 6 列）。

④ 计算一测回归零方向值。将计算出的各方向的读数平均值分别减去起始方向的读数平均值（括号内的值），即得各方向的归零方向值。

⑤ 计算各测回归零后的平均方向值。各测回归零后的平均方向值为各测回归零后方向值的平均值。

⑥ 水平角的计算。将相邻两个归零后的方向值相减，即为这两个方向所夹的水平角。

3）水平角方向观测法的要求

（1）水平角方向观测法的技术要求

水平角方向观测法的技术要求见表 1.8。

表 1.8　水平角方向观测法的技术要求

等级	仪器精度等级	半测回归零差限差（″）	一测回中 2C 互差限差（″）	同一方向值各测回较差限差（″）
四等及以上	1″级	6	9	6
	2″级	8	13	9
一级及以下	2″级	12	18	12
	6″级	18	—	24

注：当某观测方向的垂直角超过±3°的范围时，一测回内 2C 互差可按相邻测回同方向进行比较，比较值应满足表中一测回内 2C 互差的限值。

（2）测站作业要求

① 仪器或反光镜的对中误差不应大于 2mm。

② 水平角观测过程中，气泡中心位置偏离整置中心不宜超过一格。四等及以上等级的水平角观测，当观测方向的垂直角超过±3°的范围时，宜在测回间重新整置气泡位置。有垂直轴补偿器的仪器应打开仪器自动补偿功能，可不受上述限制。

③ 如受外界因素（如振动）的影响，仪器的补偿器无法正常工作或超出补偿器的补偿范围时应停止观测。

3）水平角观测误差超限时，应在原来度盘位置上重测，并应符合下列要求

① 一测回内 2C 互差或同一方向值各测回较差超限时，应重测超限方向，并联测零方向。

② 下半测回归零差或零方向的 2C 互差超限时应重测该测回。

③ 若一测回中重测方向数超过总方向数的 1/3 时应重测该测回。当重测的测回数超过总测回数的 1/3 时应重测该站。

4）水平角测量的误差

水平角测量的误差来源于仪器误差、观测误差和外界条件影响误差三个方面。

（1）仪器误差

仪器误差的来源可分为两方面：

一是仪器制造加工不完善的误差，如度盘刻划误差、度盘偏心误差等，前者可通过

测回间改变度盘位置的方法来加以削减；后者可采用盘左、盘右观测取平均值的方法予以消除。

二是仪器检校不完善的误差，如视准轴误差、横轴误差以及竖轴误差等，其中视准轴不垂直于横轴、横轴不垂直于竖轴的误差均可采用盘左盘右观测取平均值的方法予以消除；但照准部水准管轴不垂直于竖轴的误差，不能用盘左盘右观测取平均值的方法加以消除，因为当照准部水准管气泡居中后竖轴并不竖直，从而导致横轴倾斜，使水平方向读数产生误差，由于竖轴不竖直所引起的水平方向读数误差在盘左盘右观测时不但数值相等，而且符号也相同，为不对称观测，而且照准目标的俯仰角越大，误差影响也越大，因此在进行水平角测量时，尤其在视线倾斜过大的地区观测水平角时，要特别注意整平仪器，以减少竖轴误差。

（2）观测误差

① 对中误差。对中误差是指仪器中心与测站中心不在同一铅垂线上所产生的误差。对中误差对测角的影响与偏心距成正比，与边长成反比，此外与所测角度的大小和偏心的方向有关。因此在进行水平角测量时，应精确地进行对中，尤其在边长较短、角度为钝角的情况下更应如此，否则将会给角度观测带来很大影响。

② 整平误差。观测时若仪器未严格整平，竖轴将处于倾斜位置而产生的误差。由于这种误差不能采用适当的观测方法加以消除，且当观测目标的竖直角越大，其误差影响也越大，故当观测目标的高差较大时，应特别注意仪器的整平。当太阳光较强时，应打伞遮阳，以避免阳光直接照射水准管，影响仪器的整平。

③ 目标偏心误差。当目标点上竖立的观测标志不直，而测角时又没照准目标的底部，那么实际照准的目标位置将偏离地面标志点而产生误差，这种误差称为目标偏心差。目标偏心对测角的影响与目标偏心距成正比，与仪器到目标点的距离成反比。所以观测标志倾斜度越大，照准部位越高，则目标偏心越大，由此给测角带来的影响也越大。因此观测时应尽量将观测标志竖直，同时观测时尽量照准观测标志的底部，尤其是短边观测时更应注意。

④ 照准误差。照准误差与望远镜的放大倍率、目标的亮度及视差的消除程度有关，为减小这种误差的影响，应选择有利的观测时机，同时观测时应注意消除视差。

（3）外界条件影响误差

外界条件（如大风）影响仪器的稳定，大气对流会使目标影像跳动，大气透明度差会使目标成像不清晰，大气层密度变化会产生折光，温度变化会引起仪器轴线间关系的变动等。要避免外界因素的影响十分困难，因此，只能采取必要的措施，如选择有利的观测时间或避开不利的观测条件等，使外界因素的影响降低到较小程度。

4. 竖直角测量

竖直角又称竖角或垂直角，是指在同一竖直面内一条方向线与水平线的夹角，或是指一条方向线和水平线水平投影到竖直面内的夹角，用 V 表示。

如图 1.50 所示，竖直角分为仰角和俯角，夹角在水平线之上称为仰角，角值为正；在水平线之下称为俯角，角值为负。竖直角的范围为 0°～±90°。

在竖直面内某一方向线与铅垂线的反方向即天顶方向的夹角称为天顶距（角），用

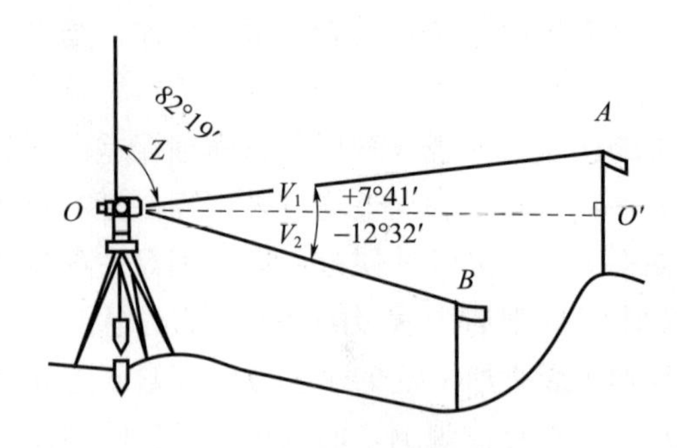

图 1.50 竖直角和天顶距（角）

Z 表示，其范围为 0°～180°。天顶距与竖直角的关系为：

$$V = 90° - Z \tag{1.28}$$

竖直角测量采用测回法观测，具体过程如下：

1）一测回的观测步骤

（1）在测站点安置仪器，正确判断竖直度盘注记形式。

当经纬仪的盘左望远镜大致水平时，仪器竖盘读数大约为 90°，且当望远镜向上转动时，竖盘读数变小，则可以判断经纬仪的竖盘为顺时针注记。

（2）盘左位置用水平中丝照准目标，调整竖盘指标水准管气泡居中后，读取竖盘读数 L，记入记录手簿。

上述过程为上半测回。如图 1.51（a）所示，盘左视线水平时竖盘的读数为 90°，当望远镜逐渐抬高（仰角），竖盘读数减少，读数为 L，则竖直角为：

$$V_L = 90° - L \tag{1.29}$$

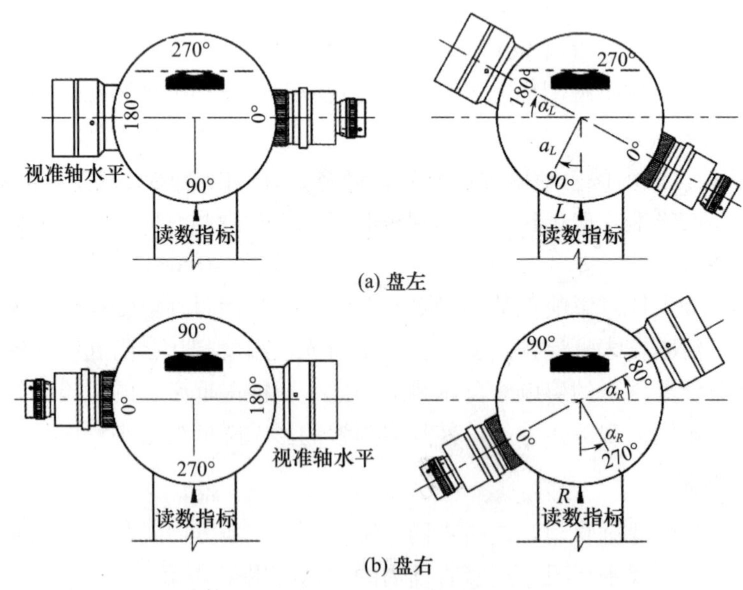

图 1.51 竖直角计算

（3）盘右位置用水平中丝照准目标，调整竖盘指标水准管气泡居中后，读取竖盘读

数 R，记入记录手簿。

上述过程为下半测回。如图 1.51（b）所示，盘右视线水平时的读数为 270°，当望远镜逐渐抬高，竖盘读数变大，读数为 R，则竖直角为：

$$V_R = R - 270° \tag{1.30}$$

盘左观测时称为上半测回，盘右观测时称为下半测回，上、下半测回合称为一测回，一测回的竖直角值为上、下半测回角值的平均值，即：

$$V = (V_R + V_L)/2 = (R - L - 180°)/2 \tag{1.31}$$

2）多测回的观测

为了提高观测精度，竖直角测量也需要观测多个测回，但是每测回无法改变起始度盘的位置，因此，竖直角多测回观测值和第一测回的观测值近似相等。

各测回的观测过程和一测回的观测过程相同。多测回竖直角等于各个测回竖直角的平均值。

3）记录计算

测回法竖直角观测的记录计算见表 1.9。

表 1.9　竖直角观测记录表（顺时针注记）

测站	目标（测回）	盘位	竖盘读数（° ′ ″）	半测回竖直角（° ′ ″）	指标差（″）	一测回竖直角（° ′ ″）	各测回平均值（° ′ ″）
O	A（Ⅰ）	左	73 44 12	+16 15 48	+12	+16 16 00	+16 15 56
		右	286 16 12	+16 16 12			
	B（Ⅱ）	左	73 44 16	+16 15 44	+18	+16 15 52	
		右	286 16 08	+16 16 08			

表 1.9 中指标差指的是当视线水平，竖盘指标水准管气泡居中时，竖盘读数理论上为 90°或 270°，但实际上读数指标往往并不是恰好指在 90°或 270°位置上，而与 90°或 270°相差一个小角度 x，x 就是竖盘指标差，如图 1.52 所示。或者这样理解，当竖盘读数为 90°或 270°时，望远镜的视线应该是水平的，但实际上是和水平线有个倾角 x，x 就是竖盘指标差。

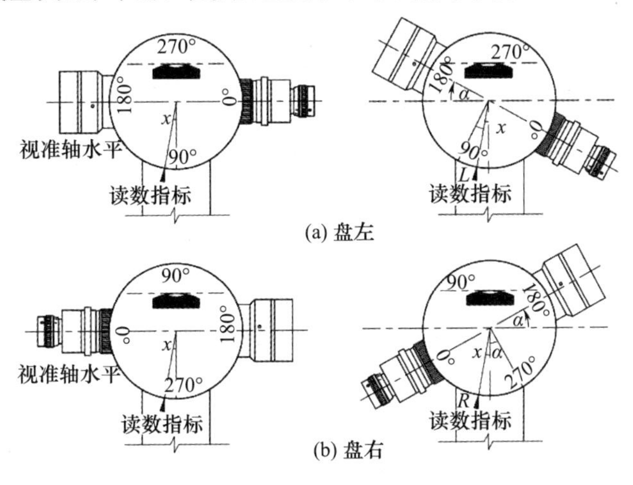

(a) 盘左

(b) 盘右

图 1.52　竖盘指标差

下面以顺时针注记竖盘为例说明竖盘指标差的计算。

由于指标差 x 的存在，使得视线水平时盘左的读数为 $90°+x$，盘右的读数为 $270°+x$，都有误差 x，则盘左、盘右正确的竖直角为：

$$V_L=(90°+x)-L \tag{1.32}$$

$$V_R=R-(270°+x) \tag{1.33}$$

所以

$$x=(R+L-360°)/2 \tag{1.34}$$

正确的一测回竖直角 V 为：

$$V=(V_R+V_L)/2=(R-L-180°)/2 \tag{1.35}$$

上式和没有竖盘指标差 x 的计算结果相同。可见，用盘左、盘右各观测一次计算竖直角，然后取其平均值作为最后结果，可以消除竖盘指标差的影响。规范规定对于 DJ2 的经纬仪 $2x$ 不大于 30 秒，否则要进行校正。

4）竖直角测量的要求

竖直角观测的主要技术要求见表 1.10。

表 1.10　竖直角观测的主要技术要求

等级	竖直角观测			
	仪器精度等级	测回数	指标差较差（″）	测回较差（″）
四等	2″级	3	≤7	≤7
五等	2″级	2	≤10	≤10

5. 视距测量

前面学习水准仪时，水准仪整平后，通过读取视距尺上丝和下丝读数可以计算得到视距。同样的，经纬仪的十字丝中横丝也有上、中、下丝，其中上丝和下丝为视距丝，也可以进行视距测量。

当望远镜水平时，竖直角为 0°时，其视距的计算也可以用水准仪视距测量公式来计算。在地面倾斜较大的地区进行测量时，往往需要上仰或下俯望远镜才能看到视距尺，这时视线是倾斜的，视线和视距尺不垂直，但也可以计算出视距。

如图 1.53 所示，在 A 点安置经纬仪，照准 B 点上竖立的视距尺。当望远镜视线向上倾斜一个 ν 角时，上、下视距丝在标尺上截得的尺间隔为 l。

假定视距尺绕 O 点转动一个 ν 角，这时视线和视距尺垂直，设此时对应的尺间隔为 l'，于是仪器中心到照准位置的倾斜距离 D' 为：

$$D'=kl' \tag{1.36}$$

在$\triangle MM'O$ 和$\triangle NN'O$ 中：

$$\angle MOM'=\angle NON'=\nu \tag{1.37}$$

$$\angle M'MO=90°+\varphi/2 \tag{1.38}$$

$$\angle N'NO=90°-\varphi/2 \tag{1.39}$$

由于 $\varphi/2$ 很小，故可以把$\angle M'MO$ 和$\angle N'NO$ 都看成为直角，因此在$\triangle MM'O$ 和$\triangle NN'O$ 中：

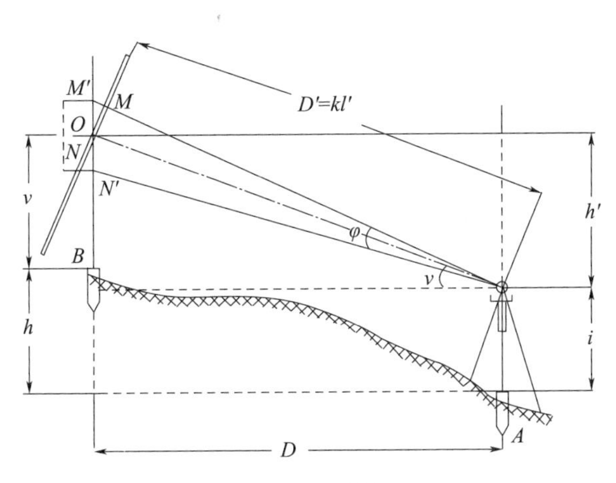

图 1.53 视距测量

$$MO = M'O \cdot \cos\nu \tag{1.40}$$

$$NO = N'O \cdot \cos\nu \tag{1.41}$$

于是

$$MN = M'N' \cdot \cos\nu \tag{1.42}$$

即

$$l' = l\cos\nu \tag{1.43}$$

则 A、B 两点间的倾斜距离 D' 为：

$$D' = kl' = kl\cos\nu \tag{1.44}$$

A、B 两点间的水平距离 D 为：

$$D = D'\cos\upsilon = kl\cos^2\nu \tag{1.45}$$

1）观测步骤

（1）在被测点位上竖立视距尺（双面尺的黑面朝向仪器）。

（2）在测站点安置经纬仪，用盘左照准标尺。

（3）如果可以采用视线水平方法测量视距，将望远镜视线调平，指标水准管气泡居中且竖盘读数等于 90°，依序读取下丝、上丝读数，计算视距间隔，按水准仪视距测量的公式计算水平距离。

（4）如果采用视线倾斜方法测量视距，使望远镜照准标尺任一位置（保证上丝、下丝能读数），依序读取下丝、上丝读数，调整指标水准管气泡居中，读取竖盘读数，计算视距间隔 l、竖直角 ν 和水平距离 D。

2）记录计算

视距测量记录计算见表 1.11。

表 1.11 视距测量记录计算表

点号	上丝读数	下丝读数	视距间隔	竖盘读数（° ′）	竖直角（° ′）	水平距离（m）
1	1845	0960	0885	93 45	−3 45	88.1
2	2165	0635	1530	86 13	+3 47	152.3

6. 经纬仪的检验

1）经纬仪的法定检验

（1）照准部旋管水准器气泡或电子水准器长气泡在各位置的读数较差，对于 0.5″级和 1″级仪器不应超过 0.3 格，2″级仪器不应超过 1 格。

（2）望远镜视轴不垂直于横轴的误差，对于 0.5″级和 1″级仪器不应超过 6″，2″级仪器不应超过 8″。

（3）光学（或激光）对中器的视轴（或激光束）与竖轴的重合偏差，不应大于 1mm。

2）经纬仪的日常检验

如图 1.54 所示，经纬仪的主要轴线有视准轴 CC、仪器竖轴 VV、横轴 HH 以及照准部水准管轴 LL。上述轴线间满足下列几何关系：

① 照准部水准管轴垂直于竖轴，即 $LL \perp VV$；

② 横轴垂直于竖轴，即 $HH \perp VV$；

③ 视准轴垂直于横轴，即 $CC \perp HH$。

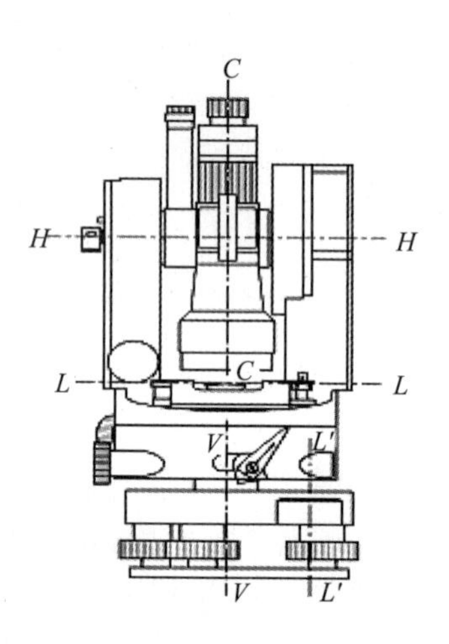

图 1.54　经纬仪的轴线及其关系

若照准部水准管轴垂直于仪器竖轴，当照准部水准管气泡居中时，照准部水准管轴处于水平位置，则仪器竖轴处于竖直位置，水平度盘也就处于水平位置（仪器在构造上保证水平度盘与仪器竖轴保持正交关系）。若仪器横轴垂直于竖轴，则当竖轴竖直时，横轴处于水平位置。若视准轴垂直于横轴，当横轴水平时，望远镜绕横轴上下转动时，视准轴扫出的面则一定是竖直面。

此外，为了测得正确的水平角值和竖直角值，要求十字丝竖丝垂直于横轴；竖盘指标处于正确位置；同时还要求光学对中器的视轴与仪器竖轴重合；圆水准器轴平行于仪器竖轴。

经纬仪的检验顺序和项目如下：

① 照准部水准管轴垂直于竖轴的检验。

如图 1.55 所示，先将仪器精平，然后转动照准部使水准管平行于任意两个脚螺旋的连线，旋转这两个脚螺旋使气泡精确居中，再将照准部旋转 180°，如果此时气泡仍居中，则说明水准管轴垂直于竖轴，当气泡偏移超过 1 格时应进行校正。

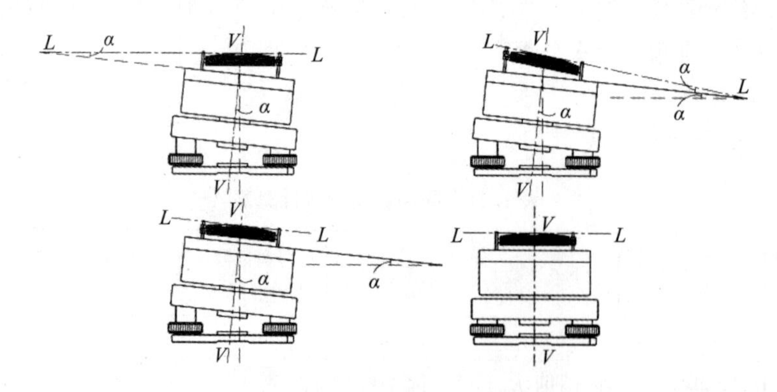

图 1.55　水准管轴垂直于竖轴的检验

② 视准轴垂直于横轴的检验。

如图 1.56 所示，视准轴不垂直于横轴，其偏离正确位置的角度 C 称为视准轴误差。仪器检验时先整平仪器，然后用盘左照准一个与仪器高度大致相同的远处目标 A，读取水平度盘的读数 L，再用盘右位置照准原目标并读取水平度盘读数 R，计算视准轴误差 C 值，即：

$$C=[L-(R\pm 180^\circ)]/2 \tag{1.46}$$

当 DJ2 的仪器视准轴误差 C 的绝对值大于 15″时，则需进行校正。

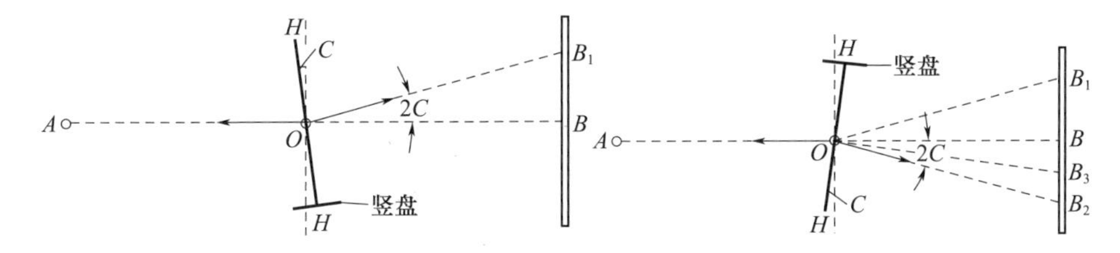

图 1.56　视准轴垂直于横轴的检验

③ 横轴垂直于竖轴的检验。

如图 1.57 所示，在距高墙 20m 到 30m 处安置仪器，在墙上选一仰角大于 30°的目标点 P，先以盘左照准 P 点，然后将望远镜放平，在墙上定出一点 P_1；倒转望远镜以盘右位置再次照准 P 点，再将望远镜放平，在墙上又定出一点 P_2。如果 P_1 和 P_2 两点重合，表明仪器横轴垂直于竖轴，如果不重合，说明横轴不垂直于竖轴，应进行校正。

④ 十字丝竖丝垂直于横轴的检验。

如图 1.58 所示，仪器严格整平后，用十字丝竖丝的上端或下端精确照准一清晰目标点，然后旋紧水平制动螺旋和望远镜制动螺旋，再用望远镜微动螺旋使望远镜上下转动。若目标点始终在竖丝上移动，表明十字丝竖丝垂直于横轴，否则就需要进行校正。

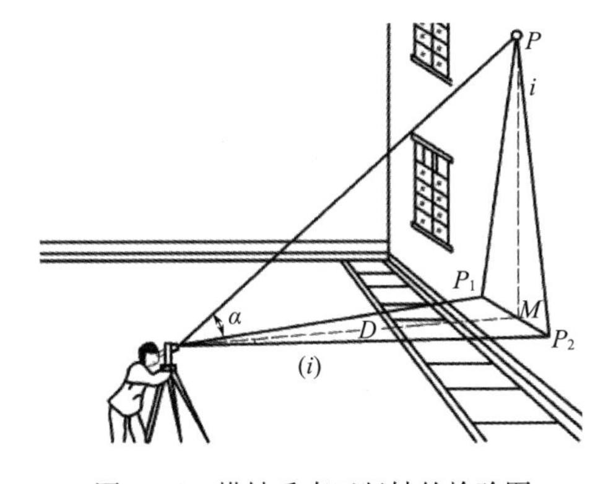

图 1.57　横轴垂直于竖轴的检验图

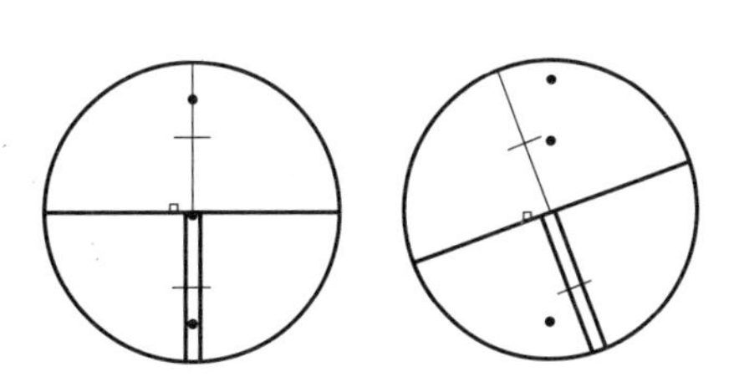

图 1.58　十字丝竖丝垂直于横轴的检验

⑤ 竖盘指标差的检验。

整平仪器后，以盘左、盘右位置先后照准同一目标点，在竖盘指标水准管气泡居中的情况下分别读取竖盘读数 L 和 R，计算指标差 x，即：

$$x=[L+R-360^\circ]/2 \tag{1.47}$$

当 DJ2 的仪器 $2x$ 的绝对值大于 30″时，则需校正。

⑥ 光学（激光）对中器的检验。

将仪器安置到三脚架上，精确整平后，在一张白纸上画一个十字交叉并放在仪器正下方的地面上。然后调整好光学（激光）对中器的焦距后，移动白纸使对中器的中心标志与十字交叉点重合；旋转照准部，每转 90°，观察对中点的中心标志与十字交叉点的重合度，如果照准部旋转时，光学（激光）对中器的中心标志一直与十字交叉点重合，则不必校正，否则需校正。

1.5.3 全站仪

全站型电子速测仪简称全站仪，是一种兼有电子测距、测角、计算和数据自动记录及传输功能的自动化、数字化的三维坐标测量与定位系统。全站仪由光电测距、电子测角、电子补偿及微处理器单元组成，它本身就是一个带有特殊功能的计算机控制系统，其微处理器单元对获取的倾斜距离、水平角、竖直角、垂直轴倾斜误差、视准轴误差、垂直度盘指标差、棱镜参数、气温、气压等信息加以处理，从而获得各项改正后的观测数据和计算数据。全站仪广泛应用于控制测量、地形测量、地籍与房产测量、工业测量及定位等测量领域。

全站仪的标称精度为测角精度 m_β 和测距精度 m_0。根据 m_β 和 m_0 的不同，全站仪划分为四个等级，见表 1.12。

表 1.12 全站仪的分类

准确度等级	测角标准差 m_β（″）	测距标准差 m_0（mm）	备注
Ⅰ级	$m_\beta \leqslant 1$	$m_0 \leqslant 2$	注：m_0 为每千米测距标准差。
Ⅱ级	$1 < m_\beta \leqslant 2$	$2 < m_0 \leqslant 5$	
Ⅲ级	$2 < m_\beta \leqslant 6$	$5 < m_0 \leqslant 10$	
Ⅳ级	$6 < m_\beta \leqslant 10$	$10 < m_0$	

全站仪的测距精度是仪器的重要技术指标之一，测距标称精度常用下述公式表示：

$$m_D = a + b \cdot D \tag{1.48}$$

式中 a——测距固定误差；

b——测距比例误差系数；

D——测距长度，以千米计。

如：RED mini 测距仪的标称精度为：

$$m_D = 5 + 5 \cdot D$$

当距离为 0.4km 时，测距精度为：

$$m_D = 5 + 5 \times 0.4 = \pm 7\ (\text{mm})$$

测距标准差 m_0 为测距是 1km 时的测距精度，如 RED mini 测距仪的测距精度为：

$$m_0 = m_1 = 5 + 5 \times 1 = \pm 10\ (\text{mm})$$

1. 全站仪的构造及其辅助工具

1）全站仪的构造

全站仪由电源部分、测角系统、测距系统、数据处理部分、通讯接口、显示屏、键盘等组成。电源部分是可充电电池，为各部分供电；测角系统为电子经纬仪，可以测定水平角、竖直角，设置方位角；测距系统为光电测距仪，可以测定两点之间的距离；数据处理部分接受各种指令，控制各种作业方式、自动改正和计算；通信接口、显示屏、键盘实现数据输入、输出等功能。

图 1.59 为南方 NTS-350 型全站仪的各部件名称。

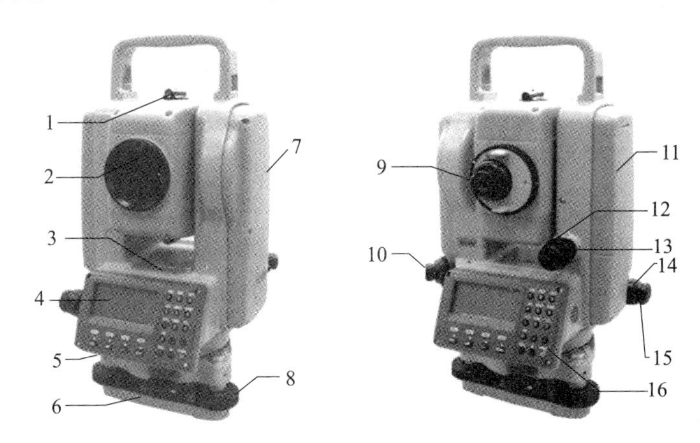

图 1.59 全站仪的构造

1—粗瞄器；2—物镜；3—管水准器；4—圆水准器；5—底座；6—底板；7—仪器中心标志；8—整平脚螺旋；9—目镜；10—对中器；11—电池；12—垂直微动螺旋；13—垂直制动螺旋；14—水平制动螺旋；15—水平微动螺旋；16—键盘

同电子经纬仪相比，全站仪增加了许多特殊部件和功能：

（1）同轴望远镜

全站仪的望远镜实现了视准轴、测距光波的发射、接收光轴的同轴化，即望远镜一次瞄准目标棱镜的中心，就能同时测定水平角、垂直角和斜距。

（2）双轴自动补偿

全站仪具有自动补偿系统，可对竖轴的倾斜进行监测，通过将由竖轴倾斜引起的角度误差，由微处理器自动按竖轴倾斜改正计算式计算，加入度盘读数中加以改正，使度盘显示读数为正确值，实现竖轴倾斜自动补偿。

双轴补偿器能补偿全站仪竖轴倾斜在视准轴方向的分量对竖直角的影响，在横轴方向的分量对水平角的影响。单轴补偿器只补偿全站仪竖轴倾斜在视准轴方向的分量对竖直角的影响。

（3）键盘

键盘是全站仪在测量时输入操作指令或数据的硬件，全站仪的键盘和显示屏均为双面式，便于正、倒镜作业时操作。

（4）存储器

存储器的作用是将实时采集的测量数据存储起来，再根据需要传送到其他设备，如计算机中，供进一步的处理或利用，全站仪的存储器有内存储器和存储卡两种。全站仪内存储器相当于计算机的内存（RAM），存储卡是一种外部存储媒体，又称 PC 卡，作用相当于计算机的磁盘。

（5）通信接口

全站仪可以通过 RS-232C 通信接口和通信电缆将内存中存储的数据输入计算机，或将计算机中的数据和信息经通信电缆传输给全站仪，实现双向信息传输。

2）全站仪的辅助工具

和全站仪配套使用的辅助工具有三脚架、照准标志等。

三脚架用于安置全站仪，和经纬仪的三脚架构造相同。如图 1.60 所示，全站仪的照准标志主要有单棱镜组、带支架的对中杆棱镜组、反射片等。

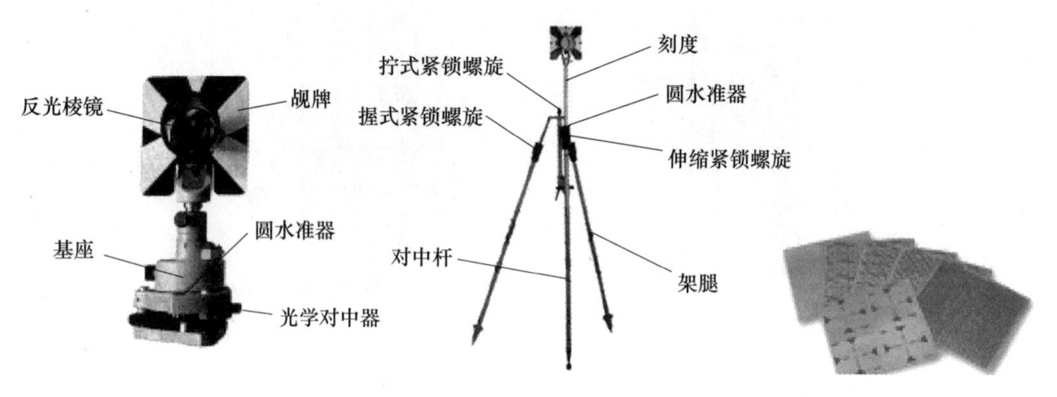

图 1.60　全站仪的照准标志

全站仪在进行测量距离等作业时，需要在目标处放置反射棱镜或反射片。反射棱镜有单棱镜、三棱镜组，可通过基座连接器将棱镜组连接在基座上，安置到三脚架上，也可直接安置在对中杆上。有的仪器内置有红外光和可见激光测距信号，当使用激光测距信号测距时，可以不使用反射棱镜，直接照准目标测距，避免棱镜测距。

2. 全站仪的使用

（1）安置仪器

操作过程同经纬仪，包括三脚架的架设和仪器的连接。

（2）装入电池

向下按开关钮，打开电池护盖，将电池插入，合上护盖，按下开关。

（3）打开电源

电源开关一般为 POWER 键或红色按键。需确认显示窗中有足够的电池电量，当显示“电池电量不足”时，应及时更换电池或对电池进行充电。

（4）仪器对中、整平

全站仪是激光对中器，要求先打开对中器的开关，其后的对中、整平操作过程同电子经纬仪。

（5）水平度盘、竖盘零位设置

使用全站仪时，需要设置水平度盘、竖盘零位。方法是松开水平制动螺旋，旋转照准部一圈至仪器发出一声鸣响，则表示水平度盘零位设置完成；松开竖盘制动螺旋，望远镜旋转一圈至仪器发出一声鸣响，则表示竖盘零位设置完成。

水平度盘和竖盘指标设置完成后，会显示水平角和垂直角。若出现错误信息，一般表示仪器未整平，超出了倾角自动补偿范围，应重新整平，直至显示出水平角和垂直角。

（6）设置仪器参数

全站仪在测量角度、距离、高差、坐标时，需设置单位、显示参数、测量模式、合作目标类型、气象参数、棱镜常数、大气折光系数、双轴补偿等仪器参数。

单位一般设置为：角度单位360°制（degree）、距离单位米（meter）、气象改正单位（ppm）、气压单位百帕（hPa）、温度单位℃（Temp）；显示参数一般设置为：角度最小读数的设置为1″，距离最小读数的设置为1mm。

（7）瞄准

首先调节目镜调焦螺旋，使十字丝最清晰；然后粗瞄，再调节物镜调焦螺旋，使瞄准的目标最清晰；最后调节水平微动螺旋和望远镜微动螺旋精确照准目标。

如图1.61所示，测量水平角时，用十字丝的竖丝瞄准对中杆中间或觇板三角的顶点。测量距离时，用十字丝的竖丝瞄准觇板上部三角的顶点，同时，用十字丝的横丝单丝瞄准觇板侧方的三角的顶点或十字丝的横丝双丝卡准觇板侧方的三角的顶点。

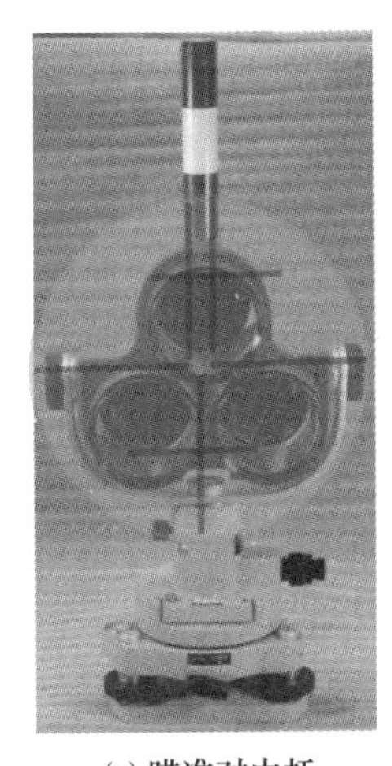

(a) 瞄准对中杆

(b) 瞄准觇板

图1.61 瞄准

（8）测量

按不同的测量功能键，仪器便进入相应的程序，并自动显示数据。以南方全站仪NTS-350全站仪为例来进行说明，其操作板面上各按键名称及功能见表1.13。

表1.13 按键名称及功能

按键	名称	功能
ANG	角度测量键	进入角度测量模式（▲上移键）
◢	距离测量键	进入距离测量模式（▼下移键）

续表

按键	名称	功能
	坐标测量键	进入坐标测量模式（◀左移键）
MENU	菜单键	进入菜单模式（▶右移键）
ESC	退出键	返回上一级状态或返回测量模式
POWER	电源开关键	电源开关
F1－F4	软键（功能键）	对应于显示的软键信息
0－9	数字键	输入数字和字母、小数点、符号
★	星键	进入星键模式

表中，角度测量、距离测量和坐标测量属于全站仪的基本测量功能，菜单键中包含有悬高测量、对边测量、测站点坐标测量（后方交会测量）、面积测量、点到线测量等测量程序模式，为全站仪的扩展测量功能，菜单键中还包括数据采集、放样、存储管理等综合测量程序和数据管理功能。

星键模式可以进入对液晶显示对比度进行调节、打开或关闭液晶屏幕背景光、打开或关闭激光对点器、打开或关闭倾斜改正、棱镜常数和温度气压设置、查看回光信号的强弱等功能。

3. 角度测量

1）功能键

全站仪采用的是电子测角系统，角度测量功能键一般为键盘上“ANG”或符号“V”，有的仪器也可以通过“基本测量”菜单进入角度测量功能。

图 1.62（a）为角度测量的功能键和界面。

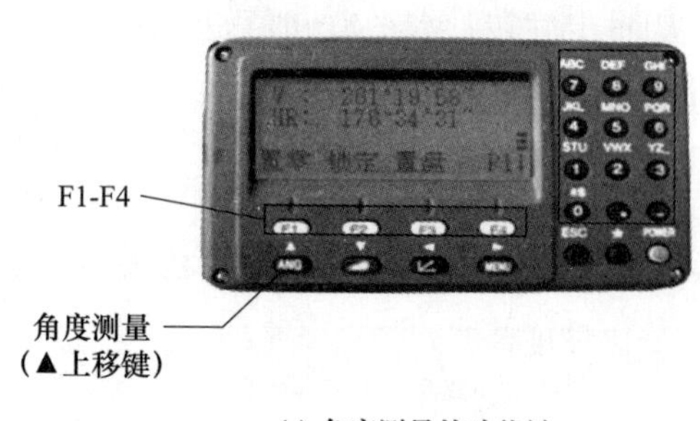

(a) 角度测量的功能键

V: 90° 10′ 20″
HR: 122° 09′ 30″
置零 锁定 置盘 P1↓
倾斜 … V% P2↓
H-蜂鸣 R/L 竖角 P3↓
F1 F2 F3 F4

(b) 三个页面的功能键

图 1.62 角度测量

2）参数设置

如图 1.62（b）所示，角度测量的参数设置有三个界面，分别用“P1↓”“P2↓”“P3↓”表示，其功能见表 1.14。

表 1.14 角度测量功能

页数	软键	显示符号	功能
第 1 页（P1）	F1	置零	水平角置为 0°0′0″
	F2	锁定	水平角读数锁定
	F3	置盘	通过键盘输入数字设置水平角
	F4	P1↓	显示第 2 页软键功能
第 2 页（P2）	F1	倾斜	设置倾斜改正开或关，若选择开则显示倾斜改正
	F2	—	—
	F3	V%	垂直角与百分比坡度的切换
	F4	P2↓	显示第 3 页软键功能
第 3 页（P3）	F1	H-蜂鸣	仪器转动至水平角 0°/90°/180°/270°，是否蜂鸣的设置
	F2	R/L	水平角右/左计数方向的转换
	F3	竖角	垂直角显示格式（高度角/天顶距）的切换
	F4	P3↓	显示第 1 页软键功能

功能说明：

（1）水平角的设置

水平角可以设置为左角和右角计数方向。水平角右角，即仪器右旋角，从上往下看水平度盘，水平度盘读数顺时针变大；水平左角，即仪器左旋角，从上往下看水平度盘，水平度盘读数逆时针变大。

水平角置零实际上是将水平方向设置为零方向值，相当于将水平度盘旋转，使其零方向的刻度和水平方向一致。

置盘是将水平方向设置为任意值，相当于将水平度盘旋转，使设置的方向值的刻度和水平方向一致；置盘输入角度的方法大致有两种，如 12°34′56″，输入格式为：12.3456 或 12.34.56，具体根据不同仪器来确定。

锁定是将水平方向设置为任意值后，旋转照准部，水平方向值不会变化，相当于将水平度盘和照准部结合，照准部和水平度盘同步旋转，水平方向值始终是设置的任意值；如果按解锁功能键，则相当于将水平度盘和照准部分离，水平度盘不动了，照准部旋转时的方向值发生变化。

（2）垂直角的设置

可以设置垂直角显示为高度角、天顶距格式。高度角就是竖直角，高度角和天顶距之和为 90°。根据垂直角，也可以转换为百分比坡度。

（3）倾斜改正的设置

为了确保角度测量的精度，倾斜传感器必须选用“开”，其显示可以用来更好的整平仪器。若出现“X 补偿超限”，则表明仪器超出自动补偿的范围，一般为±3′，必须人工整平。

当仪器处于一个不稳定状态或有风天气，垂直角显示将是不稳定的，在这种状况下可打开垂直角自动倾斜补偿功能。NTS-350 可以对竖轴在 X 方向的倾斜的垂直角读数进行补偿，为单轴补偿，大多数全站仪对竖轴在 Y 方向的倾斜的水平角读数也可以进行补偿，为双轴补偿。

3）操作步骤

（1）在测站安置全站仪，在被测点位上竖立观测标志，可采用棱镜上的觇牌或标杆作为观测标志。

（2）在测站点开机、对中、整平。

（3）按 ANG 键，进入角度测量模式，并进行参数设置和倾斜改正设置。

（4）观测。全站仪测水平角和竖直角的方法与经纬仪测角相同。测水平角不同测回时起始方向的置数可采用如下几种方法：

① 照准第一个目标后，按功能键中对应的“置零”键，则该方向的读数即设置为 0°00′00″。

② 照准第一个目标后，按功能键中对应的“置盘”键，可以用功能键输入该方向欲置的角度值。如 90°10′10″输入 90.1010，分位和秒位均为两位数。

③ 转动照准部到某一个角度值后，按功能键中对应的“锁定”键；再照准第一个目标，按“确定”键，则该方向的读数即设置为锁定的角度。

4. 距离测量

1）功能键

全站仪距离测量采用的是光电测距，功能键一般为键盘“DIS”或符号“◺”表示，有的仪器也可以通过“基本测量”菜单进入距离测量功能。

符号“◺”形象地表示了测量中距离的三种类型，即斜距、平距和垂距。斜距是两点连线的距离，平距是两点投影到某一水平面的距离，垂距是一点投影到另一点所在平面的距离，即高差。

图 1.63（a）为距离测量的功能键和界面。

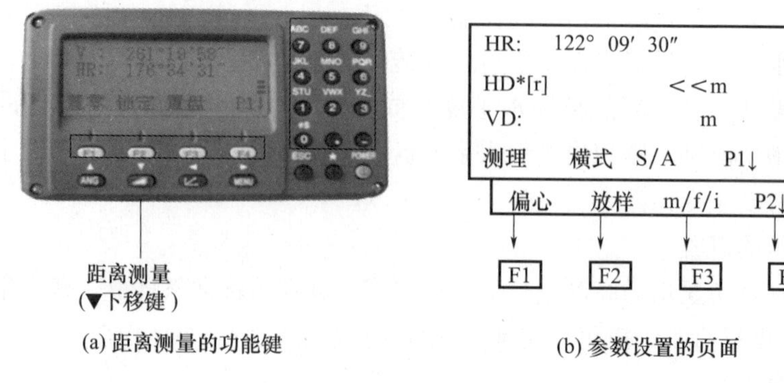

(a) 距离测量的功能键　　(b) 参数设置的页面

图 1.63　距离测量

2）参数设置

如图 1.63（b）所示，距离测量的参数设置有两个界面，分别用“P1↓”、“P2↓”表示，其功能见表 1.15。

表 1.15 距离测量功能

页数	软键	显示符号	功能
第 1 页（P1）	F1	测量	启动距离测量
	F2	模式	设置测距模式为粗测/精测/跟踪
	F3	S/A	温度、气压、棱镜常数等设置
	F4	P1↓	显示第 2 页软键功能
第 2 页（P2）	F1	偏心	偏心测量模式
	F2	放样	距离放样模式
	F3	m/f/i	距离单位的设置：米/英尺/英寸
	F4	P2↓	显示第 1 页软键功能

功能说明：

（1）测距模式的设置

全站仪的测距模式有粗测、精测、跟踪模式三种。精测模式是最常用的测距模式，测量时间约 2.5s，最小显示单位 1mm；跟踪模式，常用于跟踪移动目标或放样时连续测距，最小显示一般为 1cm，每次测距时间约 0.3s；粗测模式，测量时间约 0.7s，最小显示单位 1cm 或 1mm。

（2）温度、气压的设置

如图 1.64 所示，光电测距仪是通过测量光波在待测距离 D 上往、返传播所需要的时间 t_{2D}，依下式来计算待测距离 D。

$$D=\frac{1}{2}Ct_{2D} \tag{1.49}$$

式中，$C=C_0/n$，为光在大气中的传播速度；$C_0=299792458\text{m/s}\pm1.2\text{m/s}$，为光在真空中的传播速度；$n$ 为大气折射率（$n\geqslant1$），主要受到波长、大气温度、气压等因素的影响。

在不同温度 t、气压 p 条件下的折射率 n 引起的距离测量改正值可以用每千米的大气改正 PPM 值表示，其计算公式因不同仪器的测距波波长不同而不同，如南方 NTS-350 型全站仪的 PPM 值计算公式为：

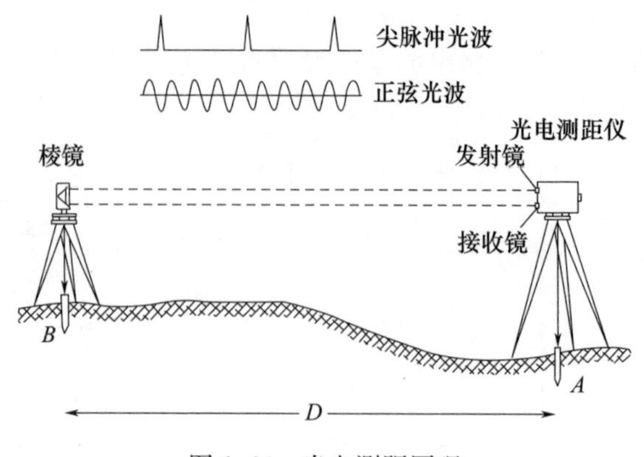

图 1.64　光电测距原理

$$PPM=273.8-\frac{0.2900p}{1+0.00366t} \tag{1.50}$$

式中　p——气压值，单位为 hPa；

t——温度值，单位为℃。

当输入温度为 30℃、气压为 980hPa 时，大气改正值 PPM 为 18，表示在此气象条件下，每公里测量的距离值应加上 18mm 的气象改正值。如果实际观测的距离值为 500m，则观测值的改正值为 500/1000×18=9（mm）。依此按照距离成正比进行类推任意距离的气象改正值。

（3）合作目标的设置

全站仪的合作目标为测距时的照准标志，有棱镜、无棱镜和反射片三种类型。使用者根据作业需要自行设置。使用时所用的棱镜需与棱镜类型匹配。在合作目标点架设棱镜时，应设置合作目标为棱镜，并需要设置棱镜常数。

（4）棱镜常数的设置

如图 1.65 所示，电磁波从仪器发射到棱镜，在棱镜玻璃体中发生反射，由于玻璃体和空气的折射率不同，导致了棱镜理论反射面（光心）和棱镜支架的中心不重合，二者之间的差值称为棱镜常数，用 PSM 表示。

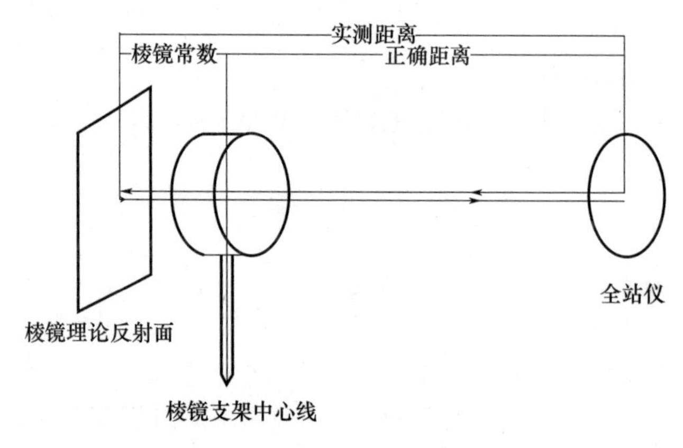

图 1.65　棱镜常数

棱镜常数在仪器制造中一般使其为－30 或 0mm，由仪器使用说明书给出，使用中输入仪器内存即可。若使用的棱镜不是配套棱镜，则必须设置相应的棱镜常数。如果不知道全站仪棱镜的棱镜常数，可以采用如下方法来测定。

如图 1.66 所示，在地面选择同一直线上的 A、B、C 点，在 B 点架设全站仪，在 A、C 点分别架设棱镜，测量 S_{BA} 和 S_{BC}；将仪器架设在 A 点，测量 S_{AC} 的距离，判断 $S_{AC}=S_{BA}+S_{BC}$ 是否成立，如果成立，则棱镜常数设置正确，如果相差大约 30mm，则设置有误，此法称为三段法。

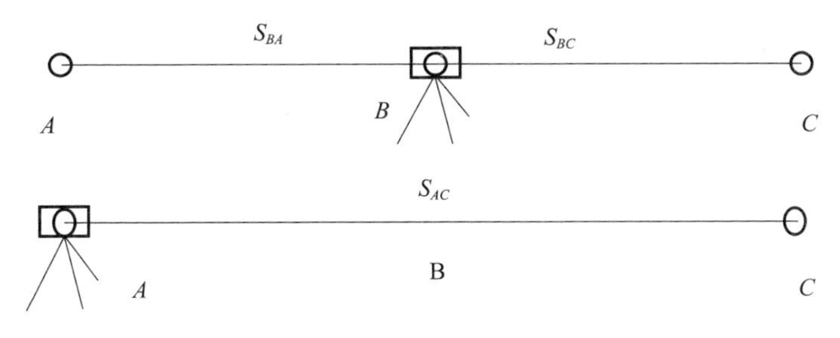

图 1.66　棱镜常数的测定

（5）仪器加、乘常数的设置

全站仪的内光路等效反射面与其几何对中位置不一致，二者之间的差值称为仪器常数，仪器常数出厂时一般设置为 0。由于仪器常数和棱镜常数的变化或改正不完善造成对距离测量的综合影响称为仪器加常数，也称剩余加常数。

仪器的乘常数是与距离成正比关系的固定误差系数，乘常数主要是由测距信号频率偏移引起的，也与气象改正不彻底、发光管相位不均匀性等因素有关。

仪器加、乘常数在出厂时经严格测定并设置好，使用者一般情况下不要作此项设置。如使用者经严格的测定需要改变原设置时，可做此项设置。

3）操作步骤

（1）在测站安置全站仪，在被测点位上安置棱镜；

（2）在测站点开机、对中、整平；

（3）按◢键，进入距离测量模式；设置温度、气压、棱镜常数等参数；

（4）观测：照准棱镜，按◢键，即显示水平距离，再次按◢键，显示斜距。

4）记录计算

距离测量记录计算见表 1.16。

表 1.16　距离测量的记录计算表

测点	测向	测距（m）				均值（m）	平均长度（m）	相对误差
		1	2	3	4			
A-B	往	116.477	116.483	116.477	116.483	116.480	116.478	1/29119
	返	116.479	116.472	116.479	116.472	116.476		

从上表可见，测距测量采用的是往、返测的方法。仪器架设在 A 点，棱镜架设在 B 点，测量 AB 的距离称为往测；仪器架设在 B 点，棱镜架设在 A 点，测量 BA 的距离称

为返测；往测和返测各测量两测回。一测回是指全站仪盘左、盘右瞄准棱镜各测量一次的过程。测点距离的最终值是往、返测均值的平均值。

为了检核距离测量的精度，往、返测距离测量的精度通常用相对误差 K 来衡量，用往返测的较差除以往返测的均值，并将分子化为 1，即：

$$K=\frac{|D_{往}-D_{返}|}{D_{均}}=\frac{1}{\frac{D_{均}}{|D_{往}-D_{返}|}} \tag{1.51}$$

式中 $D_{往}$——往测各测回的均值；

$D_{返}$——返测各测回的均值；

$D_{均}=(D_{往}+D_{返})/2$。

距离测量也可以采用单程多测回观测，测点距离的最终值是各测回均值的平均值。这时距离测量的相对误差为各测回均值的较差除以各测回的均值。

5）距离测量的要求

（1）技术要求

距离测量的技术要求见表 1.17。

表 1.17 测距的技术要求

仪器精度等级	一测回读数较差（mm）	单程测回间较差（mm）	往返测或不同时段所测的较差（mm）
Ⅰ级	2	3	$2(a+b\cdot D)$
Ⅱ级	5	7	
Ⅲ级	10	15	

注：1. 一测回是全站仪盘左、盘右各测量一次的过程；
2. 根据具体情况，边长测距可采取不同时间段测量代替往返观测。

（2）测站作业的要求

① 测站对中误差和反光镜对中偏差不应大于 2mm。

② 测线不宜超过发热体上空，离地面或障碍物宜在 1.3m 以上，不应受到强电磁场的干扰，倾角不宜过大。反射镜应对准照准部，当反射镜背景方向有反光物体时，应在反射镜后面遮挡。

③ 测距应在成像清晰和气象条件良好时进行，阳光下作业时应遮阳，测距不宜逆光观测，严禁将仪器照准部直接对太阳或强光源。

④ 在气温较低时作业，测距仪应有一定的预热时间，使仪器各电子部件达到正常稳定的工作状态时方可开始测距，读数时信号指示器指针应在最佳回光信号范围内。

⑤ 四等及以上等级控制网的边长测量，应分别量取两端点观测始末的气象数据，计算时应取平均值；测量气象元素的温度计宜采用通风干湿温度计，气压表宜选用空盒气压表；读数前应将温度计悬挂在离开地面和人体 1.5m 以外，且阳光不能直射的地方，读数应精确至 0.2℃；气压表应置平，指针不应滞阻，且读数精确至 50Pa。

（3）当观测数据超限时，应重测整个测回，如观测数据出现分群时，应分析原因，采取相应措施重新观测。

6）电磁波距离测量的误差

电磁波距离测量的误差来源于仪器误差、观测误差和外界条件影响误差三个方面。

（1）仪器误差

仪器误差主要来源于真空光速的误差、电磁波的测尺频率误差、相位误差以及仪器加常数的测定误差等。真空光速的相对误差约为 4×10^{-9}，对测距误差的影响可以忽略不计。

测尺频率的误差包括频率校正误差和频率漂移误差。频率校正误差很小可忽略不计，频率漂移误差与精测尺主控振荡器所用的石英晶体的质量、老化过程以及是否采用恒温措施密切相关。因此，精密测距仪上的振荡器采用恒温装置或者气温补偿装置，并采取了稳压电源的供电方式，以确保频率的稳定，尽量减少频率误差。

测相误差是由多种误差综合而成，包括测相设备本身的误差、内外光路光强相差悬殊而产生的幅相误差、发射光照准部位改变所致的照准误差以及仪器信噪比引起的误差。此外，由仪器内部的固定干扰信号而引起的周期误差也在测相结果中反映出来。

仪器加常数误差包括在已知线上检定时的测定误差和由于机内光电器件的老化变质和变位而产生加常数变更的影响。对于仪器加常数变更的影响，则应经常对加常数进行及时检测予以发现并改用新的加常数来避免这种影响。同时要注意仪器的保养和安全运输以减少仪器光电器件的变质和变位，从而减少仪器加常数可能出现的变更。

（2）观测误差

测距的观测误差主要有仪器和反射镜的对中误差，即测距仪和反射镜的中心和地面标志点不在一条铅垂线上。对中误差要求仪器和反射镜在安置时要严格对中和整平，同时要注意由于松软的地面使仪器下沉而造成的倾斜，在精密短程测距时，可以采用强制归心方法，最大限度地削弱此项误差的影响。

（3）外界条件影响误差

外界条件影响主要是外界环境引起的大气折射率的误差。大气折射率的误差包括测量气压、温度的测定误差和气象代表性误差，其中测定误差是由气象仪表的正确性和精度决定的，气象代表性的误差受到测线周围的地形、地物和地表情况以及气象条件诸因素的影响。这就要求在精密测距中，采用精度高的温度计和气压计，避免测线两端高差过大，避免视线穿过水域、变压器等强磁场地物，避免反射镜后方有反光物体，选择有利的观测时间等。

5. 坐标测量

1）功能键

坐标测量功能键一般为键盘上“COR”或符号“└”表示，有的仪器也可以通过“基本测量”菜单进入坐标测量功能。

图 1.67 为坐标测量的功能键和界面。

2）参数设置

如图 1.68 所示，坐标测量的参数设置有三个界面，其功能见表 1.18。

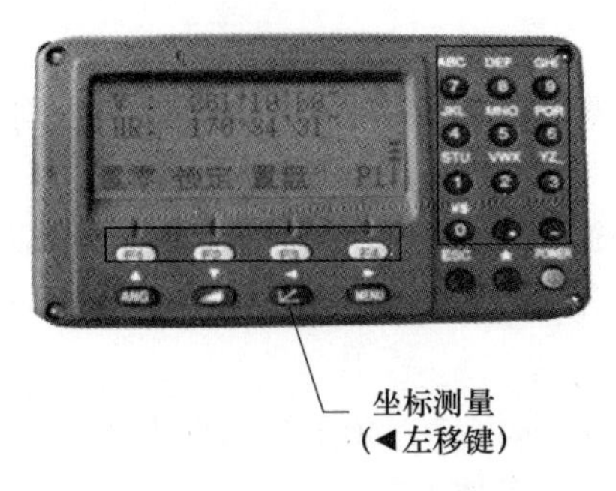

图 1.67　坐标测量功能键

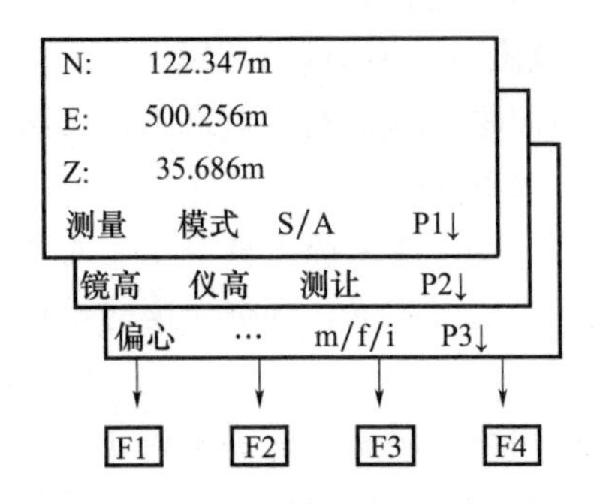

图 1.68　参数设置的页面

表 1.18　坐标测量功能

页数	软键	显示符号	功能
第 1 页(P1)	F1	测量	启动测量
	F2	模式	设置测距模式为粗测/精测/跟踪
	F3	S/A	温度、气压、棱镜常数等设置
	F4	P1↓	显示第 2 页软键功能
第 2 页(P2)	F1	镜高	设置棱镜高度
	F2	仪高	设置仪器高度
	F3	测站	设置测站坐标
	F4	P2↓	显示第 3 页软键功能
第 3 页(P3)	F1	偏心	偏心测量模式
	F2	—	—
	F3	m/f/i	距离单位的设置米/英尺/英寸
	F4	P3↓	显示第 1 页软键功能

功能说明：

(1) 全站仪坐标测量的原始值是水平角、竖直角和斜距，因此，要设置测角和测距的参数，测角要将仪器竖轴倾斜改正打开，测距要设置温度、气压、棱镜常数。

(2) 镜高

镜高指架设的棱镜中心到地面点的垂直高度。当棱镜放置在脚架上的基座上时，镜高用钢卷尺从地面点量取到棱镜中心的位置，读数四位到毫米。当棱镜放置在对中杆上时，能伸缩的对中杆内杆上有高度刻度，拉伸出来的对中杆扭紧的旋钮锁定的刻度位置，就是对中杆底部尖端到棱镜中心的高度，为目标高或棱镜高。

(3) 仪高

仪高指架设的仪器中心到地面点的垂直高度。仪器中心是横轴和视准轴的交点位置。当全站仪架设在测站点对中、整平后就可以量取仪器高。用钢卷尺从地面点量取到仪器 U 形支架侧面的“十”字中心标志位置，读数四位到毫米。为了减少量取的误差，可以从脚架的三个空档位置量取三次取平均值。

（4）偏心测量模式

偏心测量模式包括角度偏心测量、距离偏心测量、平面偏心测量和圆柱偏心测量等模式，是测量无法架设棱镜的点位坐标的特殊测量程序和方法。

3）操作步骤

（1）在测站点安置全站仪，在后视点安置棱镜，测站点和后视点的坐标均已知。

（2）在测站点开机、对中、整平。

（3）参数设置：设置各种参数，包括单位、显示参数、测量模式、合作目标类型、气象参数、棱镜常数、两差改正、双轴补偿等。

（4）测站和后视点数据输入：按⌞键，进入坐标测量模式，瞄准后视点；按功能键输入测站点坐标、后视点坐标、仪器高、后视点的棱镜高（镜高）。

（5）测站检核：在测量模式下，测量后视点或另一已知点的坐标，和理论坐标值比较，小于3mm以内则完成测站检核。测站检核主要是检核测站点和后视点的坐标是否有误或输入有误。

（6）在坐标测量模式，照准待测点棱镜，按功能键中对应的“测量”键，即可显示待测点的三维坐标，用（x，y，z）或（N，E，Z）表示。

4）坐标的概念和分类

如图1.69所示，在空间解析几何中，三维空间点位P的坐标的表示方法为：由P点向平面XOY投影为P'，P'在平面XOY中的位置（坐标）为（x，y），P点到平面XOY的高度为z（即$PP'=z$），所以P点的空间直角坐标为（x，y，z）。

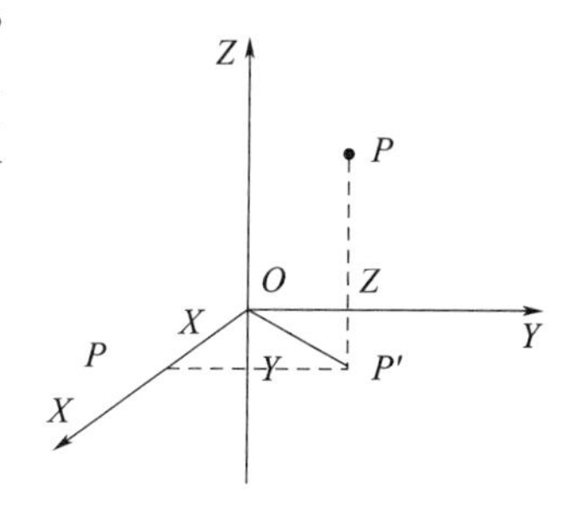

图1.69　空间直角坐标系

和空间解析几何中三维空间点位的表示方法类似，地面点也是三维的空间点，其空间位置也可以用它在某一个基准面上的投影位置（坐标）和它相对于此基准面的高度位置（高程）来表示。

（1）大地坐标

测量工作是在地球表面进行的，因此地面点是向地球表面投影的。地球表面是极其不规则的，有山地、丘陵、平原、盆地、海洋等起伏变化，陆地上最高处珠穆朗玛峰高出海水面8848.86m，海洋最深处马利亚纳海沟深达11022m，起伏变化非常大，但是这种起伏变化和庞大的地球（半径约6371km）比较起来是微不足道的；同时，就地球表面而言，海洋的面积约占71%，陆地仅占29%，所以海水面所包围的形体基本上代表了地球的形状和大小。

如图1.70所示，不受风浪和潮汐等影响的静止海水面（平均海水面），同时假想平均海水面向陆地内部延伸所形成的封闭的重力等位曲面，称为大地水准面，大地水准面所包围的形体称为大地体。确切地说，是以大地体来表示地球形状和大小的。但由于地球内部物质分布不均匀，致使铅垂线方向产生不规则变化，因而大地水准面是一个有微小起伏的不规则曲面。如果将地面点向大地水准面投影，几乎无法进行测量的计算工作，因此必须寻求一个规则的数学曲面来代替它。

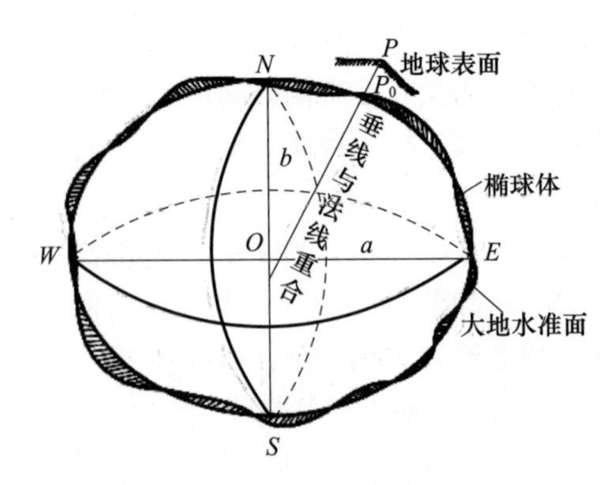

图 1.70　大地水准面与参考椭球体

长期的测量实践和研究结果表明，大地体的形状极接近于一个两极略扁的旋转椭球，旋转椭球是一个椭圆绕其短轴旋转一周所形成的球体，于是就采用一个非常接近大地水准面，并可用数学式表达的规则的旋转椭球来代表地球的参考形状和大小，这个旋转椭球称为参考椭球，其表面称为参考椭球面。

参考椭球的基本元素有长半径 a，短半径 b 和扁率 $\alpha\left(\alpha=\dfrac{a-b}{a}\right)$，只要知道其中的两个，即可确定椭球的形状和大小，通常采用 a 和 α 两个参数。不同的参考椭球的参数见表 1.19 所示。

表 1.19　不同参考椭球的参数

参考椭球	年代	长半径（m）	扁率分母	采用国家、地区
克拉索夫斯基	1940	6378245	298.3	苏联、东欧、中国、朝鲜等
IAG-75	1975	6378140	298.257	1975 年国际第三个推荐值
WGS-84	1984	6378137	298.25722	1984 年美国
CGCS2000	2008	6378137	298.257222101	我国从 2008 年 7 月 1 日起采用

地面点沿着法线方向投影到参考椭球面上的位置，用大地经度 L 和大地纬度 B 表示，这就是大地坐标。大地经度 L 和大地纬度 B 的定义如下：

如图 1.71 所示，O 为参考椭球的球心，NS 为椭球的旋转轴，通过该轴的平面称为子午面，子午面与椭球面的交线称为子午线（经线），如图中的曲线 $NQMS$，其中通过英国伦敦格林尼治天文台的子午面和子午线分别称为起始子午面（本初子午面或首子午面）和起始子午线（本初子午线或首子午线）。通过球心 O 且垂直于 NS 轴的平面称为赤道面，赤道面与参考椭球面的交线称为赤道（线），如图中的曲线 WM_0ME。通过椭球面上任一点 Q 且与过该点切平面垂直的直线 QK，称为 Q 点的法线。地面上任一点都可以向参考椭球面作一条法线。地面点在参考椭球面上的投影，即通过该点的法线与参考椭球面的交点。

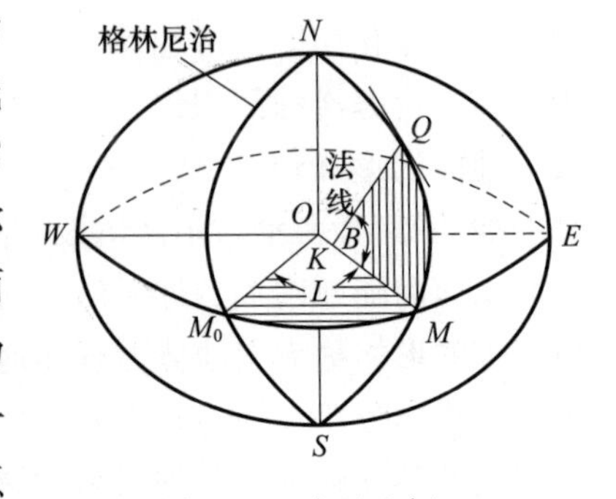

图 1.71　大地坐标

大地经度 L 为通过参考椭球面上某点的子午面与起始子午面的夹角。由起始子午面起，向东 0°～180°称为东经；向西 0°～180°称为西经。同一子午线上各点的大地经度相同。

大地纬度 B 为参考椭球面上某点的法线与赤道面的夹角。从赤道面起，向北 0°～90°称为北纬；向南 0°～90°称为南纬。纬度相同的点的连线称为纬线，它平行于赤道。

由于采用不同的参考椭球，所以会对应有不同的大地坐标系。我国先后建立了 1954 年北京坐标系和 1980 年国家大地坐标系，大地原点在陕西省泾阳县永乐镇。我国现在采用的是 CGCS2000 国家大地坐标系，国际上常用的有 WGS-84 坐标系。

（2）高斯平面直角坐标

大地坐标是球面坐标，它的观测和计算都比较复杂，而且实用上更多的是需要把它投影到某个平面上来。我国采用高斯投影的方法，将地面点的大地坐标转换为高斯平面直角坐标。

① 高斯投影

如图 1.72（a）所示，设想用一平面卷成一个椭圆柱，将它横套在地球椭球体外面，使其轴线与赤道面重合并通过球心。此时，椭圆柱面必然与地球某一子午线相切，该子午线称为中央子午线。如图 1.72（b）所示，若以球心为投影中心，则中央子午线两侧一定范围内的球面图形即可投影到椭圆柱面上，将柱面沿通过南北极的母线切开并展平，就可以得到高斯投影的平面图形。

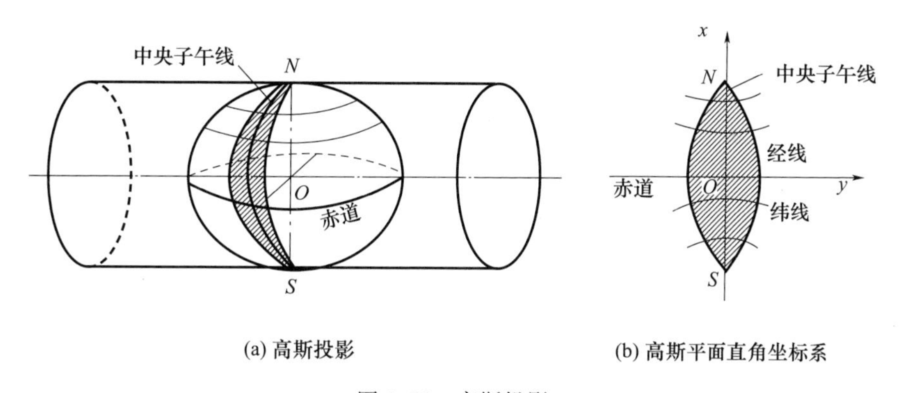

图 1.72　高斯投影

② 投影带的划分

为了将长度变形限制在允许的范围内，通常采用分带投影方法，即以经差 6°或 3°来限制投影带的宽度。

如图 1.73 所示，6°带从起始子午线开始，自西向东每隔经差 6°划分为一带，全球共划分为 60 带，带号用数字 1～60 表示，中央子午线的经度 λ_0 与带号 N 的关系式为：

$$\lambda_0 = 6N - 3° \tag{1.52}$$

3°带从 1°30′经线开始，自西向东每隔经差 3°划分为一带，全球共划分为 120 带，带号用数字 1～120 表示，中央子午线的经度 λ_0 与带号 N 的关系式为：

$$\lambda_0 = 3N \tag{1.53}$$

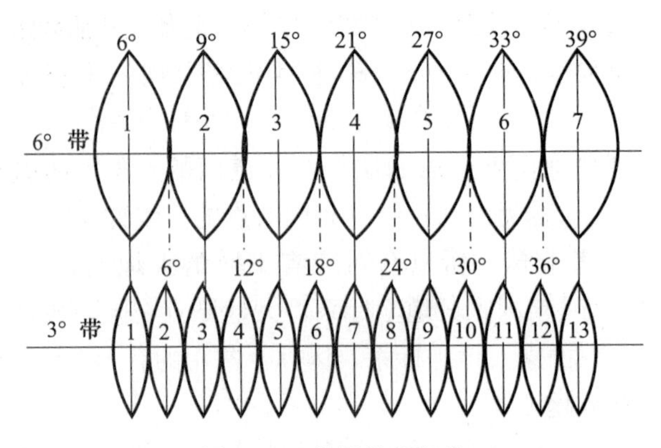

图 1.73　投影带的划分

③ 高斯平面直角坐标的表示

如图 1.74（a）所示，以分带投影后的中央子午线为 x 轴，向北为正，赤道为 y 轴，向东为正，两轴的交点为坐标原点，建立平面直角坐标系，称为高斯平面直角坐标系，其象限划分是按顺时针方向定义的，和笛卡尔坐标系的象限划分正好相反。

如图 1.74（b）所示，地面点在高斯平面直角坐标系中的坐标称为高斯平面直角坐标。我国位于北半球，纵坐标恒为正值，横坐标则有正值和负值。为计算方便，规定每一带的坐标原点西移 500km，这样即可使每带中所有点的横坐标均为正值。同时为了区分某点所在的投影带，规定在加上 500km 后的横坐标前再加上该投影带的带号，这种加上 500km 并冠以带号的坐标称为国家统一坐标或通用坐标，未加 500km 且不冠以带号的坐标称为自然坐标。例如某点的自然坐标为（3102467.283，292538.697），通用坐标为（3102467.283，20792538.697）。

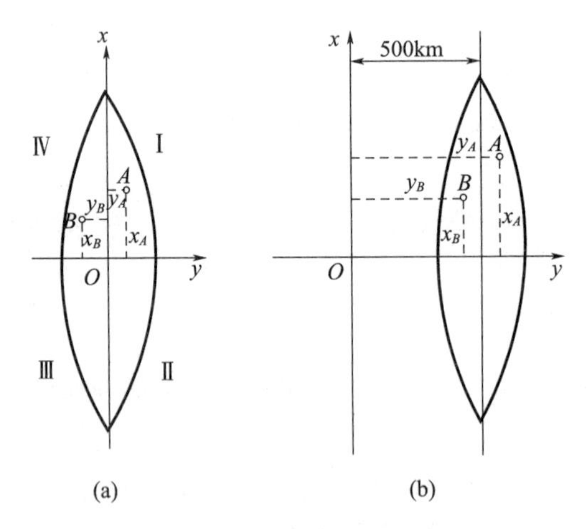

图 1.74　国家统一坐标

5）坐标计算

（1）坐标方位角的推算

以高斯平面直角坐标系的坐标纵轴方向作为标准方向，由标准方向的北端起，顺时针方向旋转到某直线的夹角称为该直线的坐标方位角，其范围为 0°～360°。

如图 1.75 所示，直线 AB 的点 A 是起点，点 B 是终点，通过起点 A 的坐标纵轴方向与直线 AB 所夹的坐标方位角 α_{AB} 称为直线 AB 的坐标方位角。

过终点 B 的坐标纵轴方向与直线 BA 所夹的坐标方位角 α_{BA} 称为直线 AB 的反坐标方位角，α_{AB} 和 α_{BA} 是一对正、反坐标方位角，正、反坐标方位角相差 180°，即：

$$\alpha_{BA}=\alpha_{AB}\pm 180° \tag{1.54}$$

上式中，当 $\alpha_{AB}<180°$ 取加号，当 $\alpha_{AB}>180°$ 取减号。很显然，当 $\alpha_{AB}<180°$ 如果取减号，$\alpha_{AB}-180°<0°$，这和坐标方位角的范围为 0°到 360°是不符的，因此要加上 360°，这样之前减 180°，之后再加 360°，所以最后必是加 180°。

实际工作中，常常根据已知边的方位角和观测的水平角来推算未知边的方位角。如图 1.76 所示，从 A 到 D 是一条折线，假定 α_{AB} 已知，在转折点 B、C 上分别设站观测了水平角 $\angle B$、$\angle C$，由于观测了推算路线 $A\rightarrow B\rightarrow C\rightarrow D$ 左侧的角度，故称为左角。现在来推算 BC、CD 边的方位角。由图中可以看出：

$$\alpha_{BC}=\alpha_{AB}-180°+\angle B \tag{1.55}$$

$$\alpha_{CD}=\alpha_{BC}-180°+\angle C \tag{1.56}$$

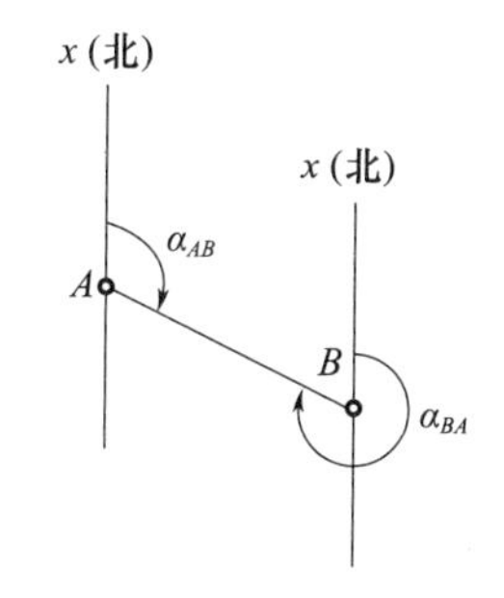

图 1.75　正反坐标方位角

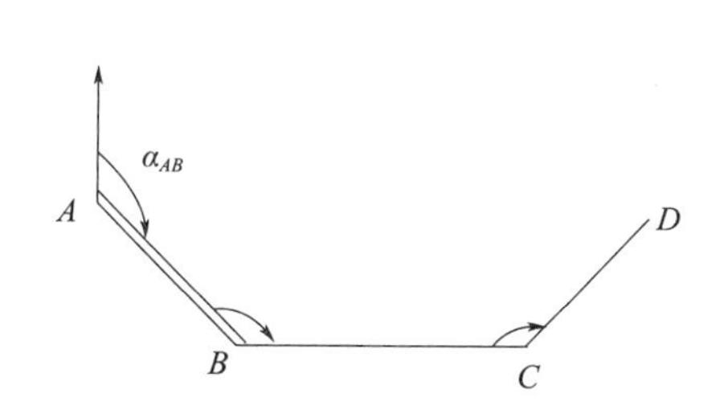

图 1.76　坐标方位角的推算

一般公式为：

$$\alpha_{前}=\alpha_{后}-180°+\beta_{左} \tag{1.57}$$

即前一边的方位角等于后一边的方位角减去 180°再加上观测的左角。

如果观测了推算路线右侧的角度，称为右角。根据 $\beta_{右}=360°-\beta_{左}$，代入上式，不难得到用右角推算未知边方位角的公式为：

$$\alpha_{前}=\alpha_{后}+180°-\beta_{右} \tag{1.58}$$

即前一边的方位角等于后一边的方位角加上 180°减去观测的右角。

在计算式中，如果计算结果 $\alpha_{前}>360°$，应减去 360°；如果 $\alpha_{前}<0°$，应加上 360°。

(2) 坐标正算

根据已知点坐标、已知边长和坐标方位角计算未知点坐标称为坐标正算。

如图 1.77 所示，设 A 点的坐标已知，测得 AB 两点间的水平距离为 D_{AB}，方位角为 α_{AB}，则 A 点到 B 点的纵、横坐标增量为：

$$\left.\begin{aligned}\Delta x_{AB}=x_B-x_A=D_{AB}\cdot\cos\alpha_{AB}\\ \Delta y_{AB}=y_B-y_A=D_{AB}\cdot\sin\alpha_{AB}\end{aligned}\right\} \tag{1.59}$$

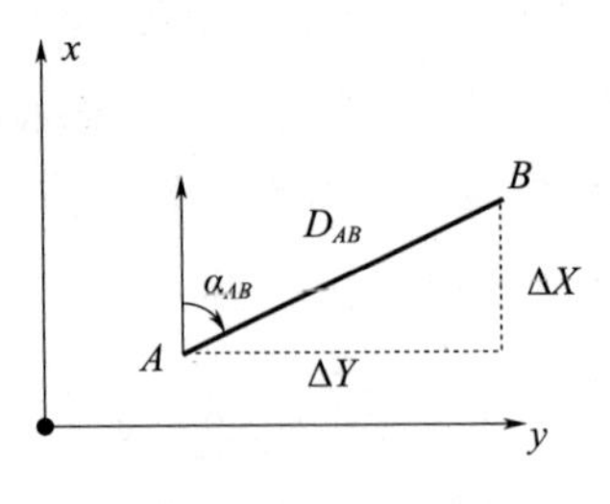

图 1.77　坐标正算

所以，B 点的坐标为：

$$\left.\begin{aligned} x_B &= x_A + D_{AB} \cdot \cos\alpha_{AB} \\ y_B &= y_A + D_{AB} \cdot \sin\alpha_{AB} \end{aligned}\right\} \tag{1.60}$$

（3）坐标反算

如果已知两点的平面直角坐标，反过来计算它们之间水平距离和方位角称为坐标反算。

在图 1.78 中，假定 A、B 两点的坐标 x_A、y_A，x_B、y_B 已知，则 AB 两点间的水平距离 D_{AB} 计算公式为：

$$D_{AB} = \sqrt{(x_B - x_A)^2 + (y_B - y_A)^2} \tag{1.61}$$

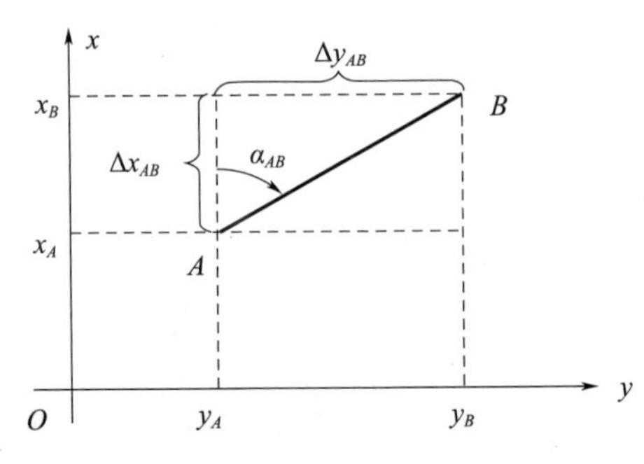

图 1.78　坐标反算

方位角 α_{AB} 可按下述方法计算：

① 计算坐标增量 Δx_{AB}、Δy_{AB}：

$$\left.\begin{aligned} \Delta x_{AB} &= x_B - x_A \\ \Delta y_{AB} &= y_B - y_A \end{aligned}\right\} \tag{1.62}$$

② 计算 R：

$$R = \arctan\frac{\Delta y_{AB}}{\Delta x_{AB}} \tag{1.63}$$

③ 根据 Δx_{AB}、Δy_{AB} 的符号，按表 1.20 中所列，确定 R 所在的象限，并以相应公式计算方位角 α_{AB}。

表 1.20 方位角计算公式

Δx_{AB}	Δy_{AB}	R 所在象限	α_{AB} 计算公式
+	+	Ⅰ	$\alpha_{AB}=R$
−	+	Ⅱ	$\alpha_{AB}=R+180°$
−	−	Ⅲ	$\alpha_{AB}=R+180°$
+	−	Ⅳ	$\alpha_{AB}=R+360°$

6）高程

地面点沿铅垂线方向至大地水准面的距离称为绝对高程，简称为高程，也称海拔。地面点沿铅垂线方向至任意假定水准面的距离称为该点的相对高程，也称为假定高程。在图 1.79 中，地面点 A 和 B 的绝对高程分别为 H_A 和 H_B，地面点 A 和 B 相对假定水准面的高程分别为 H'_A 和 H'_B。

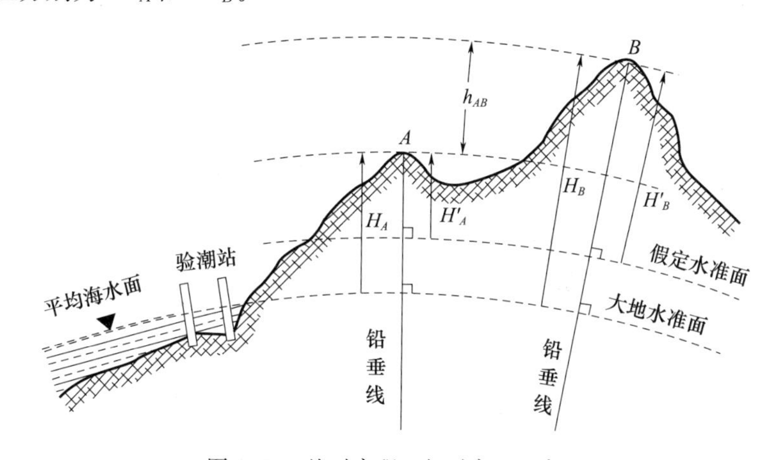

图 1.79 绝对高程、相对高程、高差

我国规定以黄海平均海水面作为大地水准面。黄海平均海水面的位置是通过对青岛验潮站潮汐观测井的水位进行长期观测确定的。由于平均海水面不便于随时联测使用，故在青岛观象山建立了“中华人民共和国水准原点”作为全国推算高程的依据。1956 年，验潮站根据连续 7 年（1950—1956 年）的潮汐水位观测资料，确定了黄海平均海水面的位置，测得水准原点的高程为 72.289m；按这个原点高程为基准去推算全国的高程，称为“1956 年黄海高程系”。后来验潮站又根据连续 28 年（1952—1979 年）的潮汐水位观测资料，进一步确定了黄海平均海水面的精确位置，再次测得水准原点的高程为 72.2604m；1985 年决定启用这一新的原点高程作为全国推算高程的基准，并命名为“1985 国家高程基准”。

地面上两点高程之差称为高差，用 h 表示。高差具有方向性和正负，但与高程基准面的选取无关。在图 1.79 中，A 点至 B 点的高差为：

$$h_{AB}=H_B-H_A=H'_B-H'_A \tag{1.64}$$

当 h_{AB} 为正时，B 点高于 A 点；当 h_{AB} 为负时，B 点低于 A 点。不难看出，当高差的方向相反时，两高差的绝对值相等而符号相反，即有：

$$h_{BA}=-h_{AB} \tag{1.65}$$

7）高程测量

高程测量的方法主要有水准测量、电磁波测距三角高程测量和卫星定位高程测量。水准测量的方法在前面已介绍，以下主要介绍三角高程测量。

（1）三角高程测量的原理

三角高程测量是根据测站与待测点两点间的水平距离和测站向目标点所观测的竖直角以及仪器高和觇标高来计算两点间的高差，进而求出未知点的高程。

如图 1.80 所示，已知 A 点高程 H_A，欲求 B 点高程 H_B。将仪器安置在 A 点，照准 B 目标上 M 点，测得竖直角 α，量取仪器高 i 和目标高 v。如果测得 AB 之间斜距 AM 为 L，则 A、B 之间的平距为：

$$D=D'\cdot\cos\alpha \tag{1.66}$$

A、B 之间的高差为：

$$h_{AB}=D'\cdot\sin\alpha+i-v=D\cdot\tan\alpha+i-v \tag{1.67}$$

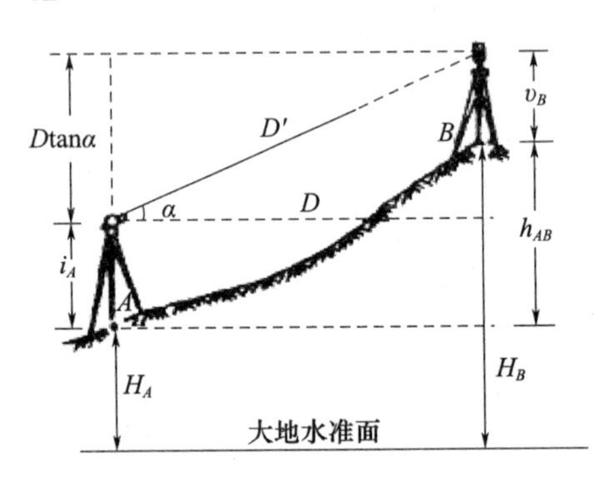

图 1.80　三角高程测量

（2）球气差的影响

如图 1.81 所示，设 s_0 为 A、B 两点间的实测水平距离。仪器置于 A 点，仪器高度为 i_1。B 为照准点，觇标高度为 v_2，R 为参考椭球面上 $A'B'$ 的曲率半径。PE、AF 分别为过 P 点和 A 点的水准面。$\overline{PC}$是 PE 在 P 点的切线，PN 为光程曲线，$\overline{PM}$是 PN 在 P 点的切线，垂直角 $\alpha_{1,2}$ 为$\angle MPC$。

由图 1.81 可见，A、B 两地面点间的高差为：

$$h_{1,2}=BF=MC+CE+EF-MN-NB \tag{1.68}$$

式中　EF——仪器高 i_1；

NB——照准点的觇标高度 v_2；

CE 和 MN——地球曲率和折光影响。

由

$$CE=\frac{1}{2R}s_0^2 \tag{1.69}$$

$$MN=\frac{1}{2R'}s_0^2 \tag{1.70}$$

式中　R'——光程曲线 PN 在 N 点的曲率半径。

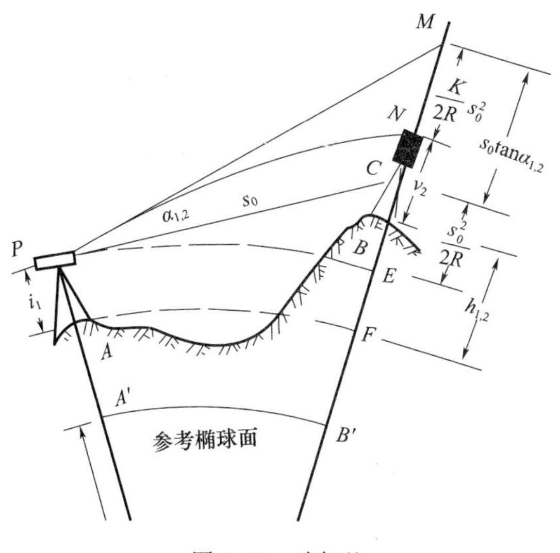

图 1.81 球气差

设

$$R/R'=K \tag{1.71}$$

K 为大气垂直折光系数，取值范围为 0.09～0.16，一般取 0.14。

则

$$MN=\frac{1}{2R'}\cdot\frac{R}{R}s_0^2=\frac{K}{2R}s_0^2 \tag{1.72}$$

由于 A、B 两点之间的水平距离 s_0 与曲率半径 R 之比值很小，当 $s_0=10\text{km}$ 时，s_0 所对的圆心角仅 $5'$多一点，故可认为 PC 近似垂直于 OM，即认为 $PCM\approx 90°$，这样 $\triangle PCM$ 可视为直角三角形，则 MC 为：

$$MC=s_0\tan\alpha_{1,2} \tag{1.73}$$

将各项代入（1.68）式，则 A、B 两地面点的高差为：

$$\begin{aligned}h_{1,2}&=s_0\tan\alpha_{1,2}+\frac{1}{2R}s_0^2+i_1-\frac{K}{2R}s_0^2-v_2\\&=s_0\tan\alpha_{1,2}+\frac{1-K}{2R}s_0^2+i_1-v_2\end{aligned} \tag{1.74}$$

令

$$f=\frac{1-K}{2R}s_0^2 \tag{1.75}$$

则上式可写成：

$$h_{1,2}=s_0\tan\alpha_{1,2}+i_1-v_2+f \tag{1.76}$$

上式就是三角高程测量的单向观测计算高差的基本公式。

表 1.21 为不同的距离值对应的球气差常数的计算，其中取 $K=0.14$，$R=6371\text{km}$。

从表可见，当距离为100m时，球气差对高差的影响值为0.7mm，不可以简单忽略，因此，必须进行计算或采取测量的方法予以消除。

表1.21 球气差常数计算表

S（m）	f（mm）	S（m）	f（mm）
50	0	550	20.4
100	0.7	600	24.3
150	1.5	650	28.5
200	2.7	700	33.1
250	4.2	750	38.0
300	6.1	800	43.2
350	8.3	850	48.8
400	10.8	900	54.7
450	13.7	950	60.9
500	16.9	1000	67.5

（3）三角高程测量的要求

① 技术要求

三角高程观测的主要技术要求见表1.22。

表1.22 电磁波测距三角高程观测的主要技术要求

等级	垂直角观测				边长测量	
	仪器精度等级	测回数	指标差较差	测回较差	仪器精度等级	观测次数
四等	2″级	3	≤7″	≤7″	10mm级仪器	往返各一次

② 当采用2″级光学经纬仪进行垂直角观测时，应根据仪器的垂直角检测精度，适当增加测回数；垂直角的对向观测，当直觇完成后应即刻迁站进行返觇测量。

③ 边长测量应加入温度、气压等气象改正与加、乘常数改正。

④ 仪器、反光镜或觇牌的高度，应在观测前后各量测一次并精确至1mm，取其平均值作为最终高度。

综合上述坐标和高程测量的理论，根据全站仪坐标测量的过程，全站仪三维坐标测量的原理可以概括为：平面坐标方位角的推算和坐标正算以及三角高程测量。

首先，当在测站点安置全站仪，在后视点安置棱镜，全站仪瞄准后视点时，全站仪会根据已知测站点和后视点的坐标，计算出测站点到后视点的坐标方位角；其次，当全站仪从后视点旋转瞄准待测点时，测量出旋转的水平角值，根据坐标方位角的推算，推算出测站点到待测点的坐标方位角；当按测量时，全站仪测量出测站点到待测点的距离，这样根据已知坐标的测站点、测站点到待测点的坐标方位角和距离，可以计算待测点的坐标，这是坐标正算的原理；最后，当全站仪瞄准待测点时，同时也测量出了全站仪到待测点的竖直角，通过量取和输入仪器高、镜高，根据三角高程测量的原理，待测点的高程可以计算出来。这样，待测点的三维坐标就测量出来了。

从上述的描述中也可以看出，全站仪坐标测量实际测量的是水平角、竖直角和斜距，以及仪器高、镜高的量取，待测点的坐标是根据上述观测值计算出来的。

6. 全站仪的检验

1）全站仪的法定检验

（1）测角系统的检验

① 照准部旋管水准器气泡或电子水准器长气泡在各位置的读数较差，对于 0.5″级和 1″级仪器不应超过 0.3 格，2″级仪器不应超过 1 格。

② 望远镜视轴不垂直于横轴的误差，对于 0.5″级和 1″级仪器不应超过 6″，2″级仪器不应超过 8″。

③ 补偿器的补偿区间为 2′～3′，水平度盘的补偿误差和竖直度盘的补偿误差，对 2″级仪器不应超过 6″。

④ 光学（或激光）对中器的视轴（或激光束）与竖轴的重合偏差，不应大于 1mm。

（2）测距系统的检验

① 发射、接收、照准三轴关系的正确性：当使用测距仪的望远镜照准反射棱镜的标志时，测距仪所接收到的返回信号应最大。

② 反射棱镜常数的一致性：测距仪使用的各配套反射棱镜常数最大互差，应不大于仪器标称标准差固定误差的 1/4。

③ 调制光相位均匀性：测距时测距仪照准反射棱镜的标志后偏调 1′，因调制光相位不均匀而引起的测距误差，应小于出厂标称标准差固定误差的 1/2。

④ 幅相误差：在不同的回光信号强度下，对同一距离重复测距 ，其最大值与最小值之差，应不大于该仪器标称标准差固定误差的 1/2。

⑤ 分辨力：测距仪测距时能够分辨的最小距离，其值应不大于仪器出厂标称标准偏差固定误差的 1/4。

⑥ 周期误差：周期误差的振幅应小于或等于该仪器标称标准差固定误差的 3/5。

⑦ 测尺频率：测距仪开机以后，测尺频率的变化范围应不大于该仪器标称标准差比例误差的 2/3。

⑧ 加常数、乘常数：加常数 、乘常数测量的标准差不大于该仪器标称标准差的 1/2。

⑨ 测量的重复性：测距仪测量的重复性应不大于仪器标称标准差的 1/4。测量的重复性也称测量的内符合精度。

⑩ 测距综合标准差：测距仪测距标准差应不大于仪器出厂标称标准差，即计算出的 a 应小于或等于标称标准差的固定误差；b 应小于或等于标称标准差的比例误差。

2）全站仪的日常检验

(1) 外观及一般功能检查

① 全站仪表面不应有碰伤、划痕、脱漆和锈蚀；盖板及部件应接合整齐，密封性好。

② 光学部件表面无擦痕、霉斑、麻点及脱膜的现象；望远镜十字丝成像清晰，视场明亮，亮度均匀；目镜调焦及物镜调焦转动平稳，不应有分划影像晃动或自行滑动的现象。

③ 水准管及圆水准器的校正螺钉不应有松动；脚螺旋转动松紧适度，无晃动；水平及竖直制动及微动机构运转平稳可靠，无跳动现象；组合式全站仪，电子经纬仪与测距仪的联接机构紧密；仪器和基座的联接锁紧机构可靠。

④ 操作键盘上各按键反应灵敏，每个键的功能正常；通过键的组合读取显示数据及存贮或传送数据功能正常。

⑤ 液晶显示屏显示的各种符号清晰、完整，对比度适当。

⑥ 数据输出接口及外接电源接口完好，内接电池接触良好，内（外）接电池容量充足。

⑦ 记录存贮卡完好无损，表面清洁，在仪器上能顺利地装入或取下；存贮卡内装钮扣电池容量充足；磁卡阅读器完好。

⑧ 仪器按出厂规定的附件包括必要的校正器件（扳手、螺丝刀、校正针）完好，物镜罩、接口插头的保护盖等齐全。

⑨ 全站仪应标明制造厂（或厂标）、型号及出厂编号，国产仪器必须有计量器具制造可证编号及标志。

(2) 电子测角系统的检定

电子测角系统的检定项目和方法同电子经纬仪相同，项目包括：

① 照准部水准管轴垂直于竖轴的检验；

② 视准轴垂直于横轴的检验；

③ 横轴垂直于竖轴的检验；

④ 十字丝竖丝垂直于横轴的检验 ；

⑤ 竖盘指标差的检验；

⑥ 激光对中器的检验。

(3) 光电测距系统的检验

① 发射、接收、照准三轴关系的正确性检验

在距测距仪 300m 至 1km 处安置反射棱镜，用测距仪的望远镜照准反射棱镜的标志，接通测距仪电源，观测其返回信号的强度；旋动测距仪的水平与垂直微动螺旋，观察返回信号强度的变化，再找出返回信号最大的位置，此时，望远镜十字丝与反射棱镜标志应重合。

② 反射棱镜的一致性检验

在室内长约 30m 的距离分别安置测距仪与受检反射棱镜，调整测距仪照准标志，分别对各配套反射棱镜进行测距。读取 10 次距离求其平均值，在测距中不得再次调整测距仪。对各配套反射棱镜所测的距离平均值进行比较，其最大值与最小值之差应满足

各配套反射棱镜常数最大互差，应不大于仪器标称标准差固定误差的1/4。

③ 仪器加常数的检验

在平坦场地选择 A、B、C 三点，仪器设置了温度、气压和棱镜常数以后，精确测出 AC、AB 和 BC 的平距，仪器加常数 $K=AC-(AB+BC)$。K 应接近等于0，若 $|K|>5\text{mm}$，则应送标准基线场进行严格的检验和校正。

④ 测量的重复性检验

在室内约30m距离的两端分别安置测距仪与反射棱镜，操作仪器一次照准后测距，连续读数30次。计算30次测定的平均值相对中误差，应小于仪器标称相对中误差的1/4。

1.5.4　垂准仪

垂准仪是利用一条与视准轴重合的可见激光产生一条铅垂线，用于测量相对铅垂线的微小偏差以及进行铅垂线的定位传递。

垂准仪一般的测量精度为1/40000、1/50000、1/100000，广泛用于高层建筑、高塔、烟囱、电梯、大型机构设备的施工安装。

1. 垂准仪的构造及其辅助工具

垂准仪主要包括圆水准器、管水准器、激光对点器等。圆水准器用于仪器粗平，管水准器用于仪器精平，激光对点器发射激光用于对点和传递铅垂线。

图1.82为JZY-20A激光垂准仪的构造。

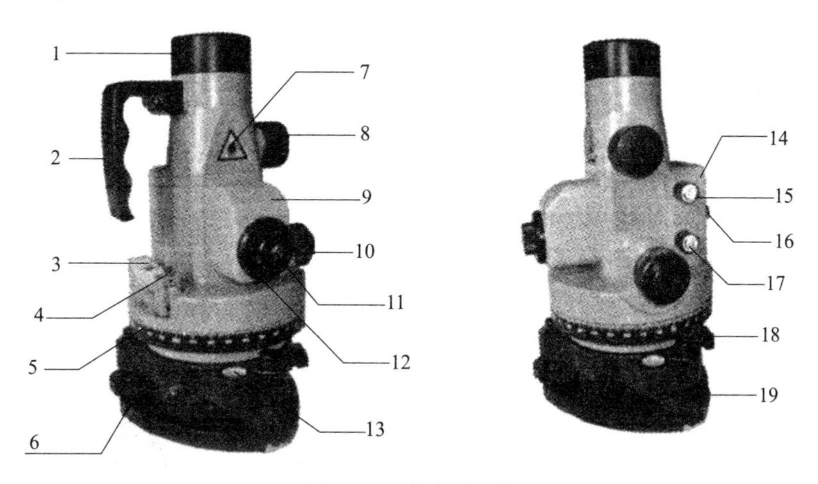

图1.82　激光垂准仪

1—物镜；2—提手；3—管水准器；4— 管水准器校正钉；5—度盘；6—脚螺旋；
7—激光警告标志；8—调焦螺旋；9—激光外罩；10—对点调焦螺旋；
11—目镜；12—圆罩；13—圆水准器；14—电池盒；15—垂准激光开关；
16—固定按钮；17—下对点开关；18—基座固定按钮；19— 圆水准器校正钉

和垂准仪配套使用的辅助工具是接收靶。如图1.83所示，两维测微光靶是由一套二维的游标数显尺和对中分划板组成，数显单元的 X 方向和 Y 方向主尺在60mm×70mm范围内互为90°±6′，数显精度0.01mm；分划板与光斑的对正误差为读数误差，一般人眼的判读误差在上述情况下约0.1mm。

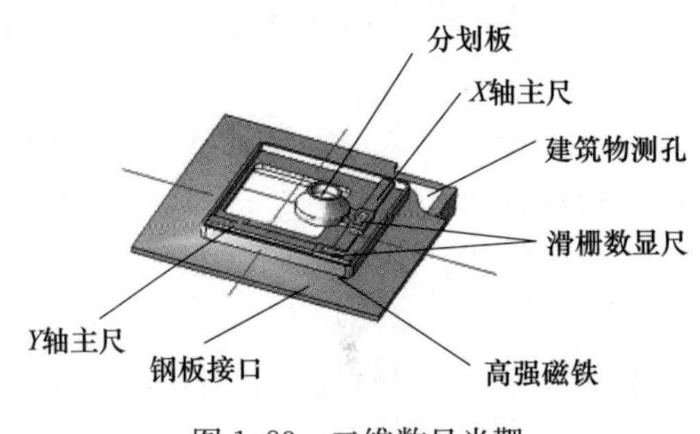

图 1.83　二维数显光靶

2. 垂准仪的操作步骤

垂准仪的操作步骤包括安置、对中、整平、照准、垂准测量等。

1）安置

将三脚架安置在基准点上，仪器安装在三脚架的基座强制中心孔内，旋紧基座中心螺旋（连接螺旋），使仪器稳固。做到三脚架的脚腿和地面角度合适、三脚架的架头高度合适、架头平整，同时，要保证架头中心和地面基准点大致在一条铅垂线上。

2）对中

打开对点激光开关，调节对点调焦螺旋，使激光聚焦在与基准点同一平面上。保持三脚架的一条腿固定不动，双手握住另外两条腿，在地面拖动三脚架脚腿，使对点器发出的激光焦点和地面上的基准点重合。

3）整平

（1）用圆水准器粗平仪器

如图 1.84（a）所示，升降脚腿 1 使气泡移至垂直于 A、B 连线的圆水准器线上；如图 1.84（b）所示，再升降脚腿 3，使气泡居于圆水准器中心。

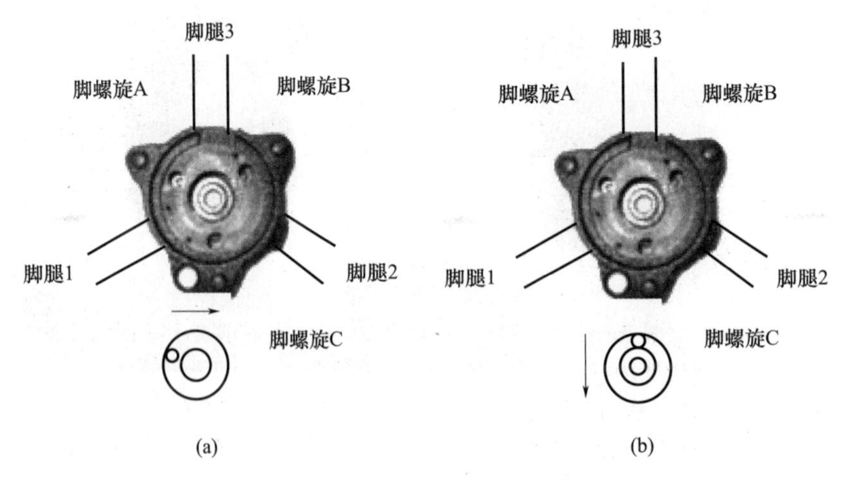

图 1.84　粗平

（2）用管水准器精平仪器

如图 1.85（a）所示，转动仪器使管水准器与脚螺旋 A、B 连线平行，相向转动脚螺旋 A、B，使气泡居于管水准器的中心；如图 1.85（b）所示，转动仪器使管水准器与脚螺旋 A、B 连线垂直，转动脚螺旋 C，使气泡居于管水准器的中心。

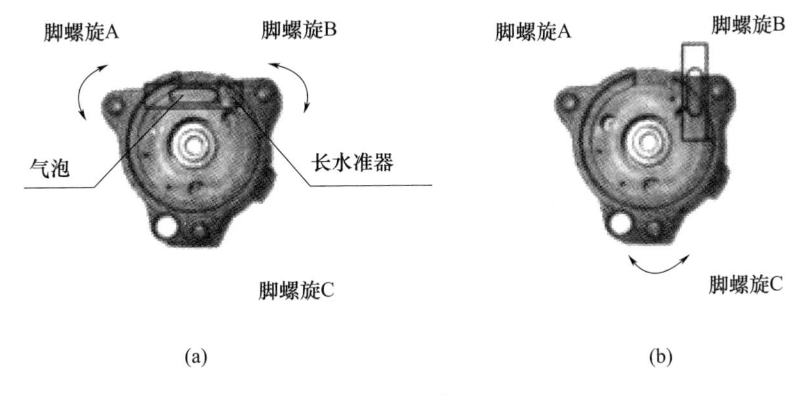

(a) (b)

图 1.85 精平

对中和整平是反复的过程，直至仪器既对中又整平，才能进行下一步操作。

4）照准

在目标处放置网格激光靶。转动望远镜目镜使分划板十字丝清晰，再转动调焦螺旋使激光靶在分划板上成像清晰，并尽量消除视差，即当观测者轻微移动视线时，十字丝与目标之间不能有明显偏移。

5）垂准测量

如图 1.86 所示，打开垂准激光开关，会有一束激光从望远物镜中射出，顺时针旋转开关，光斑亮度增大。通过调节调焦螺旋可控制光斑的大小，使激光束聚焦在激光靶上。

(a)

(b)

图 1.86 垂准测量

当进行高精度测量时必须进行对径观测。首先转动度盘，使指标线对准零刻度，通过望远镜获得第一个观测值，再将仪器照准部旋转 180°，通过望远镜获得第二个规测值，取其中点为测量值，并可适当增加测回数；也可以将仪器照准部每次旋转 90°，取四个点连线的交点为测量值。这样可以把时效产生的漂移和环境温度的影响产生的误差消除掉。

3. 垂准仪的应用

垂准仪能提供一条精度极高的铅垂基垂线，利用这条基垂线可进行各种施工测量或特殊工程测量及变形测量。例如：

（1）钢体构件骨架安置到正确的铅垂位置

钢体构件骨架是预先在工厂制造好后，再到现场将其安装到铅垂位置。如图 1.87 所示，利用激光垂准仪可完成其工作。在骨架的底部安置激光垂准仪，在骨架的上部安放激光靶，调整钢索上的转动环，使 $a=b$，则构件骨架安置到铅垂位置。

（2）检测护墙的倾斜

如图 1.88 所示，比较大的护墙在建造过程和经过一定的稳定期后可通过激光垂准仪定期检测其倾斜，通过 a 、b、c、d 的大小来计算护墙的实际倾斜。

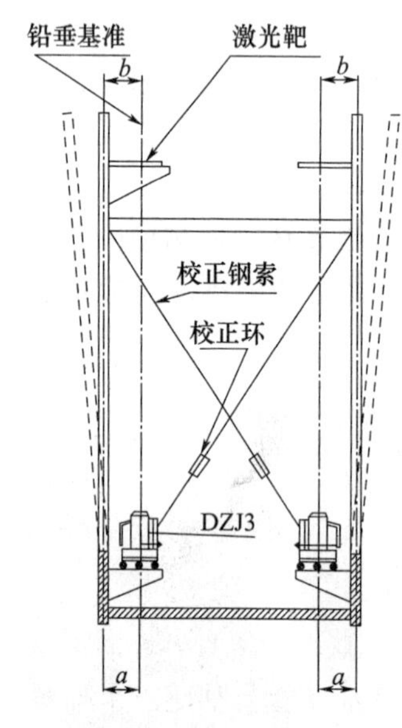

图 1.87　钢构安装测量

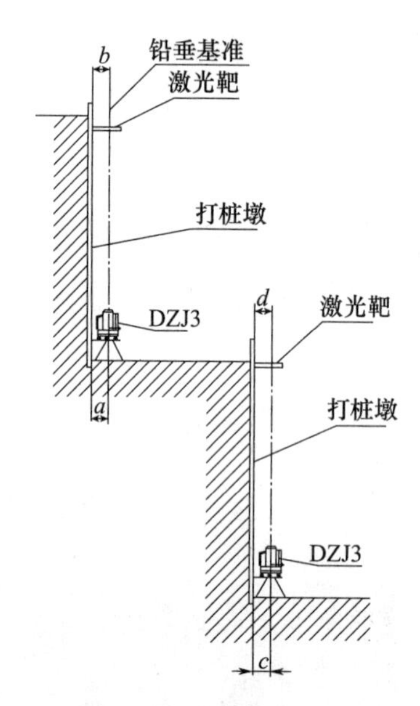

图 1.88　护墙倾斜测量

（3）检测大容器的变形

大容器在储存油或其他液体后会有微小变形，利用激光垂准仪可检测大容器的变形。如图 1.89 所示，在位于大容器底部标准长度处安置激光垂准仪，在容器标准点上方分别安放激光靶，并测量容器边缘到标准铅垂线的距离，将其与原始值比较，可测量容器的变形。

（4）建筑物的垂线测量

如图 1.90 所示，在高程建筑上，一般在每个楼层中间预留一个小孔，将控制点引到楼下，架设垂准仪，严格对中整平，打开激光，这样在楼层上面可接收到控制点的铅垂线，从而方便建站及放线。

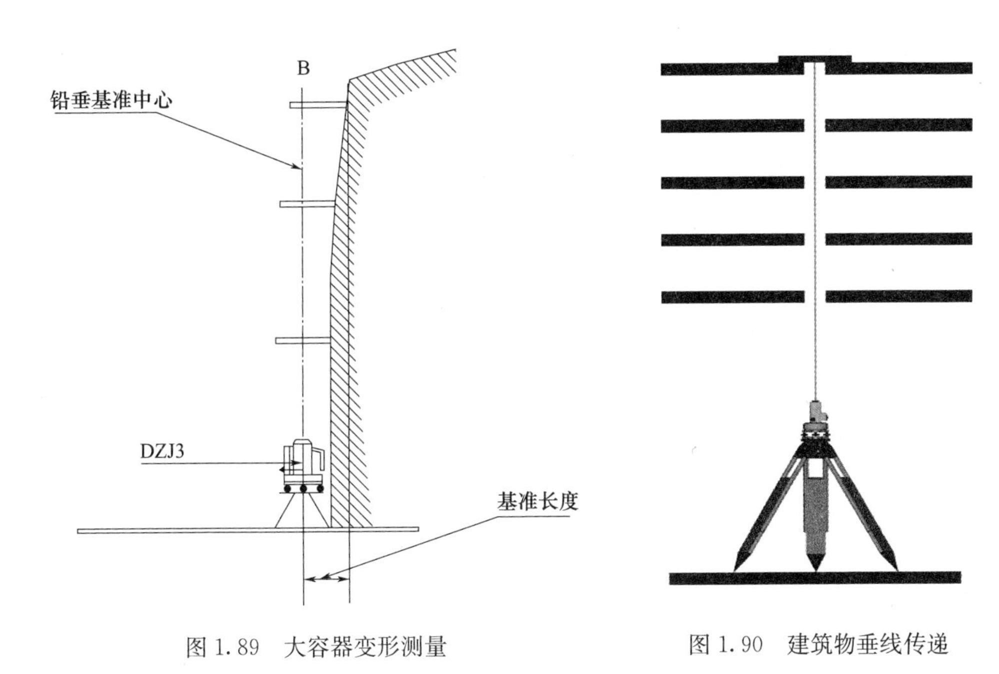

图 1.89 大容器变形测量

图 1.90 建筑物垂线传递

4. 垂准仪的检验

激光垂准仪是一种精密仪器，出厂前均通过严格检验，经过一段时间的使用后，应对仪器进行如下顺序的检验。

1）圆水准器的检验

（1）将仪器在三脚架或一稳定的平台上安置并固定好，用管水准器将仪器精确整平。

（2）观察仪器圆水准器是否居中，如果气泡居中，则无须校正，如果气泡移出范围，则需进行调整。

2）管水准器的检验

（1）将仪器安放于较稳定的装置上，如三脚架、仪器校正台，并固定仪器。

（2）如图 1.91 所示，将仪器粗平，并使仪器管水准器与基座三个脚螺丝中的两个的连线平行，调整该两个脚螺丝使管水准器气泡居中。

（3）将管水准器转动 180°，观察管水准器的气泡移动情况，如果气泡处于管水准器的中心则无须校正；如果气泡移出刻划线一格范围，则需进行调整。

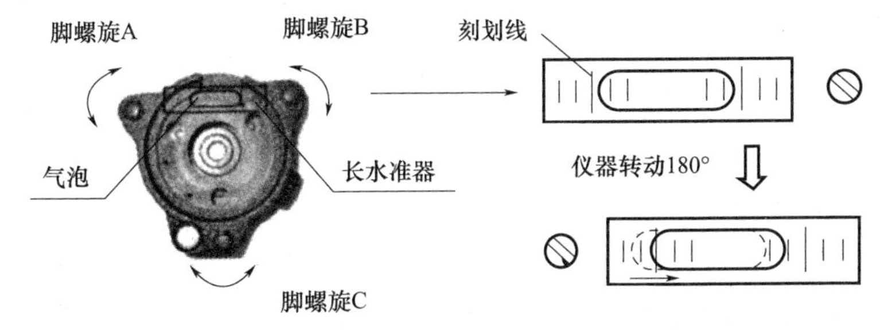

图 1.91 管水准器

3）激光下对点的检验

（1）将仪器安置在三脚架上并固定好，用管水准器将仪器精确整平，在仪器正下方地面处放置一十字标志。

（2）打开下对点激光开关。调节下对点调焦螺旋，使下对点光斑最小。移动十字标志，使光斑与十字标志重合。

（3）使仪器转动180°，观察下对点光斑与地面十字标志是否重合。如果重合，则无需校正，如果有偏移，则需进行校正。

4）望远镜视准轴与竖轴重合性的检验

（1）先将仪器安置在三脚架上精确整平，在仪器一定高度（高度至少大于10m）放置一张带有十字标志的纸，照准调焦后，通过仪器望远镜观察将分划板十字丝与十字标志中心重合。

（2）照准部转动180°，十字标志中心与望远镜十字丝中心有偏移，说明望远镜视准轴与竖轴不重合，需要调整。

5）激光束同轴的检验

（1）先将仪器安置在三脚架上精确整平，在仪器一定高度（高度至少大于10m）放置一张带有十字标志的纸，照准调焦后，通过仪器望远镜观察将分划板十字丝与十字标志中心重合。

（2）打开垂准激光开关，激光光斑中心应与十字标志中心重合，否则，需要调整。

6）激光束同焦的检验

（1）先将仪器安置在三脚架上精确整平，在仪器一定高度（高度至少大于10m）放置一张带有十字标志的纸，照准调焦后，使十字标志清晰地成像在分划板的十字丝上。注意消除视差。

（2）打开垂准激光开关，此时纸上的激光光斑应最小。否则需要调整。

1.6 施工场地准备测量

根据建设工程的实际情况，部分建设工程需要进行施工场地准备测量，一般包括场地平整测量、临时水电管线敷设、施工道路、暂设建筑物以及物料、物料机具场地的划分、原有地下建构筑物、管线的位置及走向等施工准备的测量工作。

施工场地准备测量允许误差，应符合表1.23的规定。

表1.23 施工场地准备测量允许误差

mm

内容	平面位置	高程	内容	平面位置	高程
场地平整测量方格网点	50	±20	场区临时下水管道	50	±50
场区施工道路	70	±50	施工临时电缆管线	50	±70
场区临时上水管道	70	±50	暂设建（构）筑物	50	±30

临时水电管线、施工道路、暂设建构筑物以及物料、物料机具场地的平面、高程位

置应根据场区测量控制点与施工现场总平面图，直接采用全站仪坐标法进行测设。

原有地下建构筑物、管线的位置及走向等应根据施工场区内地下管线、建构筑物等测绘成果进行现场测设和标定。

重点讲述场地平整测量。场地平整测量是指测绘施工现场的数字地形图，然后利用数字测图软件的土石方量计算的功能模块计算挖、填土石方量的过程。如果施工场地已有数字地形图，就不必再测绘地形图了。

1.6.1　地形图测绘

地形图测绘是指利用测绘仪器对施工现场的地形在水平面上的投影位置和高程进行测定，并按一定比例缩小，用符号和注记绘制成地形图的工作。

数字地形图测绘有 RTK 测图、全站仪测图、地面三维激光扫描测图、移动测量系统测图、低空数字摄影测图、机载激光雷达扫描测图等方法。下面为常用的全站仪测记法测图的一般步骤：

1. 设站

在测站点对中整平，量仪器高；设置仪器参数和输入气温、气压、棱镜常数；建立或选择文件名；输入测站坐标、高程及仪器高；输入后视点坐标或方位角，瞄准后视目标后确定。

要求全站仪的对中偏差不应大于 5mm，仪器高和棱镜高应量至 1mm；后视点应选择较远点。

2. 检查

测量 1 个已知坐标的点的坐标并与已知坐标对照检查；测量 1 个已知高程的点的高程并与已知高程比较检查；检核点的平面位置较差不应大于图上 0.2mm，高程较差不应大于基本等高距的 0.2 倍。如果前两项检查都在限差范围内，便可开始测量，否则应检查原因，可能是测站点或后视点的坐标有问题，或坐标输入仪器出现错误，之后再重新设站。

3. 立镜

在地物的轮廓转折点、中心位置、定位点、地界点等形状特征点和地貌变化的位置上树立棱镜，回报镜高。

如房屋、道路、运动场等能依比例尺表示的地物，在表示它们几何形状的轮廓转折点处立镜；在森林、草地、花圃等地的边界位置立镜，边界内部绘制相应的地物符号；在水塔、烟囱、纪念碑等不能依比例表示的独立地物的中心位置立镜，用特殊的地物符号表示；在斜坡的坡上坡下立镜；在陡坎的坎上坎下立镜，等等。

4. 观测

全站仪跟踪棱镜，输入点号和棱镜高，在坐标测量状态下按测量键，显示测量数据后，输入测点类型代码后存储数据。继续下一个点的观测。

5. 绘草图

现场按测站绘制地形草图，标上立镜点的点号，房屋结构、层次，道路铺材，植被，地名，管线走向、类别、相互关系等属性数据。测点编号和仪器的记录点号一定要保证一致。

草图是编绘地形图的重要依据之一，应尽量详尽。

6. 检查

测量过程中每测量 30 点左右及收站前，应检查后视方向，也可以在其他控制点上进行方位角或坐标检查。

7. 数据传输

连接全站仪与计算机之间的数据传输电缆；设置计算机的通信参数与全站仪的通信参数一致；全站仪中选择要传输的文件和传输格式后按发送命令；计算机接收数据后以文本文件的形式存盘。

8. 数据转换

通过测绘专业软件将测量数据转换为成图软件识别的格式。有的软件在“数据传输”时会提示文件存盘的格式，也就完成了数据格式的转换。

9. 绘图

在专业软件平台下，如南方 CASS 内外业一体化成图系统、武汉瑞得 RDMS 数字测图系统、清华三维 EPSW 电子平板测图系统等，进行地形图绘制。

地形图中的地形是地面的地物和地貌的总称。地物是指地面上固定的物体，如建筑物、农田、道路、江河湖海、林木等；地貌是指地表的高低起伏的形态，如高山、丘陵、盆地、悬崖、冲沟等。

根据地面倾角的大小，地形分为四类：地面倾角小于 2°为平坦地；2°～6°为丘陵地；6°～25°为山地；大于 25°为高山地。

1）地形图的比例尺

地面上各种地物不可能按照真实的大小描绘在图纸上，通常总是将实地尺寸缩小为若干分之一来描绘。地形图上任意两点间的距离与地面上相应两点间的水平距离之比，称为地形图的比例尺，如建筑工程上通常使用的 1∶500、1∶1000 的比例尺地形图。实际工作中采用何种比例尺测图，应从工程规划、施工实际情况需要的精度出发，表 1.24为不同比例尺测图的用途。

表 1.24　测图比例尺的用途

比例尺	用 途
1∶5000	可行性研究、总体规划、厂址选择、初步设计等
1∶2000	可行性研究、初步设计、矿山总图管理、城镇详细规划等
1∶1000	初步设计、施工图设计、城镇、工矿总图管理、竣工验收等
1∶500	

由于人眼的分辨能力只能达到图上 0.1mm，因此，把图上 0.1mm 长度所代表的实地距离称为比例尺精度。比例尺精度具有重要的实用价值：

（1）测图时根据比例尺精度可以确定距离丈量应准确到什么程度才有实际意义。例如测绘 1∶1000 比例尺地形图，其比例尺精度为 0.1mm×1000=0.1m，因此，距离丈量只需量至 0.1m 即可，小于 0.1m 在图上表示不出来。

(2) 当规定了图上表示地面线段必须达到的精度，则根据比例尺精度可以确定测图比例尺。例如，要求图上表示地面线段必须达到 0.2m 的精度，则测图比例尺应不小于 0.1mm/0.2m=1∶2000。

(3) 根据比例尺精度可以确定地面上多大物体在图上能以相似图形表示，多大物体不能以相似图形表示或无法表示，为不同大小地物的表示方法提供了理论上的依据。

2) 地形图的图式

地面上各种地物、地貌在地形图上都是用符号来表示的。地形图符号是由国家测绘主管机关根据地形图的用途、比例尺以及地物、地貌等情况统一制定的，称为地形图图式。地形图图式是地图语言，测图、绘图必须严格遵照执行。表 1.25 为部分地形图图式。

表 1.25 地形图图式

编号	符号名称	图例	编号	符号名称	图例
1	坚固房屋 4—房屋层数	坚4　1.5	6	草地	1.5　0.8　10.0　10.0
2	普通房屋 2—房屋层数	2　1.5	7	经济作物地	0.8　3.0　蔗　10.0　10.0
3	窑洞 1. 住人的 2. 不住人的 3. 地面下的	1　2.5　2　3	8	水生经济作物地	3.0　藕　0.5
4	台阶	0.5　0.5　0.5	9	水稻田	0.2　2.0　10.0　10.0
5	花圃	1.5　1.5　10.0　10.0	10	旱地	1.0　2.0　10.0　10.0

续表

编号	符号名称	图例
11	灌木林	0.5 1.0
12	菜地	2.0 2.0 10.0 10.0
13	高压线	4.0
14	低压线	4.0
15	电杆	1.0
16	电线架	
17	砖、石及混凝土围墙	10.0 0.5 0.3 10.0
18	土围墙	10.0 0.5
19	栅栏、栏杆	1.0 10.0
20	篱笆	1.0 10.0
21	活树篱笆	3.5 0.5 10.0 1.0 0.8
22	沟渠 1. 有堤岸的 2. 一般的 3. 有沟堑的	1 2 0.3 3

编号	符号名称	图例
23	公路	0.3 0.3 沥：砾
24	简易公路	8.0 2.0
25	大车路	0.15 0.3 碎石
26	小路	4.0 1.0 0.3
27	三角点 凤凰山—点名 394.468—高程	凤凰山/394.468 3.0
28	图根点 1. 埋石的 2. 不埋石的	1 2.0 N16/84.46 2 1.5 25/62.74 1.5
29	水准点	2.0 Ⅱ京石5/32.804
30	旗杆	1.5 4.0 1.0 1.0
31	水塔	2.0 3.0 1.0 1.2
32	烟囱	3.5 1.0
33	气象站（台）	3.0 4.0 1.2
34	消火栓	1.5 1.5 2.0

续表

编号	符号名称	图例	编号	符号名称	图例
35	阀门	1.5 1.5 2.0	39	独立树 1. 阔叶 2. 针叶	1.5 1 3.0 0.7 2 3.0 0.7
36	水龙头	3.5 2.0 1.2			
37	钻孔	3.0 1.0	40	岗亭、岗楼	90° 3.0 1.5
38	路灯	1.5 1.0	41	等高线 1. 首曲线 2. 计曲线 3. 间曲线	0.15 87 1 0.3 85 2 0.15 6.0 3 1.0

地形图的图式可分为地物符号、地貌符号和注记符号。

（1）地物符号

地面上具有真实位置和明显轮廓的固定物体称为地物，包括自然地物与人工地物，前者如河流、湖泊、森林等，后者如房屋、道路、桥涵、电力线、渠道等。地物符号可分为以下三类：

① 比例符号

比例符号通常表示较大的地物，长宽均有比例，其大小和形状可以按照比例尺来画出。如房屋、农田、草地、花圃等。

② 半比例符号

半比例符号通常表示窄长的地物，其长有比例，宽无比例，如铁路、输电线、管线、围墙等。

③ 非比例符号

非比例符号通常表示点状地物，其只有中心位置，不表示形状和大小，如导线点、水准点、路灯、水龙头、岗亭等。

（2）地貌符号

如图 1.92 所示，地球表面高低起伏的状态称为地貌，包括平地、丘陵地、山地、高山地等地形。地貌一般是由山头、洼地、山脊、山谷、鞍部等几种基本形态组成。

地貌一般是用等高线来表示的，对于特殊地貌采用特殊符号表示。地物比较密集或地势平坦的地方，也可以通过高程注记的形式表示地貌。

① 等高线

地面上相邻的高程相等的点连成的适合曲线称为等高线。如图 1.93（a）所示，有一山头被水平面 P_1、P_2、P_3所截，在各平面上得到相应的截线，将这些截线沿铅垂线方向投影到大地水准面 M 上，并按一定比例尺缩绘到图纸上，便得到了地形图上的等高线，这就是等高线的基本原理。

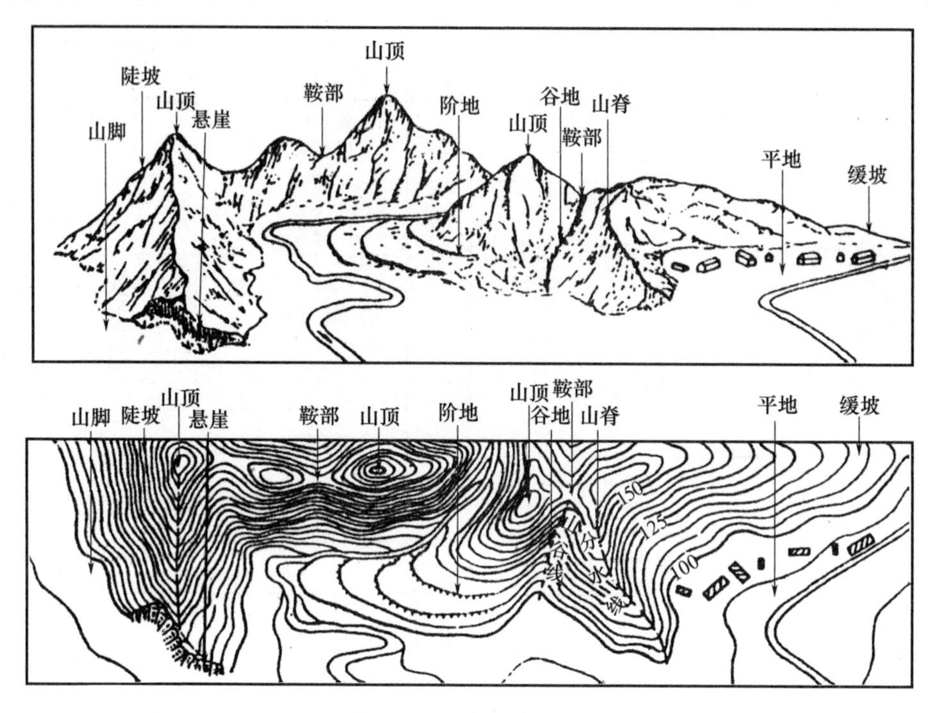

图 1.92　地貌的基本形态

(a) 等高线绘制原理　　(b) 等高线的种类

图 1.93　等高线

等高线分别表示了不同的地面高程。相邻两条等高线间的高程差称为等高距。等高距愈小，则图上等高线越密，显示地貌越详细；等高距越大，则图上等高线就越稀，地貌显示就越概略。

相邻两等高线之间的水平距离称为等高线平距。因为同一幅地形图上的等高距是相同的，所以等高线平距的大小反映了地面坡度的变化情况，等高线平距越小，地面上坡度越大；等高线平距越大，地面坡度越小。

如图 1.93（b）所示，等高线按照等高距的不同分为首曲线、计曲线、间曲线、助曲线等几类。按照基本等高距描绘的等高线称为首曲线（如①）。对首曲线逢五、逢十加粗和注记高程的等高线称为计曲线（如②）。在基本等高距的 1/2 处插入的等高线称

为间曲线，用长虚线描绘（如③）。在缓坡地段按基本等高距的 1/4 描绘的等高线称为助曲线，用短虚线描绘（如④）。

② 典型地貌的等高线表示

Ⅰ. 山丘、洼地

图 1.94（a）为山丘及其等高线图形，图 1.94（b）为洼地及其等高线图形。山丘和洼地的等高线都是一组闭合曲线。在地形图上区别山丘或洼地的方法是：凡是内圈等高线的高程注记大于外圈者为山丘，小于外圈都为洼地。如果没有高程注记，则用示坡线来表示。

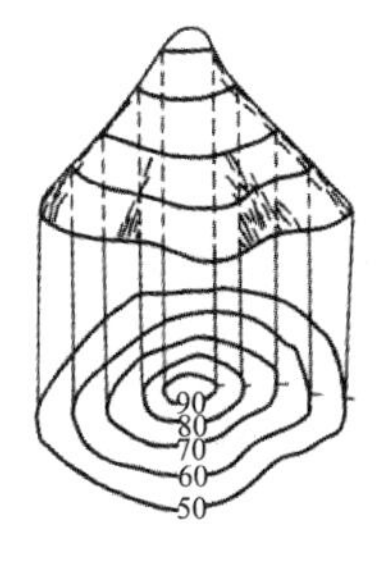

(a) 山丘及其等高线

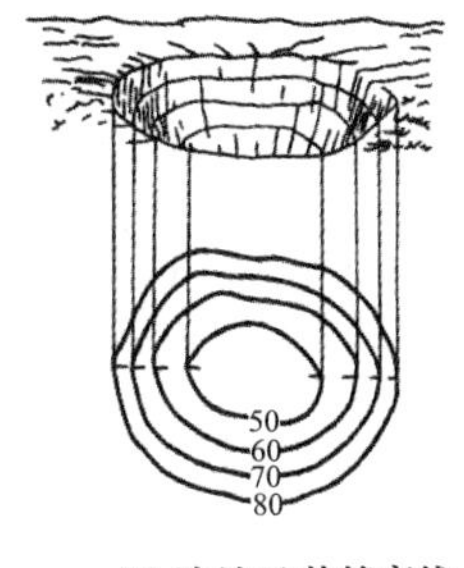

(b) 洼地及其等高线

图 1.94 山丘、洼地

示坡线是指示坡降的方向线，如图 1.94（b）中的短线。示坡线应垂直于等高线。示坡线从内圈指向外圈者，说明中间高，四周低，由内向外为下坡，故为山丘；示坡线从外圈指向内圈者，说明中间低，四周高，由外向内为下坡，故为洼地。

Ⅱ. 山脊、山谷

山的凸棱由山顶延伸至山脚称为山脊，山脊最高点的连线称为山脊线。因雨水以山脊线为界流向山体两侧，故山脊线又称分水线。山脊等高线表现为一组凸向低处的曲线，如图 1.95（a）中的点划线。

相邻两山脊之间的凹部称为山谷，其两侧的斜坡叫谷坡，两谷坡相交部分叫谷底。谷底最低点的连线称为山谷线，又叫合水线。山谷等高线表现为一组凸向高处的曲线，如图 1.95（b）中的虚线。

Ⅲ. 鞍部

如图 1.96 所示，相邻两山头之间呈马鞍形的低凹部位称为鞍部。鞍部往往是山区道路必经之地，故又称为垭口（如图中的 S 点）。因鞍部是两个山脊与两个山谷的会合处，所以，鞍部等高线是两组相对的山脊等高线和山谷等高线的对称组合。

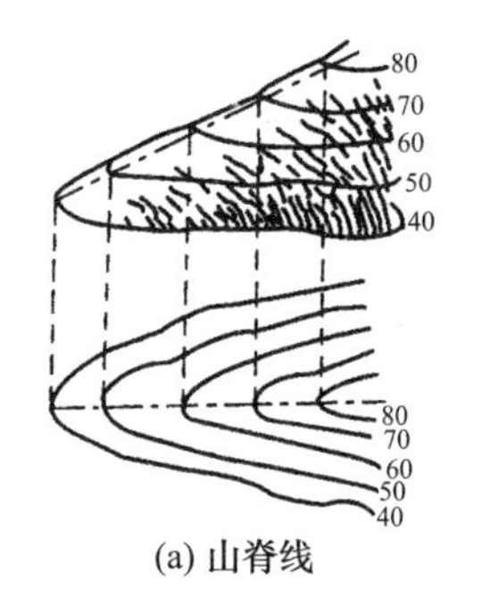

(a) 山脊线

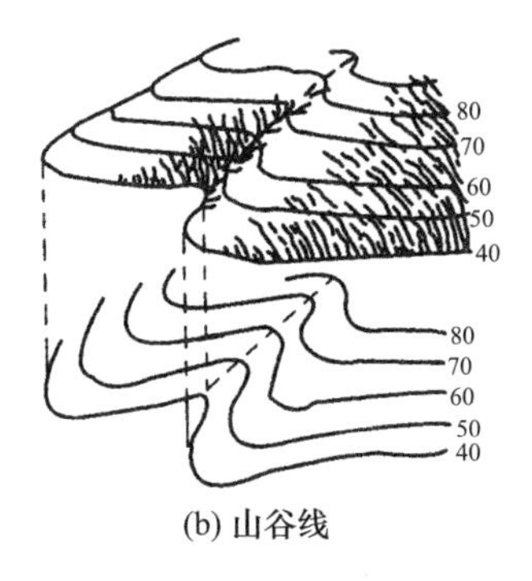

(b) 山谷线

图 1.95 山脊、山谷

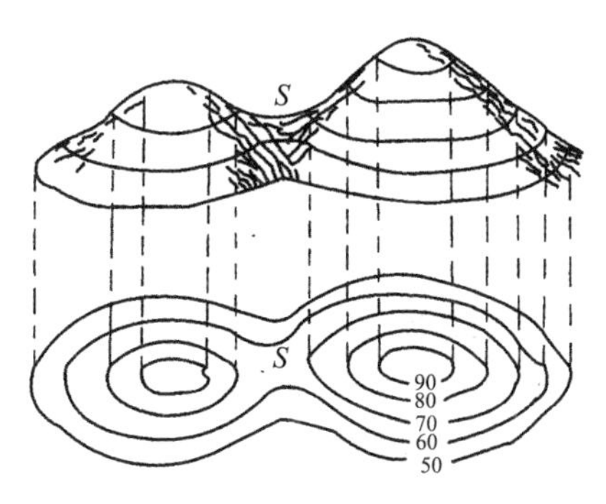

图 1.96 鞍部

③ 特殊地貌的符号表示

某些变形地貌，如滑坡、冲沟、陡崖、崩崖等，用特殊的符号来表示。

Ⅰ. 滑坡

斜坡表层由于地下水和地表水的影响，在重力作用下向下滑动的地段称为滑坡，如图 1.97 所示。滑坡上缘用陡崖符号表示，范围用地类界表示，其内部的等高线用长短不一的虚线表示。

Ⅱ. 冲沟

如图 1.98 所示，冲沟是由于地面长期被雨水急流冲蚀而形成的大小沟壑，沟壁较陡。图上宽度在 0.5mm 以内的用线粗为 0.1～0.5mm 单线渐变表示；宽度大于 0.5mm 的用双线表示；宽度在 3mm 以上的需表示陡崖符号。宽度大于 5mm 时还应表示沟内等高线。冲沟应标注比高。沟坡较缓的宽大冲沟可用等高线表示，或用符号与等高线配合表示。

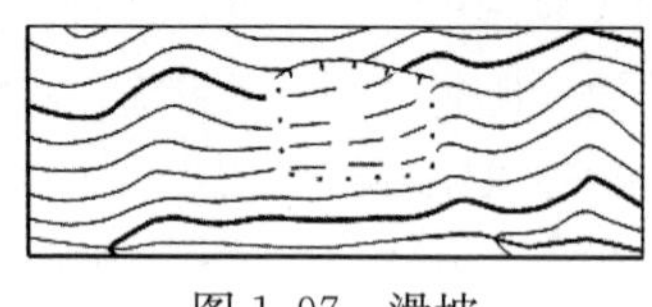

图 1.97　滑坡

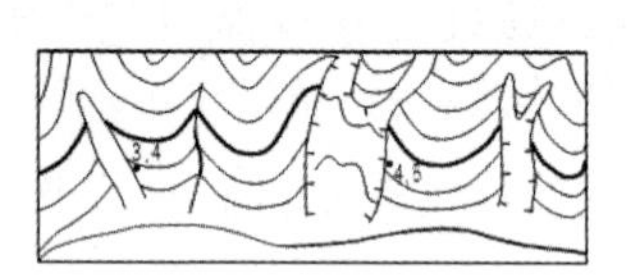

图 1.98　冲沟

Ⅲ. 陡崖

如图 1.99 所示，形态壁立、难以攀登的陡峭崖壁或各种天然形成的坎（坡度在 70°以上）称为陡崖，分为土质和石质两种。

陡崖的实线为崖壁上缘位置。土质陡崖图上水平投影宽度小于 0.5mm 时，以 0.5mm 短线表示；大于 0.5mm 时，依比例尺用长线表示。石质陡崖图上水平投影宽度小于 2.4mm 时，用 2.4mm 表示，大于 2.4mm 时依比例尺表示。陡崖应标注比高。

Ⅳ. 崩崖

如图 1.100 所示，沙土质或石质的山坡受风化作用，其碎屑向山坡下崩落的地段称为崩崖。崩崖上缘实线表示崩崖上缘，若上缘是陡崖时应表示陡崖符号。面积较大时用等高线配合表示。

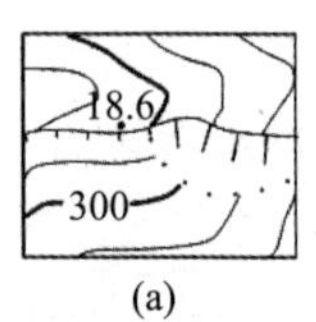

(a)　(b)

图 1.99　陡崖

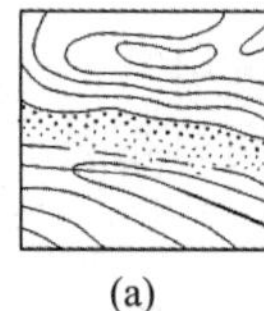

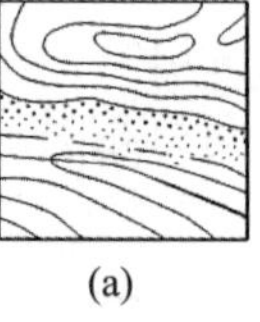

(a)

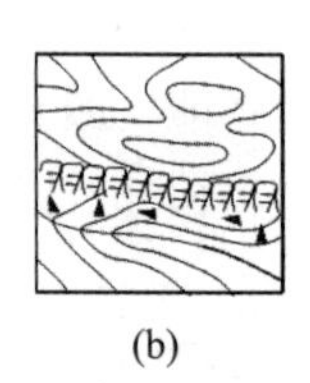

(b)

图 1.100　崩崖

（3）注记符号

在地形图上，除了用符号表示地物、地貌外，还必须用文字、数字来说明它们的名称、性质和数量，这种起说明作用的文字、数字统称地形图注记。地形图注记分为地理名称注记、说明注记和数字注记。

① 地理名称注记

如图 1.101 所示，地理名称包括水系、地貌、交通和其他地理名称。地理名称一般注记当地常用的自然名称。如街道、道路、村庄、河流、山脉名称等。

② 说明注记

如图 1.102 所示，用来说明地物的名称、性质等属性数据的文字称为说明注记，如房屋性质、道路铺装材料、植被种类注记等。

③ 数字注记

如图 1.103 所示，用来说明地物的数量、地形的几何属性的文字称为数字注记，如路宽、水深、高程注记等。

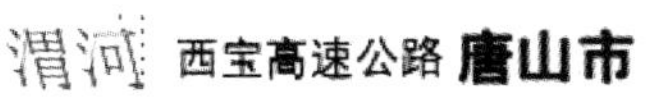

渭河 西宝高速公路 唐山市

图 1.101 地理名称注记

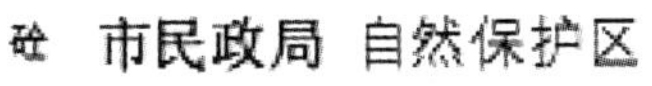

砼 市民政局 自然保护区

图 1.102 说明注记

$\frac{25}{96.93}$ G322 $\frac{洪113.5}{1986.6}$

图 1.103 数字注记

3）地形图的要素

如图 1.104 所示，地形图的主要要素是地物、地貌及注记等，此外，还有一些用来说明和帮助读图的其他要素，如图廓、图名、图号、接图表、比例尺、坐标系统、高程系统等。

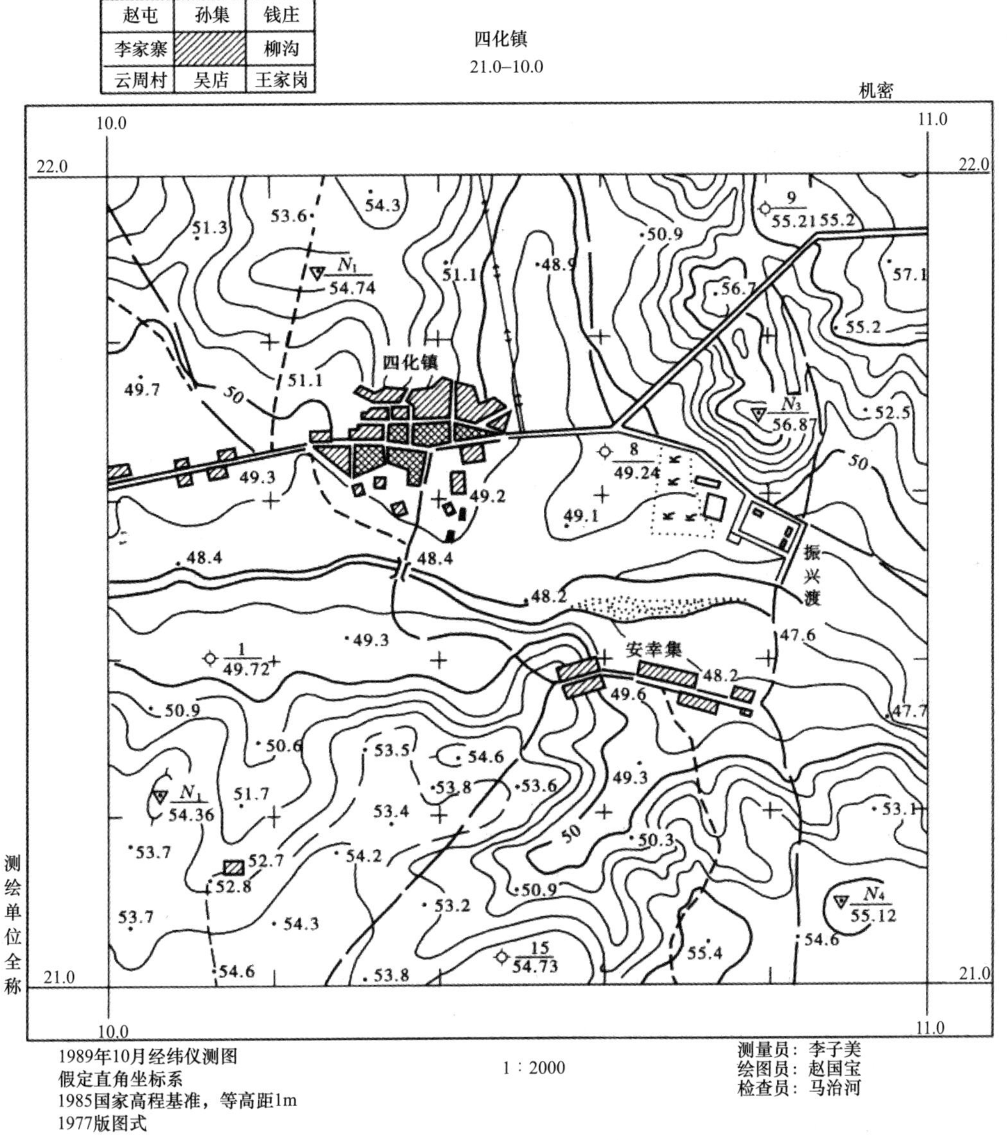

图 1.104 地形图的要素

（1）图廓

图廓是地形图的范围界线，分为内、外图廓线。内图廓是坐标格网线，也是地形图的边界线，用0.1mm细线绘出。外图廓线是装饰线，用0.5mm粗线绘出。内外图廓线的间距为12mm，用来注记坐标值。

（2）图名、图号

图名是地形图的名称，图号是地形图的编号。图名、图号标注在地形图北图廓上方的正中央，图名在上，图号在下。

（3）接图表

接图表用来表明本图与相邻图的位置关系，标注在图幅的左上角。相邻图包括东、西、南、北和东北、西北、东南、西南方位的八幅图。

（4）比例尺

数字比例尺和图式比例尺标注在南图廓线下方的正中央，二者均使用时则数字比例尺在上。在梯形图幅的左下方还应标注坡度比例尺。

（5）三北方向线

在梯形图幅的右下方标注三北方向关系图；在矩形图幅的右下方标注磁北方向示意图，如坐标纵轴与磁北方向一致时不用标注。

（6）测图说明

在南图廓线的左下方依次标注测图日期及成图方法、坐标系统、高程系统及基本等高距、地形图图式版本（年）。成图方法有野外经纬仪测图、野外数字测图、航空摄影成图等。坐标系统有国家大地坐标系、城市坐标系、独立平面直角坐标系等。高程系统有国家高程系统、相对高程系统等。

（7）测图单位、测图人员

在图幅的左侧标注竖排文字测图单位名称。在图幅的右侧或右下方列表注记测量员、绘图员、检查员等信息。

1.6.2 土方量计算

利用数字地形图进行填、挖土方量的计算，主要有方格网法、断面法、等高线法等方法。

1. 方格网法

方格网法是将施测场地划分为方形的格网，通过计算每一格网内的挖、填土方量，最后汇总得到整个场地的土方量的方法，该法适用于地形变化比较平缓的地形，其计算精度较为准确，是应用较为广泛的一种土方量计算方法。

采用方格网法，平坦地区宜采用20m×20m方格网；地形起伏地区宜采用10m×10m方格网。方格网的点位可依据红线桩点或原有建筑物进行测设，高程可按五等水准测量精度要求或等精度的测距三角高程测量等方法测定。

1）平整为水平场地

如图1.105所示，某地形图比例尺为1∶500的30m×30m的场地，欲按照填、挖土石方量平衡的原则将该场地改造成水平场地。

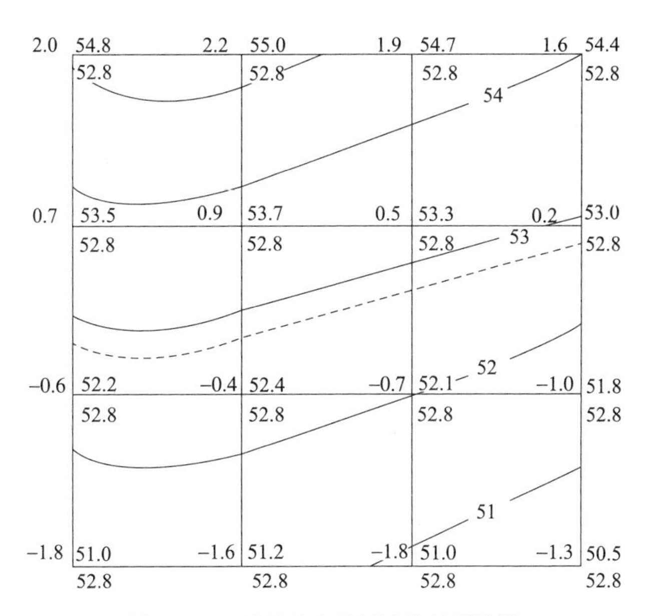

图 1.105　平整为水平场地的场平计算

（1）在地形图上绘制方格网

在地形图上拟建场地内绘制方格网。方格的大小取决于地形复杂程度、地形图比例尺大小以及土石方概算的精度要求。当采用 1∶500 地形图时，方格边长一般为 10m 或 20m，本例中取 10m。

如图 1.105 所示，方格网绘制完后，根据地形图上的等高线，用内插法求出每一方格顶点的地面高程，并注记在相应方格顶点的右上方。

（2）计算场平的设计高程

按照场地内挖、填土方量平衡的原则，确定场平的设计高程为各个方格平均标高的平均值。

如图 1.106 所示，先将每一方格顶点的高程加起来除以 4，得到各方格范围内的平均高程，再把每个方格的平均高程相加除以方格总数，即得到场平的设计高程，即：

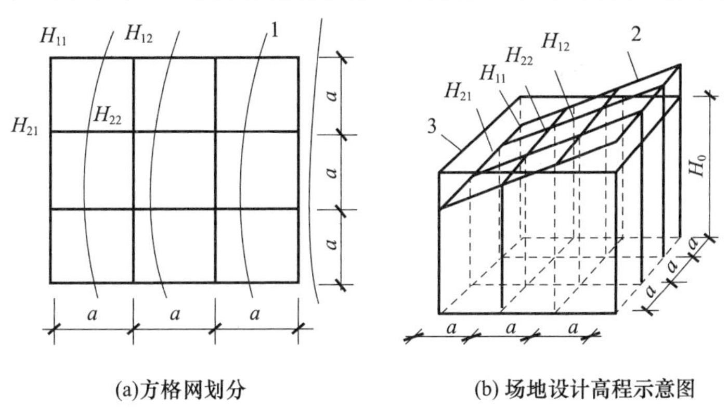

(a)方格网划分　　(b) 场地设计高程示意图

图 1.106　场地设计高程计算示意图

1—等高线；2—自然地面；3—场地设计高程平面

$$H_0=\frac{\sum (H_{11}+H_{12}+H_{21}+H_{22})}{4n} \tag{1.77}$$

式中　　H_0——所计算场平的设计高程（m）；

n——方格数；

H_{11}，…，H_{22}——任一方格的四个角点的高程（m）。

上式也可以改写为下式：

$$H_0=\frac{\sum H_1+2\sum H_2+3\sum H_3+4\sum H_4}{4n} \tag{1.78}$$

式中　H_1——一个方格仅有的角点，即外转角点；

H_2——二个方格共有的角点，即边线点；

H_3——三个方格共有的角点，即内转角点；

H_4——四个方格共有的角点，即方格网内部各方格顶点。

按照上式，图 1.105 的场平设计高程为：

$$H_0=[1\times(54.8+54.4+50.5+51.0)+2\times(51.0+54.7+53.0+51.8+51.0+51.2+52.2+53.5)+4\times(53.7+53.3+52.1+52.4)]\div(4\times9)=52.8(\mathrm{m})$$

设计高程也可以根据工程要求直接给出。

（3）绘制填、挖边界线

根据 $H_0=52.8$m，在地形图上用内插法绘出 52.8m 的等高线，该线就是填、挖边界线，如图 1.105 中的虚线。

（4）计算挖、填高度

根据设计高程和方格顶点的高程，可以计算出每一方格顶点的挖、填高度，即：

挖、填高度 ＝ 地面高程－设计高程

将图中各方格顶点的挖、填高度写于相应方格顶点的左上方。正号为挖深，负号为填高，如图 1.105 所示。

（5）计算挖、填方量

计算挖、填方量分两种情况：一种是整个方格都是填方或都是挖方，另一种是既有填方又有挖方，不同情况的挖、填土方量计算公式见表 1.26 所示。

表 1.26　方格网点挖、填计算公式

方格网点挖、填分布图式	挖、填计算公式	备注
	$V=\frac{1}{2}bc\frac{\sum h}{3}=\frac{bch_3}{6}$ 当 $b=c=a$ 时，$V=\frac{a^2h_3}{6}$	一点填方或挖方（三角形）

续表

方格网点挖、填分布图式	挖、填计算公式	备注
	$V_{-}=\frac{b+c}{2}a\frac{\sum h}{4}=\frac{a}{8}(b+c)(h_1+h_3)$ $V_{+}=\frac{d+e}{2}a\frac{\sum h}{4}=\frac{a}{8}(d+e)(h_2+h_4)$	二点填方或挖方（梯形）
	$V=\left(a_2-\frac{bc}{2}\right)\frac{\sum h}{5}$ $=\left(a_2-\frac{bc}{2}\right)\frac{h_1+h_2+h_3}{5}$	三点填方或挖方（五角形）
	$V=\frac{a_2}{4}\sum h=\frac{a_2}{4}(h_1+h_2+h_3+h_4)$	四点填方或挖方（正方形）

【例】　图1.105中第一列第一行的方格一全为挖方、第一列第二行的方格二既有填方又有挖方，下面以这两个方格为例说明计算方法。

① 方格一的挖方量为：

$$V_1=10^2\times[(2.0+2.2+0.9+0.7)\div 4]=145$$

② 方格二既有填方又有挖方，经等高线内插法计算，得到填、挖边界线和方格网边线相交，方格网的边长被分割后的具体数据如图1.107所示。

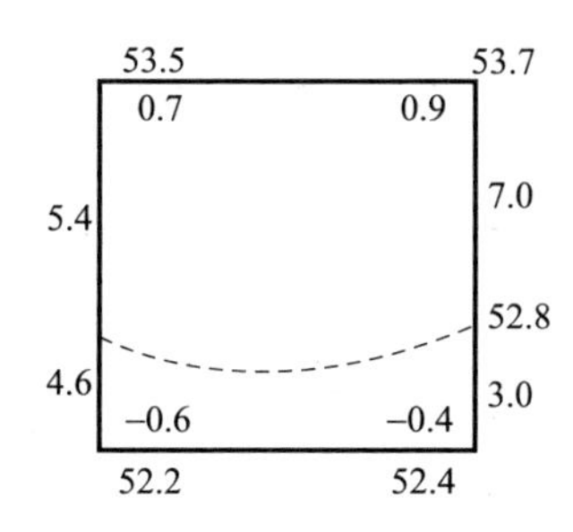

图1.107　等高线内插

方格二的挖方量为：

$$V_{2挖}=10\times(0.7+0.9)\times(5.4+7.0)\div 8=24.8$$

方格二的填方量为：

$$V_{2填}=10\times(0.6+0.4)\times(4.6+3.0)\div 8=9.5$$

最后根据各方格的填、挖方量分别汇总场地的总填、挖方量，总填、挖方量应基本平衡。

2）平整为倾斜场地

当地面坡度较大时，可以按照填、挖土石方量基本平衡的原则，将地形整理成具有一定坡度的倾斜面。如图 1.108 所示，欲将图中的地面平整为倾斜场地，坡度要求从北到南为−4%，方格网的边长为 20m。

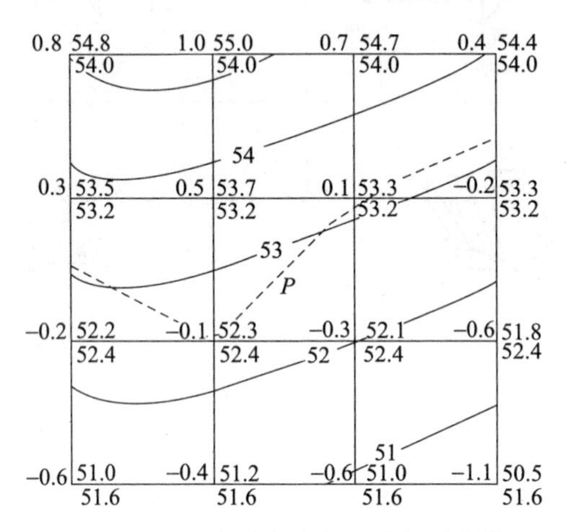

图 1.108　平整为倾斜场地的场平计算

（1）绘制方格网，求方格网点的地面高程

绘制边长为 10m 或 20m 的方格网，根据地形图上的等高线，用内插法求出每一方格顶点的地面高程，并注记在相应方格顶点的右上方。

（2）计算各方格网点的设计高程

与水平场地平整计算设计高程的方法相同，计算出场地的平均高程，作为场地重心的设计高程（图中场地重心 P 的设计高程 $H_{设}=52.8\text{m}$）。根据重心设计高程和设计坡度即可推算各网格点的设计高程。例如，最上一排各网格点的设计高程为 $52.8+30\times4\%=54.0\text{m}$，依此可求得其他各排方格网点的设计高程。设计高程标注在相应点位的右下角。

（3）计算各方格网点的填挖深度

根据设计高程和方格顶点的高程，可以计算出每一方格顶点的挖、填深度。

（4）确定填挖边界线

用相邻方格网点的填挖深度确定零点位置，将其相连即为填挖分界线，如图 1.108 中的虚线。

（5）计算填挖方量

与水平场地平整计算填、挖方量的方法相同，计算出各方格的填、挖方量并汇总出场地的总填、挖方量。

2. 断面法

断面法是在施工场地的范围内，以一定的间隔绘出断面图，求出各断面上由设计高程线与地面线围成的填、挖面积，然后计算相邻断面间的土方量，最后求和即为总土方量。

断面法适用于地形起伏变化较大地区，或者地形狭长、挖填深度较大又不规则的地区采用，计算方法较为简单方便，但精度较低。其计算步骤和方法如下：

（1）划分横截面

根据地形图、竖向布置或现场测绘，将要计算的场地划分横截面 AA'、BB'、CC'……（图 1.109），使截面尽量垂直于等高线或主要建筑物的边长，各截面间的间距可以不等，一般可用 10m 或 20m，在平坦地区可大些，但最大不超过 100m。

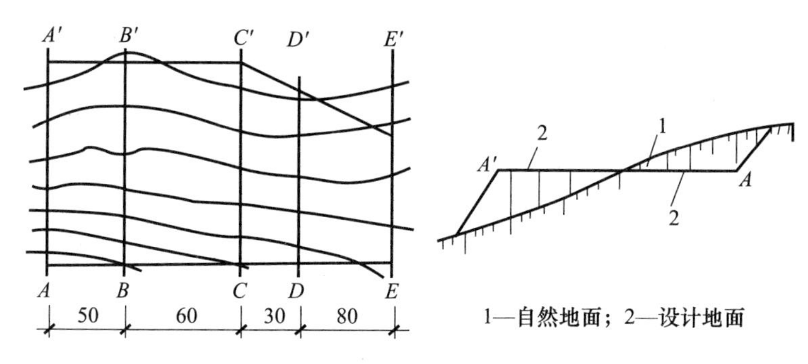

图 1.109 画断面示意图

（2）画横截面图形

按比例绘制每个横截面的自然地面和设计地面的轮廓线。自然地面轮廓线与设计地面轮廓线之间的面积，即为挖方或填方的截面。

（3）计算横截面面积

按表 1.27 横截面面积计算公式，计算每个截面的挖方或填方截面面积。

表 1.27 常用截断面计算公式

横断面图式	断面面积计算公式
h；1∶n；b	$A=h\ (b+nb)$
1∶n；1∶n；b	$A=h\left[b+\frac{h\ (m+n)}{2}\right]$
h_1；1∶n；1∶n；h_2；b	$A=b\frac{h_1+h_2}{2}+nh_1h_2$

续表

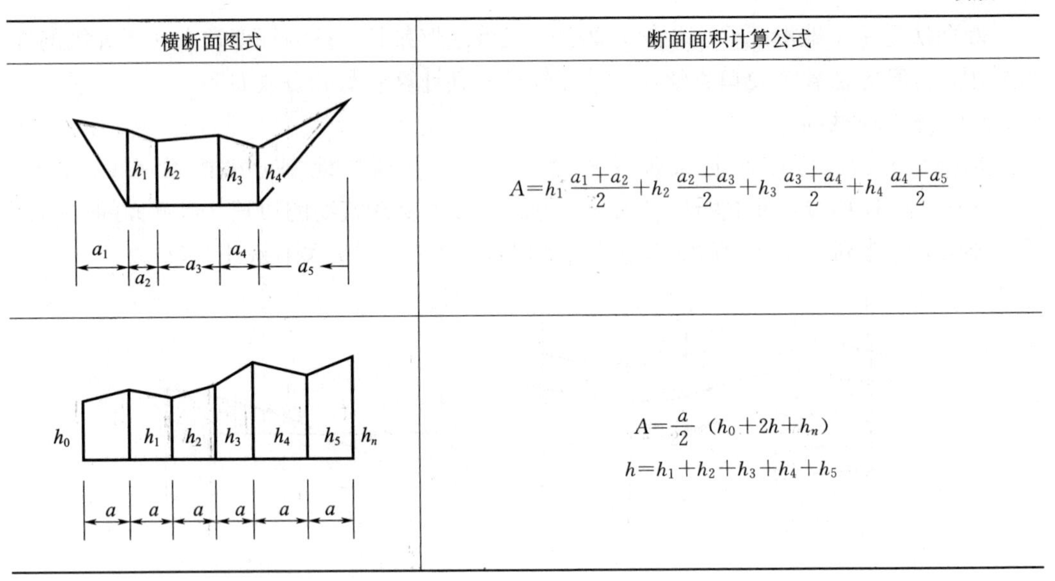

横断面图式	断面面积计算公式
（图）	$A=h_1\frac{a_1+a_2}{2}+h_2\frac{a_2+a_3}{2}+h_3\frac{a_3+a_4}{2}+h_4\frac{a_4+a_5}{2}$
（图）	$A=\frac{a}{2}(h_0+2h+h_n)$ $h=h_1+h_2+h_3+h_4+h_5$

（4）计算土方量

根据横截面面积按下式计算土方量：

$$V=\frac{A_1+A_2}{2}\times s \tag{1.79}$$

式中 V——相邻两横截面间的土方量；

A_1、A_2——相邻两横截面的挖或填的截面面积；

s——相邻两横截面的间距。

（5）汇总土方量

按表 1.28 格式汇总全部土方量。

表 1.28　土方量汇总表

截面	填方面积（m²）	挖方面积（m²）	截面间距（m）	填方体积（m³）	挖方体积（m³）
A-A′	8.26	3.08	100	308	826
B-B′	6.13	4.06	100	406	613
C-C′	2.28	1.28	50	264	114
合计				978	1553

3. 等高线法

等高线法是先量出各等高线所包围的面积，相邻两等高线包围的面积平均值乘等高距就等于两等高线间的体积，即土方量，其实质是圆台体积的计算。当地面起伏比较大且坡度变化较多时，尤其坎比较多时，用方格网法计算的土方量的误差就比较大，这时采用等高线法。

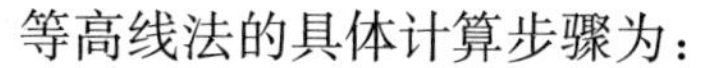

等高线法的具体计算步骤为：

(1) 计算每一整等高线围成的面积

可以采用几何图形法、求积仪法、解析法等方法计算等高线围成的闭合线的面积。数字成图软件可以直接选择和计算封闭的等高线所围成的闭合区域面积，如果没有闭合，需要用复合线将等高线所围成的区域连线成闭合区域。

(2) 计算每相邻两等高线间的体积

相邻两等高线间的体积按圆台体积计算，即：

$$V=(S_{上}+S_{下})\times h/2 \tag{1.80}$$

式中 $S_{上}$——上底面积；

$S_{下}$——下底面积；

h——上、下底对应的高差。

(3) 计算场地平均高程

场地平均高程为场地最低高程加上填土的高度，即：

$$H_{平均}=H_{最低}+H_{填土}=H_{最低}+V/A \tag{1.81}$$

式中 V——场地最低高程以上的总挖土方量；

A——场地总面积。

如图 1.110 (a) 是场地等高线图，图 1.110 (b) 是 AA 方向的断面图，场地内最低点高程 $H_{最低}$为 51.20m，场地总面积 A 为 $120000m^2$，根据图上的等高线计算场地平均地面高程。

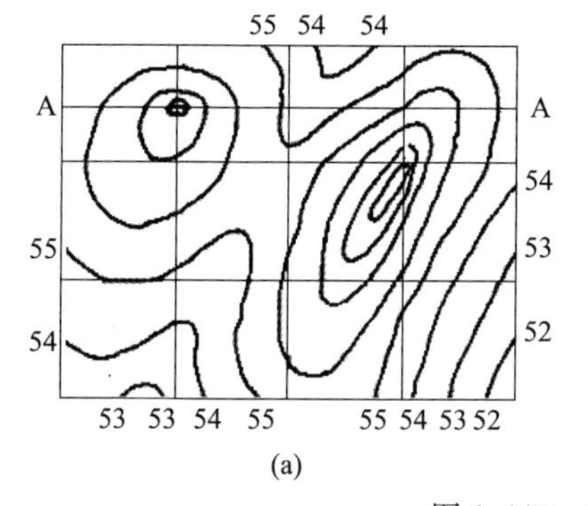

(a)

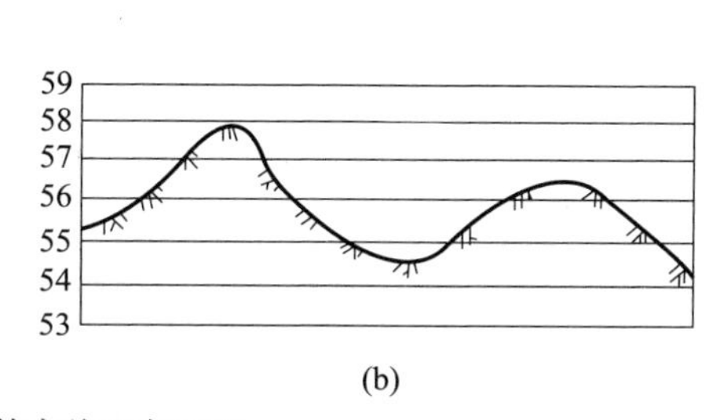

(b)

图 1.110 等高线和断面图

将图上等高线围起的面积列入表 1.29，汇总最低点以上的挖土方量为 $V=497760m^3$，则场地的平均高程为：

$$H_{平均}=H_{最低}+H_{填土}=H_{最低}+V/A=51.20+497760/120000=55.35\ (m)$$

(4) 绘制挖、填边界线

根据计算的平均高程，在图上用等高线内插法绘出平均高程的等高线，该线是挖、填边界线。

(5) 计算土方量

根据挖、填边界线按步骤 (1) (2) 计算土方平衡时的挖、填土方量。

如果设计高程和平均高程不一致，则按步骤 (4) 绘制出设计高程的等高线，按步骤 (1) (2) 计算挖、填土方量。

表 1.29　等高线所围的面积

高程（m）	面积（m²）	平均面积（m²）	高差（m）	方量（m³）
51.2	120000			
		119200	0.8	95360
52	118400			
		116200	1	116200
53	114000			
		109700	1	109700
54	105400			
		91200	1	91200
55	7700			
		55500	1	55500
56	13000 21000			
		21600	1	21600
57	2700 6500			
		6300	1	6300
58	300 3100			
		1900	1	1900
59	700			
总计				497760

习　题

1-1　施工测量准备的工作包括哪些内容？

1-2　建筑施工图在测量中有哪些应用？

1-3　测量起算控制点检核包括哪两类？各类检核的方法有哪些？

1-4　经纬仪和水准仪的日常检核内容有哪些？

1-5　水准仪的使用包括哪几个步骤？

1-6　水准路线分为几类？各类应满足什么几何条件？

1-7　水准测量观测数据已填入表 1.30 中，试计算各测站的高差和 B 点的高程。

表 1.30　水准测量观测记录

测站	测点	水准尺读数		高差（m）	高程（m）
		后视	前视		
1	BM_A	1785			100.000
	TP_1		1312		
2	TP_1	1570			
	TP_2		1617		
3	TP_2	1567			
	TP_3		1418		
4	TP_3	1784			
	B		1503		

1-8　经纬仪的操作包括哪几个步骤？

1-9　测回法测量水平角、竖直角的观测步骤是什么？完成表 1.31、表 1.32 的计算。

表 1.31　测回法观测手簿

测回	竖盘位置	目标	水平度盘读数 (° ′ ″)	半测回角值 (° ′ ″)	一测回角值 (° ′ ″)	各测回平均值 (° ′ ″)
1	左	1	0 00 06			
		2	78 48 54			
	右	1	180 00 36			
		2	258 49 06			
2	左	1	90 00 12			
		2	168 49 06			
	右	1	270 00 30			
		2	348 49 12			

表 1.32　竖直角观测手簿

测站	目标	盘位	竖盘读数 (° ′ ″)	半测回竖直角 (° ′ ″)	指标差 (″)	一测回竖直角 (° ′ ″)
A	*B*	左	95 12 24			
		右	264 47 30			
	C	左	78 48 36			
		右	281 11 54			

1-10　全站仪的精度指标有哪些？是如何划分等级的？

1-11　全站仪距离测量时应设置哪些参数？距离测量的操作步骤是什么？

1-12　什么是高斯投影？高斯平面直角坐标是如何定义的？

1-13　什么是坐标方位角？什么是正反坐标方位角？

1-14　什么是绝对高程、相对高程、高差？

1-15　如图 1.111 所示，已知 $\alpha_{12}=45°30'$，2、3 点上观测的水平角值如图中所示，试推算 2—3、3—4 边的方位角。

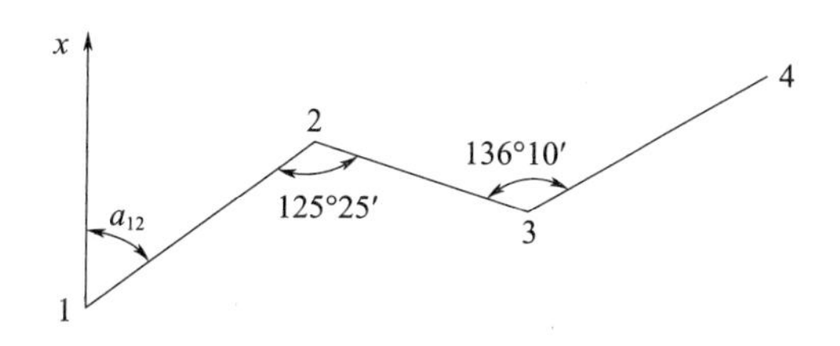

图 1.111　坐标方位角的推算

1-16　已知 $x_A=123.631\text{m}$，$y_A=330.215\text{m}$，$\alpha_{AB}=145°35'25''$，$D_{AB}=130.265\text{m}$。试求 *B* 点的坐标。

1-17　已知 $x_A=323.646\text{m}$，$y_A=369.361\text{m}$；$x_B=503.442\text{m}$，$y_B=220.731\text{m}$。试计算 α_{AB} 及 D_{AB}。

1-18　已知 A 点的高程为 $H_A=21.246\text{m}$，将经纬仪安置在 A 点，量得仪器高 $i=1.253\text{m}$，盘左照准立在 B 点的水准尺，下丝、上丝、中丝读数分别为 1.460m、0.640m 和 1.050m，竖盘读数为 $86°36'49''$，试求 AB 的水平距离 D_{AB} 和 B 点的高程 H_B。

1-19　施工场地准备测量的内容有哪些?

1-20　地形图的组成要素有哪些?

2　场区控制测量

控制测量是建立具有控制全局、限制测量误差累积的控制点的过程，包括平面控制测量、高程控制测量。控制测量网的布设遵循先整体后局部、分级控制的原则。

场区控制测量是建立整个场区控制网的过程。场区控制网是整个施工场地的首级控制网，为施工场地内所有建筑物的定位、确定相互位置关系提供基本依据。大中型的施工项目应先建立场区控制网，再建立建筑物施工控制网；小规模或精度高的独立施工项目，可直接布设建筑物施工控制网。

2.1　场区平面控制测量

2.1.1　精度设计

(1) 场区平面控制网相对于勘察阶段控制点的定位精度不应大于5cm。

场区控制网相对于勘察阶段控制点的定位精度，不应大于常用的施工图设计所采用的1∶500比例尺地图的比例尺精度，即 $0.1M=0.1\times500\text{mm}=5\text{cm}$。

(2) 场区平面控制网应根据工程规范和工程需要分级布设。

对于建筑场地大于 1km^2 的工程项目或重要工业区，应建立一级及以上精度等级的平面控制网；对于场地面积小于 1km^2 的工程项目或一般建筑区，可建立二级精度的平面控制网；对测量精度有特殊要求的工程，控制网精度应符合设计要求。

场区平面控制网精度的确定思路和方法如下：

一般性建筑物定位的点位中误差受场区控制点的起算误差和放样误差的共同影响，即：

$$m_{点}^2=m_{控}^2+m_{放}^2 \tag{2.1}$$

在设计场区控制网时，应使控制点的误差对于放样误差小到忽略不计，即：

$$m_{点}=\sqrt{m_{控}^2+m_{放}^2}=m_{放}\sqrt{1+\frac{m_{控}^2}{m_{放}^2}} \tag{2.2}$$

按泰勒级数展开式，有：

$$m_{点}=m_{放}\sqrt{1+\frac{m_{控}^2}{m_{放}^2}}=m_{放}\left(1+\frac{m_{控}^2}{2m_{放}^2}\right) \tag{2.3}$$

根据微小误差忽略准则，取 $\frac{m_{控}^2}{2m_{放}^2}=0.1$，则：

$$m_{控}\approx0.4m_{点} \tag{2.4}$$

如果

$$m_{控}^2=m_s^2+\frac{m_\beta^2}{\rho^2}S^2 \tag{2.5}$$

在边角等影响条件下，即：

$$m_s^2=\frac{m_\beta^2}{\rho^2}S^2 \tag{2.6}$$

有

$$m_{控}^2=2m_s^2 \tag{2.7}$$

或

$$m_s=m_{控}/\sqrt{2} \tag{2.8}$$

假如控制点间的平均距离为 S，则测距的相对中误差为：

$$m_s/S=1/\ (S/m_s) \tag{2.9}$$

测角中误差为：

$$m_\beta=m_{控}\ \rho/\sqrt{2}S \tag{2.10}$$

【例】 某单层跨距为 50m 的钢结构工程中，独立基础轴线位移允许偏差为±10mm，钢结构主体安装与定位轴线允许偏差为±5mm，则钢结构吊装的建筑结构允许误差 Δ 应为：

$$\Delta=\pm\sqrt{10^2+5^2}\approx 11\ (\text{mm})$$

取主轴线各点位在 50m 内误差不大于±11mm 的要求，作为施工的建筑结构定位允许误差，即：

$$\Delta=11\text{mm}/50\times 1000\text{mm}\approx 1/5000$$

建筑结构的允许误差为极限误差，建筑结构定位的中误差 m 为建筑结构定位允许误差Δ 的一半，即：

$$m_{点}=\Delta/2=1/10000$$

根据上述推导，控制点误差 $m_{控}$ 为：

$$m_{控}\approx 0.4m_{点}=0.4\times 1/10000=1/25000$$

2.1.2 网型设计

场区平面控制网可根据场区的地形条件和建构筑物总体布置情况，布设成建筑方格网、导线网或三角形网等形式。

(1) 如图 2.1 所示，由矩形或正方形的格网组成的且与拟建的建构筑物设计轴线平行的施工控制网，称为建筑方格网。

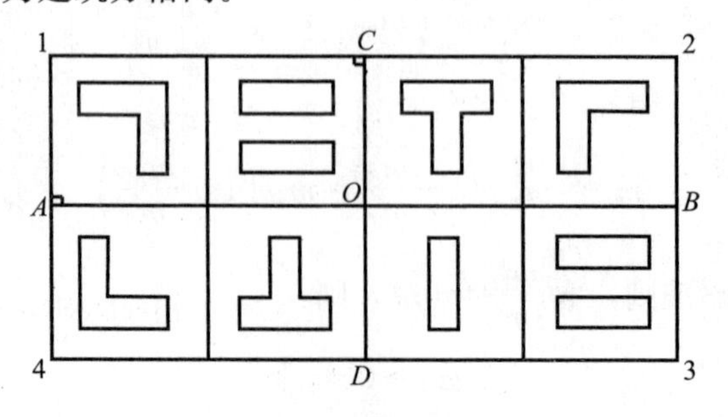

图 2.1 建筑方格网

（2）如图 2.2 所示，将相邻控制点连成直线所构成的折线称为导线，其中的控制点称为导线点，折线边称为导线边，导线边形成的角称为转折角。

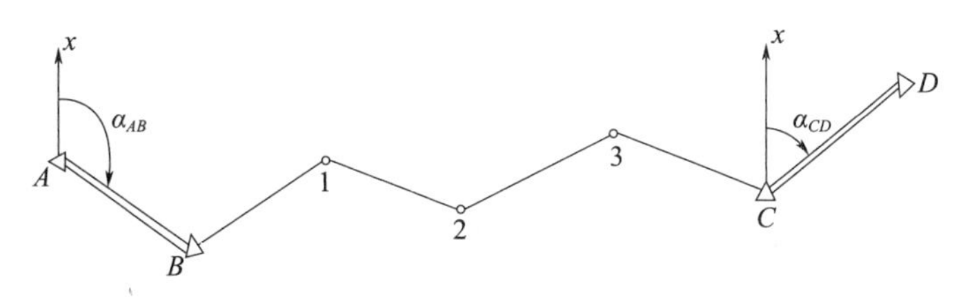

图 2.2　导线

（3）如图 2.3 所示，把点位按三角形的形式连接起来就构成三角形网。如果只测边而不测角即为测边网，如果只测角而不测边即为测角网，部分测边、部分测角或边角全测即为边角网。

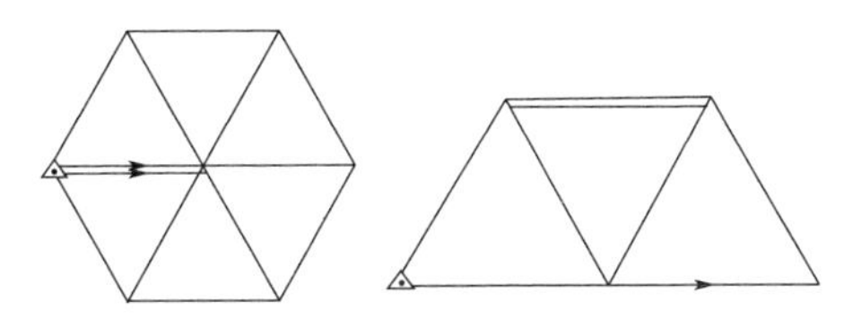

图 2.3　三角形网

2.1.3　选点埋石

平面控制网点位应选在通视良好、土质坚硬、便于施测和长期保存的地点，并应埋设标石，必要时标石顶面宜加装强制对中装置。标石的埋设深度应根据地质条件、冻深和场地设计标高确定。

标石可以埋设水泥桩或石桩，桩顶刻凿十字或嵌入锯有十字的钢筋作标志。二、三、四等和一、二级标石埋设如图 2.4（a）所示。也可以在地面打入钢钉，做好标记，如图 2.4（b）所示。

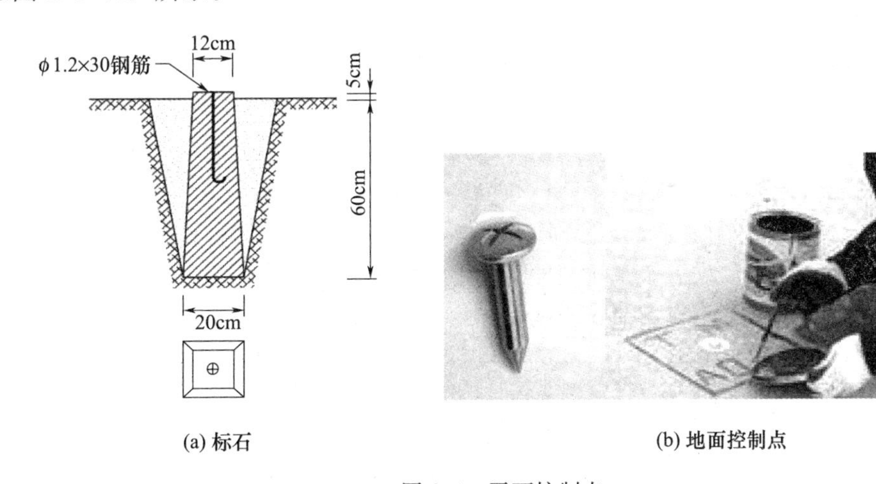

(a) 标石　　(b) 地面控制点

图 2.4　平面控制点

平面控制点应按顺序编号。为便于寻找，可根据控制点与周围地物的相对关系绘制点之记或点位略图，如图 2.5 所示。

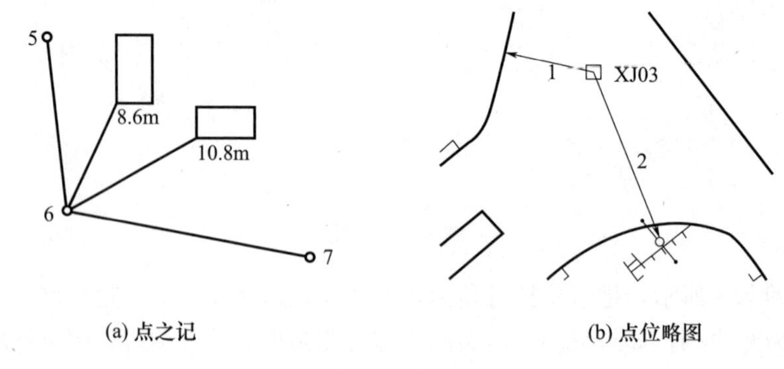

(a) 点之记　　(b) 点位略图

图 2.5　点之记

2.1.4　外业观测

1. 建筑方格网测量

建筑方格网测量是测定格网的边长和角度，再根据起始数据，求出各方格网点的坐标，从而确定各格网点平面位置的测量方法。

1）技术要求

建筑方格网测量的主要技术要求见表 2.1。

表 2.1　建筑方格网测量的主要技术要求

等级	边长（m）	测角中误差（″）	测距相对中误差
一级	100～300	5	≤1/30000
二级	100～300	8	≤1/20000

2）布设要求

建筑方格网是根据设计总平面图中建筑物、构筑物、道路和各种管线的位置，结合现场的地形情况布设的。

（1）建筑方格网的布设应与建构筑物的设计轴线平行，并应构成正方形或矩形格网。

（2）当场区面积较大时应分级布设。首级可采用田字形、口字型或十字形，然后再分区加密；若场区面积较小则可以一次性布设全面网。

（3）方格网点位应布设在建筑物周围、次要通道或空隙处，不要落在开挖的基础上、埋设管线范围内或太靠近建筑物，便于长期保存。

（4）每个方格网的大小根据建筑物的实际情况决定，边长一般为 100～300m。坐标数值最好是 5m 或 10m 的整数倍。

3）测设方法

建筑方格网的测设可采用布网法或轴线法。

（1）布网法

布网法是直接在测区布设全面网，适用于小型建筑场地和开阔地区。布网法的测设方法有两种：

方法一：如图 2.6（a）所示，不测设纵横主轴线，利用全站仪坐标法先测设一条长边 1—3，然后在其垂直方向上测设 4～9 点，当方格网点在地面标定后，测设方格网点的边长和增测方格网的对角线，经统一平差后求得各点的坐标平差值，然后改正至设计坐标位置。

方法二：如图 2.6（b）所示，只布设纵横轴线作为控制，不构成方格网型。

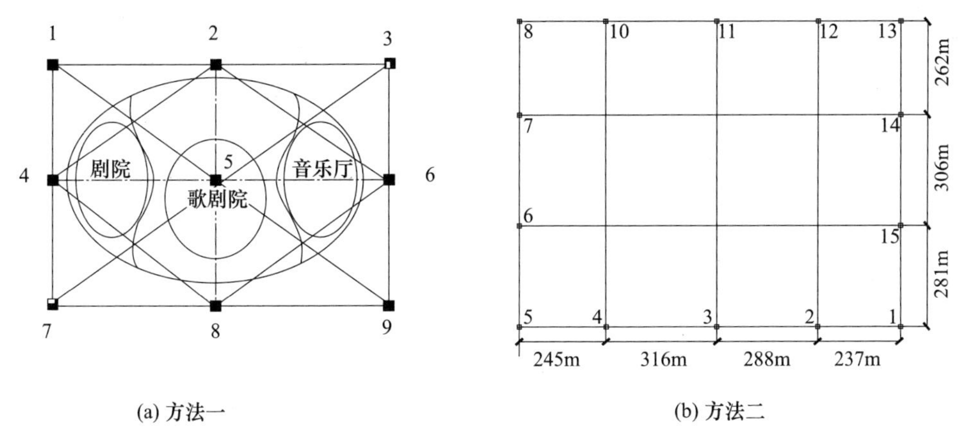

(a) 方法一　　(b) 方法二

图 2.6 布网法

① 方格网的边长宜采用电磁波测距仪器往返观测各 1 测回，并应进行温度、气压和仪器加、乘常数改正。测距的主要技术要求见表 2.2。

表 2.2 测距的主要技术要求

等级	仪器精度等级	每边测回数	一测回读数较差	单程各测回较差（mm）	往返测距较差（mm）
		往	返		
一级	10mm 级	2	—	≤10	≤15
二级	10mm 级	1	—	≤10	≤15

注：1. 一测回是指盘左、盘右各照准目标 1 次，共读数 2 次的过程；
2. 特殊情况下，边长测距可采取不同时间段测量代替往返观测。

② 方格网的水平角观测可采用方向观测法，其主要技术要求见表 2.3。

表 2.3 水平角观测的主要技术要求

等级	仪器精度等级	测角中误差（″）	测回数	半测回归零差（″）	一测回 2C 值互差（″）	各测回方向值互差（″）
Ⅰ级	1″级	5	2	≤6	≤9	≤6
	2″级	5	3	≤8	≤13	≤9
Ⅱ级	2″级	8	2	≤12	≤18	≤12
	6″级	8	4	≤18	—	≤24

注：1. 全站仪、电子经纬仪水平角观测时不受光学测微器两次重合读数之差指标的限制；
2. 当观测方向的垂直角超过±3°的范围时，该方向 2C 互差可按相邻测回同方向进行比较，其值应满足测回内 2C 互差的限值。

方格网点测设以后，应进行角度和边长的复测检查。角度偏差值，一级方格网不应大于 90°±8″，二级方格网不应大于 90°±12″；距离偏差值，一级方格网不应大于 $D/25000$，二级方格网不应大于 $D/15000$（D 为方格网的边长）。

主方格网点测设以后，根据实际需要加密方格网点时，可以采用直线内分法和方向线交会法。

① 直线内分法

如图 2.7（a）所示，A、B、C、D 为已建立的主方格网点。接着沿主方格网点精确量距，边量距边放样轴线上的方格点 1、2、3、4。然后在 1、2 点分别瞄准 3、4 点，继续量距放样方格点，直至放样的方格点围成田字形。

② 方向线交会法

如图 2.7（b）所示，当用方向线交会法加密时，仪器架于 A、B、C……点上，两条对角线方向相交即得一个加密方格点。从而可得 a、b、c……点，然后在 $aBbF$ 小方格内再用两对角线方向交会加密 1、2、3……方格点，这样就可以把方格点加密。

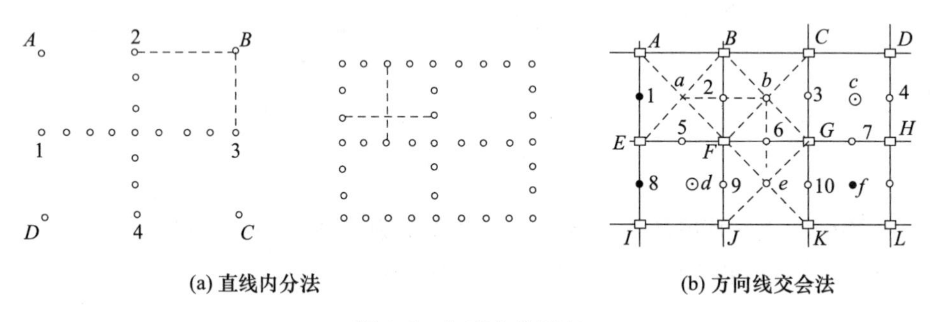

(a) 直线内分法　　(b) 方向线交会法

图 2.7　加密方格网点

(2) 轴线法

如图 2.8 所示，轴线法是先布设建筑方格网的十字形主轴线点，再测设主方格网点，最后加密其他方格点。

当采用轴线法时，长轴线的定位点不得少于 3 个，点位偏离直线应在 180°±5″以内，短轴线应根据长轴线定向，其直角偏差应在 90°±5″以内。水平角观测的测角中误差不应大于 2.5″。

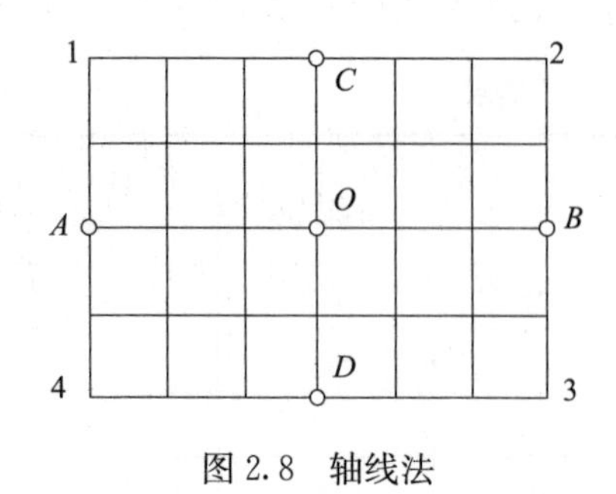

图 2.8　轴线法

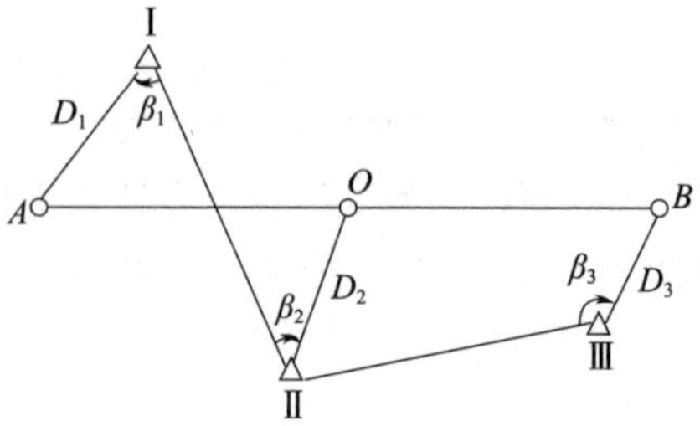

图 2.9　主轴线的测设

① 主轴线的测设

主轴线的定位点不少于 3 个，设在场区的中部，与主建筑物的轴线平行。如图 2.9

所示，Ⅰ、Ⅱ、Ⅲ三点为附近已有的控制点，其坐标已知；A、O、B 为设计的主轴线三主点，其设计坐标亦为已知。则根据三个控制点Ⅰ、Ⅱ、Ⅲ，采用全站仪坐标法即可测设出 A、O、B 三个主点。

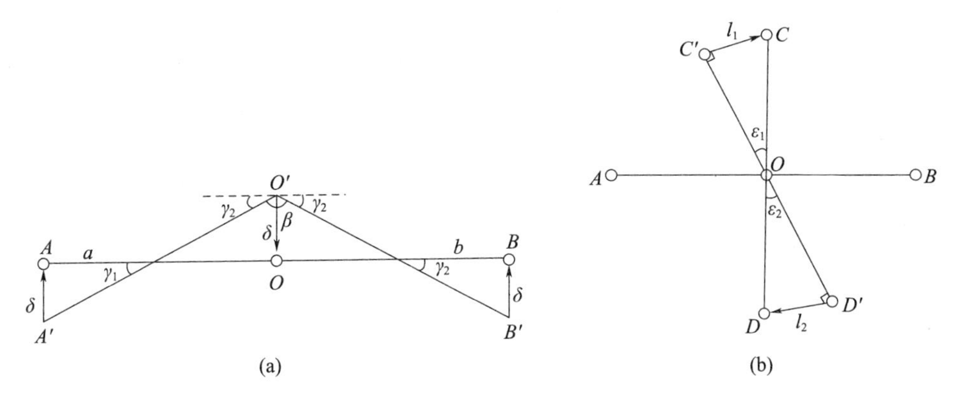

图 2.10　主轴点的测设

如图 2.10（a）所示，当三个主点的概略位置在地面上标定后，要检查三个主点是否在同一条直线上。安置经纬仪于 O'点，精确测量$\angle A'O'B'$的角值β。

如果β值与 180°之差大于±5″，则需要对点位进行调整。调整三个主点的位置时，应先根据三个主点间的距离 a 和 b 按下列公式计算调整值δ，即：

$$\delta=\frac{ab}{a+b}\left(90^\circ-\frac{\beta}{2}\right)\frac{1}{\rho''} \tag{2.11}$$

将 A'、O'、B'三点沿与轴线垂直的方向各移动一个改正值δ，但 O'点与 A'、B'两点移动的方向相反，移动后即得 A、O、B 三点。

为了保证测设精度，应再次检测$\angle AOB$，如果检测结果与 180°之差仍超过限差时，需再进行调整；直到误差在容许值以内时为止。

除了调整角度之外，还须调整三个主点间的距离。先丈量检查 AO 及 OB 间的距离，若距离偏差值超限，则以 O 点为准，按设计长度调整 A、B 两点的位置。调整需反复进行，直到距离偏差值，一级方格网不应大于 $D/25000$，二级方格网不应大于 $D/15000$（D 为方格网的边长）。

当主轴线的三个主点 A、O、B 标定后，就可测设与 AOB 主轴线垂直的另一条主轴线 COD。

如图 2.10（b）所示，将经纬仪安置在 O 点，照准 A 点，分别向左、向右测设 90°角；并根据 CO 和 OD 间的距离，在地面上标定出 C、D 两点的概略位置 C'、D'；然后分别精确测出$\angle AOC'$及$\angle AOD'$的角值，其角值与 90°之差 ε_1、ε_2超限，则按下式求改正数 l_1、l_2：

$$l=L\cdot\frac{\varepsilon''}{\rho''} \tag{2.12}$$

式中　L——OC'或 OD'的距离；

ε_1、ε_2——单位为秒。

根据改正数，将 C'、D'两点分别沿 OC'、OD'的垂直方向移动 l_1、l_2，得 C、D 两

点。然后检测∠COD，其值与180°之差应在限差±5″之内，否则需要再次进行调整。

距离的检测和调整同上述主轴线AOB的方法。

② 主方格网的测设

主轴线确定后，进行主方格网的测设。主方格网的测设，采用角度交会法定出格网点。如图2.8所示，用两台经纬仪分别安置在A、C两点上，均以O点为起始方向，分别向左、向右精确地测设出90°角，在测设方向上交会1点，交点1的位置确定后，进行交角的检测和调整。同法测设出主方格网点2、3、4，这样就构成了“田”字形的主方格网。

③ 主方格网测定后，以主方格网点为基础，加密其余各方格网点，方法同布网法，可以采用直线内分法和方向线交会法。

2. 导线测量

导线测量是依次测定各导线边的长度和各转折角值，再根据起始数据，求出各导线点的坐标，从而确定各点平面位置的测量方法。

1）技术要求

导线测量的主要技术要求见表2.4。

表2.4 导线测量的主要技术要求

等级	导线长度（km）	平均边长（km）	测角中误差（″）	测距相对中误差	测回数		方位角闭合差（″）	导线全长相对闭合差
					2″级	6″级		
一级	2.0	100～300	5	1/30000	2	4	$10\sqrt{n}$	≤1/15000
二级	1.0	100～200	8	1/14000	1	3	$16\sqrt{n}$	≤1/10000

注：1. n为测站数；
2. 当导线边长小于100m时，边长相对中误差计算按100m推算；
3. 导线相邻边长之比不宜超过1∶3。

2）布设形式及要求

（1）布设形式

按照不同的情况和要求，导线分为单一导线和导线网。单一导线的导线点上观测的导线边最多为2条，可布设为附合导线、闭合导线和支导线三种形式，如图2.11所示。

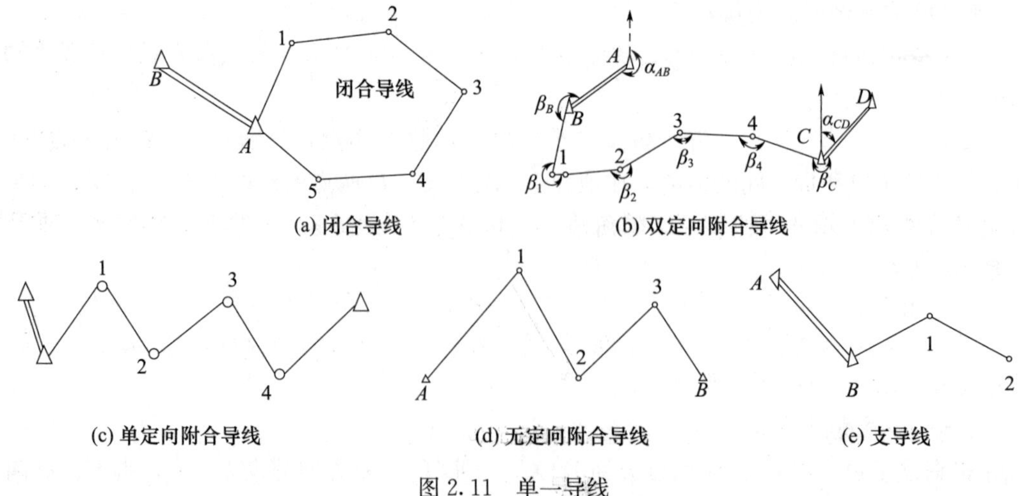

图2.11 单一导线

① 闭合导线

如图 2.11（a）所示，从一点出发，最后仍旧回到这一点，组成一闭合多边形的导线称为闭合导线。闭合导线附近若有高级控制点如三角点或导线点，应尽量使导线与高级控制点连接，连接可获得起算数据，使之与高级控制点连成统一的整体。

② 附合导线

如图 2.11（b）、（c）、（d）所示，在两个已知点之间布设的导线称为附合导线。附合导线根据附合条件分为双定向附合导线、单定向附合导线和无定向附合导线。

Ⅰ. 双定向附合导线

如图 2.11（b）所示，两端有两个已知点，且有两个已知方向的导线称为双定向附合导线。

Ⅱ. 单定向附合导线

如图 2.11（c）所示，两端有两个已知点，且一端有一个已知方向的导线称为单定向附合导线。

Ⅲ. 无定向附合导线

如图 2.11（d）所示，两端仅有两个已知点，无已知方向的导线称为无定向附合导线。

③ 支导线

如图 2.11（e）所示，从一已知控制点出发，既不闭合也不附合于已知控制点上的导线称为支导线。支导线没有校核条件，差错不易发现，故应控制支导线点的个数。

导线网中至少有一个导线点上观测的导线边为 3 条及以上，导线网是具有结点或多个闭合环的单一导线组成的网状结构，如图 2.12 所示。

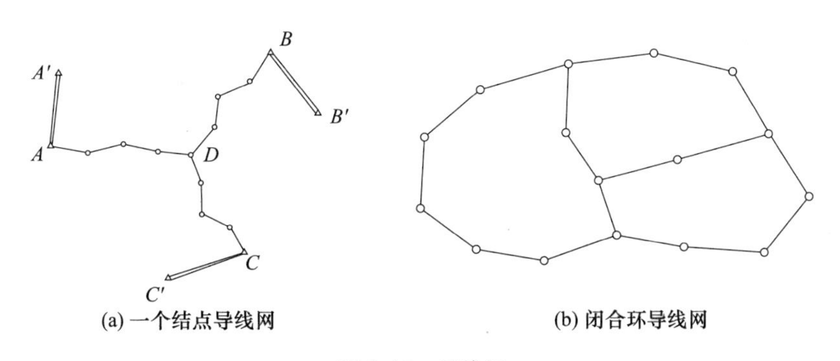

图 2.12 导线网

（2）布设要求

① 点位应选在土质坚实、稳固可靠、便于保存的地方，视野应相对开阔，便于加密、扩展和寻找。

② 相邻点之间应通视良好，其视线距障碍物的距离以不受旁折光的影响为原则。

③ 当采用电磁波测距时，相邻点之间视线应避开烟囱、散热塔、散热池等发热体及强电磁场。

④ 相邻两点之间的视线倾角不宜过大，边长应大致相等，相邻边长之比不宜超过 1∶3。

3）外业观测

导线外业观测主要为转折角观测和导线边观测，简称测角量边。

（1）转折角观测

导线转折角有左、右角之分，以导线为界，在导线前进方向左侧的角称为左角，在导线前进方向右侧的角称为右角。在附合导线中一般观测左角，对于闭合导线，以观测导线边形成的多边形的内角为宜。水平角观测宜采用方向观测法，一级导线观测 2 个测回，二级导线观测 1 个测回。

（2）导线边观测

导线边观测常采用Ⅱ级及以上的光电测距仪测量，一级导线观测 2 个测回，二级导线观测 1 个测回。

3. 三角形网测量

点和点连接构成三角形并形成网状就是三角形网。根据已知起算数据和观测的边长、角度，就可以推算出未知点的坐标。

（1）技术要求

三角形网测量的主要技术要求见表 2.5。

表 2.5　三角形网测量的主要技术要求

等级	平均边长（km）	测角中误差（″）	测边相对中误差	最弱边边长相对中误差	测回数	三角形最大闭合差（″）
					2″级	
一级	300～500	5	≤1/40000	≤1/ 20000	3	15
二级	100～300	10	≤1/20000	≤1/ 10000	2	24

（2）布设形式

三角形网有测边网、测角网、边角网三种形式，如图 2.13 所示。

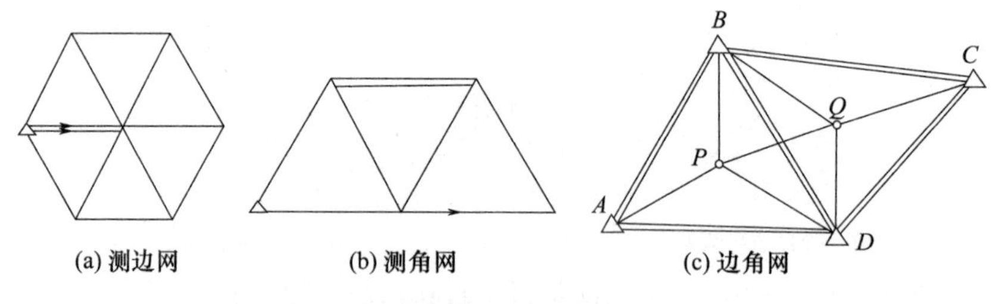

图 2.13　三角形网

（3）外业观测

三角形网外业观测值为水平角度和测距边的边长测量。三角形网中的角度宜全部采用方向观测法观测，边长可根据实际情况选择观测或全部观测。测角量边的技术要求可参考导线测量。

2.1.5　内业计算

建筑方格网的平差和导线网、三角形网的内业计算都比较复杂，需要用专业的测量平差软件来计算，如清华山维 NASEW、南方平差易 PA、武大科傻 COWSA 等。单一导线的布设形式灵活，应用广泛，且几何条件比较简单，可以用计算器辅助计算得到导线点的坐标，下面予以重点介绍。

以下图 2.14 所示的双定向附合导线为例，说明导线测量的内业计算步骤和内容。

1）角度闭合差的计算与调整

在图 2.14 所示的附合导线中，A、B、C、D 为已知点，α_{AB} 和 α_{CD} 分别为起边和终边的已知方位角。根据方位角推算公式，有：

$$\alpha_{12}=\alpha_{AB}-180°+\beta_1$$

$$\alpha_{23}=\alpha_{12}-180°+\beta_2=\alpha_{AB}-2\times180°+(\beta_1+\beta_2)$$

……

$$\alpha'_{CD}=\alpha_{(n\cdot1)n}-180°+\beta_n=\alpha_{AB}-n\times180°+(\beta_1+\beta_2+\cdots+\beta_n)$$

即

$$\alpha'_{CD}=\alpha_{AB}+\sum\beta_{测}-n\times180° \tag{2.13}$$

式中 n——观测转折角的个数；

$\sum\beta_{测}$——观测角的总和；

α'_{CD}——推得的 CD 边（终边）的方位角。

应当注意，当推算出的 α'_{CD} 超过 360°时，应减去一个或若干个 360°。

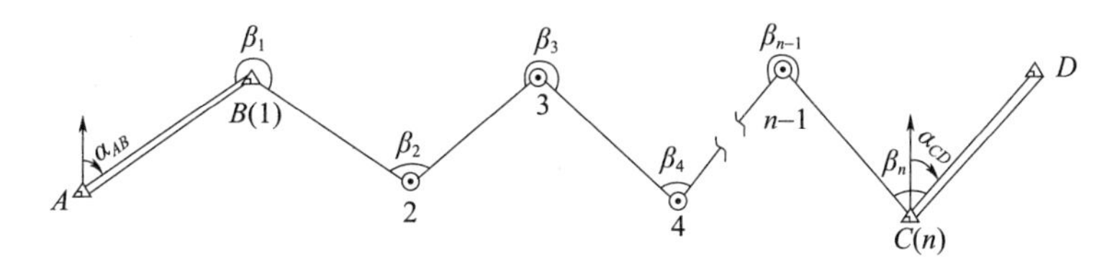

图 2.14 附合导线的计算

由于测量误差的存在，使得推得的 CD 边的方位角 α'_{CD} 不等于其已知方位角 α_{CD}。两者的差值即角度闭合差 f_β，即：

$$f_\beta=\alpha'_{CD}-\alpha_{CD} \tag{2.14}$$

将 f_β 以相反的符号平均分配到各观测角中，各角的改正数为：

$$V_\beta=-f_\beta/n \tag{2.15}$$

将各角观测值加上相应的改正数即得各角改正后的角值，即：

$$\hat{\beta}_i=\beta_i+V_\beta=\beta_i-f_\beta/n \tag{2.16}$$

2）各边坐标方位角的推算

根据起始方位角及改正后的转折角，依次推算各边的坐标方位角，即：

$$\alpha_{前}=\alpha_{后}-180°+\beta_{左} \tag{2.17}$$

由于坐标方位角为 0°～360°，所以算出的方位角值大于 360°时，应减去 360°。

3）计算各边的坐标增量

$$\left.\begin{aligned}\Delta x_{AB}=D_{AB}\cdot\cos\alpha_{AB}\\ \Delta y_{AB}=D_{AB}\cdot\sin\alpha_{AB}\end{aligned}\right\} \tag{2.18}$$

4）坐标增量闭合差的计算与分配

（1）坐标增量闭合差

附合导线的纵、横坐标增量的总和，在理论上应等于终点与起点的坐标差值，即：

$$\left.\begin{aligned}\sum\Delta x_{理}=x_{终}-x_{始}\\\sum\Delta y_{理}=y_{终}-y_{始}\end{aligned}\right\}\tag{2.19}$$

由于量边有误差，因此算出的坐标增量总和$\sum\Delta x_{测}$、$\sum\Delta y_{测}$与理论值不相等，其较差即为坐标增量闭合差：

$$\left.\begin{aligned}f_x=\sum\Delta x_{测}-(x_{终}-x_{始})\\f_y=\sum\Delta y_{测}-(y_{终}-y_{始})\end{aligned}\right\}\tag{2.20}$$

（2）导线全长相对闭合差

从公式2.20可见，实际计算的闭合导线并不闭合，而存在一段距离，这段距离称为导线全长闭合差，用f表示：

$$f=\sqrt{f_x^2+f_y^2}\tag{2.21}$$

一般地来说，导线越长，全长闭合差越大，因而单纯用导线全长闭合差f还不能正确反映导线测量的精度，通常采用f与导线全长$\sum D$的比值来衡量导线测量的精度，这种表示形式称为导线全长相对闭合差，用K表示，即：

$$K=f/\sum D=\frac{1}{\sum D/f}\tag{2.22}$$

导线的全长相对闭合差应满足规范的规定，否则，应首先检查外业记录和全部内业计算，必要时到现场检查，重测部分或全部成果。

（3）坐标增量闭合差的分配

由于坐标增量闭合差主要是由边长误差的影响而产生的，而边长误差的大小与边长的长短有关，因此，坐标增量闭合差的调整方法是将增量闭合差f_x、f_y反号，按与边长成正比的原则分配到各边坐标增量中。

设第i边的边长为D_i，坐标增量改正数$V_{\Delta xi}$、$V_{\Delta yi}$为：

$$\left.\begin{aligned}V_{\Delta xi}=-\frac{f_x}{\sum D}\times D_i\\V_{\Delta yi}=-\frac{f_y}{\sum D}\times D_i\end{aligned}\right\}\tag{2.23}$$

5）改正后坐标增量的计算

改正后的坐标增量等于计算的坐标增量值加上坐标增量改正数，即：

$$\left.\begin{aligned}\Delta' x_i=\Delta x_i+V_{\Delta x_i}\\\Delta' y_i=\Delta y_i+V_{\Delta y_i}\end{aligned}\right\}\tag{2.24}$$

6）坐标计算

根据起始点的已知坐标和改正后的坐标增量，依次推算各点的坐标。

【例2】 如图2.15为一双定向附合导线，A、B、C、D点的坐标已知，观测角值为β_B、β_C、β_1、β_2，观测边长为D_{B1}、D_{12}、D_{2C}，试计算点1、2的坐标。

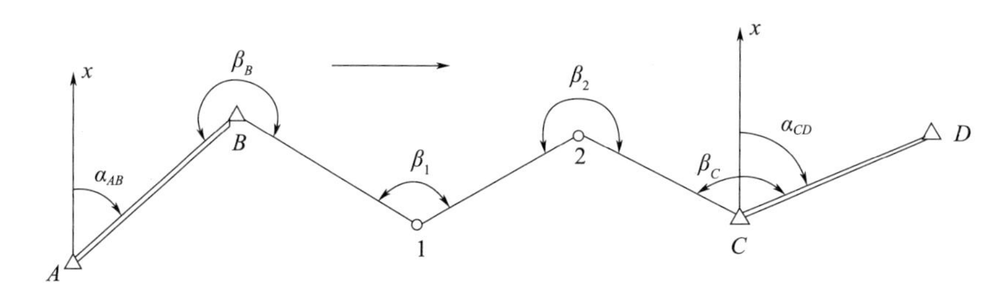

图 2.15 附合导线

计算过程见表 2.6。

表 2.6 附合导线坐标计算表

点号	角度观测值（左角）	改正后的角度	坐标方位角	水平距离	坐标增量		改正后坐标增量		坐标	
	（° ′ ″）	（° ′ ″）	（° ′ ″）	m	Δx（m）	Δy（m）	Δx（m）	Δy（m）	x（m）	y（m）
(1)	(2)	(3)	(4)	(5)	(6)	(7)	(8)	(9)	(10)	(11)
A										
			45 00 12							
B	−06 239 29 15	239 29 09							921.32	102.75
			104 29 21	187.62	0.03 −46.94	−0.03 181.65	−46.91	181.62		
1	−06 157 44 39	157 44 33							874.41	284.37
			82 13 54	158.79	0.03 21.46	−0.02 157.33	21.49	157.31		
2	−06 204 49 51	204 49 45							895.90	441.68
			107 03 39	129.33	0.02 −37.94	−0.02 123.64	−37.92	123.62		
C	−06 149 41 15	149 41 09							857.98	565.30
			76 44 48							
D										
Σ	751 45 00	751 44 36		475.74	−63.42	462.62	−63.34	462.35		

$\sum\beta_{左}=751°45'00''$

$f_\beta=(\alpha_{AB}-\alpha_{CD})+\sum\beta_{左}\pm n\times180°=(45°00'12''-76°44'48'')+751°45'00''\pm4\times180°=24''$

$f_{\beta容}=\pm40\sqrt{n}=\pm40\sqrt{4}=\pm80''$；$f_\beta<f_{\beta容}$

$f_x=\sum\Delta x_{测}-(x_{终}-x_{始})=-63.42-(857.98-921.32)=-0.08$

$f_y=\sum\Delta y_{测}-(y_{终}-y_{始})=462.62-(565.30-102.75)=0.07$

$f=\sqrt{f_x^2+f_y^2}=\sqrt{(-0.08)^2+0.07^2}=0.11$；$K=\frac{0.11}{475.74}=\frac{1}{4324}<\frac{1}{3000}$

【例 3】 如图 2.16 为一闭合导线，已知 A 点的坐标为 $x_A=1540.00$m，$y_A=1500.00$m，AB 的坐标方位角为 $\alpha_{AB}=133°46'40''$，观测角值为内角∠A、∠B、∠C、∠D，观测边长为 D_{AB}、D_{BC}、D_{CD}、D_{DA}，试计算点 B、C、D 的坐标。

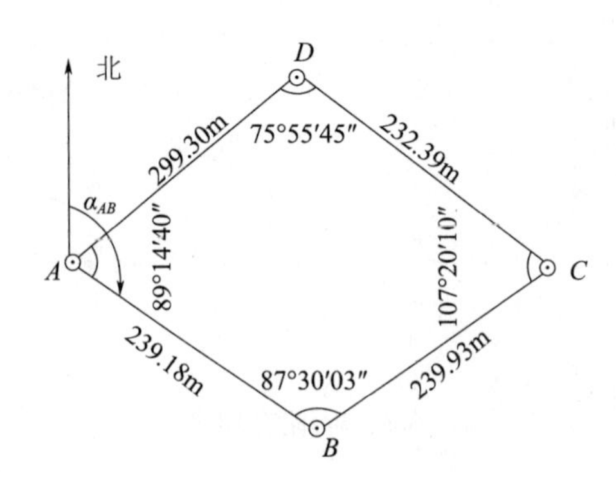

图 2.16　闭合导线

计算过程见表 2.7。

表 2.7　闭合导线坐标计算表

点号	角度观测值（内角）	改正后的角度	坐标方位角	水平距离	坐标增量		改正后坐标增量		坐标	
	(° ′ ″)	(° ′ ″)	(° ′ ″)	m	Δx (m)	Δy (m)	Δx (m)	Δy (m)	x (m)	y (m)
(1)	(2)	(3)	(4)	(5)	(6)	(7)	(8)	(9)	(10)	(11)
A									1540.00	1500.00
			133 46 40	239.18	+0.03 −165.48	+0.00 +172.69	−165.45	+172.69		
B	−09 87 30 03	87 29 54							1374.55	1672.69
			41 16 34	239.93	+0.03 +180.32	+0.00 +158.28	+180.35	+158.28		
C	−10 107 20 10	107 20 00							1554.90	1830.97
			328 36 34	232.39	+0.03 +198.38	+0.00 −121.04	+198.41	−121.04		
D	−10 75 55 45	75 55 35							1753.31	1709.93
			224 32 09	299.30	+0.03 −213.34	−0.01 −209.92	−213.31	−209.93		
A	−09 89 14 40	89 14 31							1540.00	1500.00
			133 46 40							
B										
Σ	360 00 38	360 00 00		1010.80	−0.12	+0.01	0	0		

$\sum\beta_{内}=360°00'38''$；$f_\beta=360°00'38''-360°00'00''=38''$

$f_{\beta容}=\pm40\sqrt{n}=\pm40\sqrt{4}=\pm80''$；$f_\beta<f_{\beta容}$

$f_x=\sum\Delta x=-0.12$；$f_y=\sum\Delta y=0$；$f=\sqrt{f_x^2+f_y^2}=\sqrt{(-0.12)^2+0^2}=0.12$；

$K=\dfrac{f}{\sum D}=\dfrac{0.12}{1010.80}=\dfrac{1}{8423}<\dfrac{1}{3000}$

2.2　场区高程控制测量

2.2.1　精度设计

一般工程精度等级为四等水准，大中型施工项目的场区高程测量精度不应低于三等水准。如果控制点还要用于变形监测，一般采用二等或三等水准，重要或大型项目应采用二等水准测量。

2.2.2　路线设计

场区高程控制网应布设成闭合环线、附合路线或结点网。

2.2.3　选点埋石

（1）场区水准点可单独布设在场区相对稳定的区域，也可设置在平面控制点的标石上。水准点的标石埋设如图 2.17 所示。

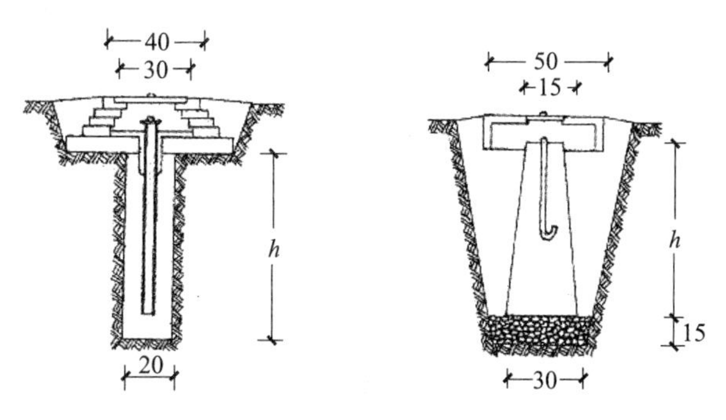

图 2.17　水准点

（2）水准点间距宜小于 1km，距离建构筑物不宜小于 25m，距离回填土边线不宜小于 15m。

（3）施工中高程控制点标石不能保存时，应将控制点高程引测至稳固的建构筑物上，引测的精度不应低于原高程点的精度等级。

2.2.4　外业观测

场区高程控制网布设为二、三等时采用水准测量的方法，四等采用四等水准测量或三角高程测量的方法。

1. 二等水准测量

（1）技术要求

二等水准测量的主要技术要求见表 2.8。

表 2.8　二等水准测量的主要技术要求

等级	每千米高差中数全中误差（mm）	仪器型号	水准尺	观测次数		往返较差、附合或环线闭合差（mm）		检测已测测段高差之差（mm）
				与已知点联测	附合或环线	平地	山地	
二等	2	DS1	铟瓦尺	往返	往返	$4\sqrt{L}$	—	$6\sqrt{L}$

注：1. 结点之间或结点与高级点之间的路线长度，不应大于表中规定的 0.7 倍；
2. L 为往返测段、附合或环线的水准路线长度（km），n 为测站数；
3. 数字水准仪测量的技术要求和同等级的光学水准仪相同。

（2）路线设计

水准网应布设成闭合环线、附合路线或结点网。

（3）外业观测

二等水准测量要求在两相邻测站上，应按奇、偶数测站的观测程序进行观测。

对于光学水准仪，往测奇数测站按“后-前-前-后”，偶数测站按“前-后-后-前”的观测程序在相邻测站上交替进行；返测时，奇数测站与偶数测站的观测程序与往测时相反，即奇数测站按“前-后-后-前”，偶数测站按“后-前-前-后”的观测程序在相邻测站上交替进行。对于数字水准仪，往返测观测顺序为：奇数测站按“后-前-前-后”，偶数测站按“前-后-后-前”的观测程序在相邻测站上交替进行。

二等水准观测的技术要求见表2.9。

表2.9　二等水准观测的主要技术要求

等级	水准仪型号	视线长度（m）	中丝视线高度（m）	前后视的距离较差（m）	前后视距离较差累积（m）	黑、红面读数较差（mm）	黑、红面所测高程较差（mm）
二等	DS1	≤50	0.5	1	3	0.5	0.7

注：1. 二等水准视线长度小于20m时，其视线高度不应低于0.3m；

2. 数字水准仪观测，不受基、辅分划或黑、红面读数较差指标的限制，但测站两次观测的高差较差，应满足表中相应等级基、辅分划或黑、红面所测高差较差的限值。

（4）记录计算

用于二等水准测量的仪器有光学水准仪和电子水准仪，因而记录格式也有两种，其中光学水准仪的记录表格见表2.10（以往测奇数测站“后-前-前-后”为例）。

表2.10　二等水准测量记录手簿（光学水准仪）

测站编号	后尺 下丝 / 上丝 后距 视距差 d	前后 下丝 / 上丝 前距 $\sum d$	方向及尺号	标尺读数 基本分划（一次）	标尺读数 辅助分划（二次）	基+K−辅（一减二）	备注
	(1)	(5)	后	(3)	(8)	(14)	K=30155
	(2)	(6)	前	(4)	(7)	(13)	
	(9)	(10)	后-前	(15)	(16)	(17)	
	(11)	(12)	h	—		(18)	
1	2406	1809	后1	219.83	521.38	0	
	1986	1391	前2	160.06	461.63	−2	
	42.0	41.8	后-前	+059.77	+059.75	+2	
	+0.2	+0.2	h			+59.760	
2	1800	1639	后2	157.40	458.95	0	
	1351	1189	前1	141.40	442.92	+3	
	44.9	45.0	后-前	+016.00	+016.03	−3	
	−0.1	+0.1	h			+016.015	

续表

测站编号	后尺 下丝 / 上丝	前后 下丝 / 上丝	方向及尺号	标尺读数		基+K−辅（一减二）	备注
	后距	前距		基本分划（一次）	辅助分划（二次）		
	视距差 d	$\sum d$					
3	1825	1962	后 1	160.32	461.88	−1	
	1383	1523	前 2	174.27	475.82	0	
	44.2	43.9	后-前	−013.95	−013.94	−1	
	+0.3	+0.4	h			−013.945	
4	1728	1884	后 2	150.81	452.36	0	
	1285	1439	前 1	166.19	467.74	0	
	44.3	44.5	后-前	−015.38	−015.38	0	
	−0.2	+0.2	h			−015.380	

表中，视距部分的计算：

(9) ＝［(1) − (2)］×100

(式中 100 为视距乘常数，单位为 mm，下同)

(10) ＝［(5) − (6)］×100

(11) ＝ (9) − (10)

(12) ＝本站 (11) ＋前站 (12)

高差部分的计算与检核：

(14) ＝ (3) ＋K− (8)

(式中 K 为基辅差，K＝3.0155m)

(13) ＝ (4) ＋K− (7)

(15) ＝ (3) − (4)

(16) ＝ (8) − (7)

(17) ＝ (14) − (13) ＝ (15) − (16)

(18) ＝$\frac{1}{2}$［(15) ＋ (16)］

电子水准仪二等水准测量采用的是单程两次观测，可以直接读出前后视距、前后视，记录计算表格见表 2.11。

表 2.11　二等水准测量记录手簿（电子水准仪）

测站编号	后距	前距	方向及尺号	标尺读数		两次读数之差	备注
	视距差（m）	累积视距差（m）		第一次读数	第二次读数		
1	29.3	29.3	后 B_1	188426	188429	−3	
			前	055878	055882	−4	
	0	0	后-前	+132548	+132547	+1	
			h	+1.32548			

续表

测站编号	后距 视距差(m)	前距 累积视距差(m)	方向及尺号	标尺读数		两次读数之差	备注
				第一次读数	第二次读数		
2	27.9	28.3	后	205814	205826	−12	
			前	077660	077653	+7	
	−0.4	−0.4	后-前	+128154	+128173	−19	
				+1.28164			

2. 三、四等水准测量

1）技术要求

三、四等水准测量的主要技术要求见表 2.12。

表 2.12 三、四等水准测量的主要技术要求

等级	每千米高差全中误差(mm)	路线长度(km)	水准仪型号	水准尺	观测次数		往返较差、附合或环线闭合差	
					与已知点联测	附合或环线	平地(mm)	山地(mm)
三等	6	≤50	DS1	铟瓦尺	往返各一次	往一次	$12\sqrt{L}$	$4\sqrt{n}$
			DS3	双面		往返各一次		
四等	10	≤16	DS3	双面	往返各一次	往一次	$20\sqrt{L}$	$6\sqrt{n}$

注：L 为路线长，以 km 为单位；n 为测站数。

2）路线设计

水准网应布设成闭合环线、附合路线或结点网。

3）外业观测

三等水准测量采用中丝读数法进行往返测。当使用光学测微器的水准仪和线条式铟瓦尺观测时，也可进行单程双转点观测。三等水准测量每测站照准标尺分划顺序为“后-前-前-后”。

四等水准测量采用中丝读数法进行单程观测，支线应往返测或单程双转点观测。四等水准测量有双面尺法和单面尺法两种：双面尺法每测站照准标尺分划顺序为：“后-后-前-前”（“黑-红-黑-红”或“基-辅-基-辅”）。其中双面尺的黑面的读数为上、中、下丝读数，红面读数为中丝读数。单面尺法只观测黑面，每测站照准标尺分划顺序为：“后-前-变换仪器高-前-后”或者“后-前-变换仪器高-后-前”。第一次黑面的读数为上、中、下丝读数，变换仪器高以后只读黑面中丝读数。

三、四等水准观测的技术要求见表 2.13。

4）记录计算

以下以四等水准测量的观测记录计算表为例。

表 2.13 三、四等水准观测的主要技术要求

等级	水准仪型号	视线长度（m）	视线离地面最低高度（m）	前后视的距离较差（m）	前后视距离较差累积（m）	基、辅分划或黑、红面读数较差（mm）	基、辅分划或黑、红面所测高程较差（mm）
三等	DS3	75	0.3	3	6	2.0	3.0
四等	DS3	100	0.2	5	10	3.0	5.0

注：1. 三、四等水准采用变动仪器高度观测单面水准尺时，所测两次高差较差，应与黑面、红面所测高差之差的要求相同；

2. 数字水准仪观测，不受基、辅分划或黑、红面读数较差指标的限制，但测站两次观测的高差较差，应满足表中相应等级基、辅分划或黑、红面所测高差较差的限值。

（1）双面尺法

表 2.14 为四等水准测量的双面尺法的观测记录计算表，表中每一测站的（1）～（8）栏为观测值，（9）～（18）栏为计算值，各项计算值都必须满足相应等级的测站观测的技术要求。

表中，视距部分的计算：

(9) ＝［(1) － (2)］×100

(10) ＝［(5) － (6)］×100

(11) ＝ (9) － (10)

(12) ＝本站（11）＋上站（12）

高差部分的计算与检核：

(13) ＝ K＋ (3) － (4)

（式中 K 为后尺常数，其值为 4687 或 4787）

(14) ＝ K＋ (7) － (8)

(15) ＝ (3) － (7)

(16) ＝ (4) － (8)

红面的高差是红面尺子读数所计算出来的高差，它和黑面算出的高差理论上相差 0.1m。

(17) ＝ (15) －［(16) ±0.1］＝ (13) － (14)

由于两水准尺红面起点读数相差±0.1m（即 4.687 与 4.787 之差），因此红面测得的高差应加上或减去 0.1m 才等于实际高差。

黑红面高差中数：(18) ＝｛(15) ＋［(1 6) ±0.1］｝/2，取至 0.0001m 位。

在测站上的观测和检查如果有超限应立即重测，直到测站看完算完且未限差超限，方可迁站。同样需要注意的仪器迁站时，要将仪器水平制动螺旋松开，三脚架脚腿合拢，一手托住仪器基座，一手抱住架腿，夹持脚架于腋下；另外，后视尺立尺员未见仪器迁站，不得移动尺垫和前行，应该等测站人员招呼或看见测站迁站后，方可前进。

表 2.14　四等水准测量（双面尺法）

测站编号	后尺 下丝 / 上丝	前尺 下丝 / 上丝	方向及尺号	标尺读数		K+黑－红	高差中数
	后距	前距		黑面	红面		
	视距差 d	Σd					
	（1）	（5）	后	（3）	（4）	（13）	
	（2）	（6）	前	（7）	（8）	（14）	
	（9）	（10）	后-前	（15）	（16）	（17）	（18）
	（11）	（12）					
BM_4-1	0920	2770	后 A	0820	5509	−2	
	0720	2585	前 B	2677	7465	−1	
	20.0	18.5	后-前	−1.857	−1.956	−1	−1.8565
	+1.5	+1.5					
1-2	1068	1079	后 B	0880	5667	0	
	0689	0688	前 A	0885	5572	0	
	37.9	39.1	后-前	−0.005	+0.095	0	−0.0050
	−1.2	+0.3					
2-3	2571	2566	后 A	2082	2769	0	
	1593	1596	前 B	2081	2867	+1	
	97.8	97.0	后-前	+0.001	−0.098	−1	+0.0015
	+0.8	+1.1					
4-BM_5	2010	1523	后 B	1706	2494	−1	
	1400	0900	前 A	1210	5896	+1	
	61.0	62.3	后-前	+0.496	+0.598	−2	+0.4970
	−1.3	−0.2					
测段校核	Σ（9）	212.7	Σ（3）　Σ（4）	5.488	24.439		
	Σ（10）	212.9	Σ（7）　Σ（8）	2.853	25.800		
	Σ（11）	−0.2	Σ（15）　Σ（16）	−1.365	−1.361	Σ（18）	−1.363
	L_i	433.6	{Σ（15）+Σ（16）}/2＝−1.363＝Σ（18）				

（2）单面尺法

单面尺法只观测黑面，但是要求观测两次，第二次观测时要求变动仪器高度，两次仪器高变动 0.1m 以上，所以又称为变动仪器高法。表 2.15 为观测顺序“后-前-变换仪器高-前-后”的记录计算表。

表 2.15 四等水准测量（单面尺法）

<table>
<tr><td rowspan="3">测站编号</td><td>后尺 下丝
上丝</td><td>前尺 下丝
上丝</td><td rowspan="3">方向及尺号</td><td colspan="2">标尺读数</td><td rowspan="3">两次读数高差之差</td><td rowspan="3">备注</td></tr>
<tr><td>后距</td><td>前距</td><td rowspan="2">第一次读数</td><td rowspan="2">第二次读数</td></tr>
<tr><td>视距差 d</td><td>∑d</td></tr>
<tr><td rowspan="4"></td><td>(1)</td><td>(4)</td><td>后</td><td>(3)</td><td>(8)</td><td></td><td></td></tr>
<tr><td>(2)</td><td>(5)</td><td>前</td><td>(6)</td><td>(7)</td><td></td><td></td></tr>
<tr><td>(9)</td><td>(10)</td><td>后-前</td><td>(13)</td><td>(14)</td><td>(15)</td><td></td></tr>
<tr><td>(11)</td><td>(12)</td><td>h</td><td colspan="2">(16)</td><td></td><td></td></tr>
<tr><td rowspan="4">BM4-1</td><td>1681</td><td>0849</td><td>后</td><td>1494</td><td>1372</td><td></td><td></td></tr>
<tr><td>1307</td><td>0473</td><td>前</td><td>0661</td><td>0541</td><td></td><td></td></tr>
<tr><td>37.4</td><td>37.6</td><td>后-前</td><td>+0.833</td><td>+0.831</td><td>+2</td><td></td></tr>
<tr><td>−0.2</td><td>−0.2</td><td>h</td><td colspan="2">+0.8320</td><td></td><td></td></tr>
<tr><td rowspan="4">1-2</td><td>1496</td><td>1563</td><td>后</td><td>1430</td><td>1522</td><td></td><td></td></tr>
<tr><td>1364</td><td>1419</td><td>前</td><td>1491</td><td>1584</td><td></td><td></td></tr>
<tr><td>13.2</td><td>14.4</td><td>后-前</td><td>−0.061</td><td>−0.062</td><td>+1</td><td></td></tr>
<tr><td>−1.2</td><td>−1.4</td><td>h</td><td colspan="2">−0.0615</td><td></td><td></td></tr>
<tr><td rowspan="4">2-3</td><td>1746</td><td>1660</td><td>后</td><td>1532</td><td>1411</td><td></td><td></td></tr>
<tr><td>1319</td><td>1257</td><td>前</td><td>1459</td><td>1336</td><td></td><td></td></tr>
<tr><td>42.7</td><td>40.3</td><td>后-前</td><td>0.073</td><td>0.075</td><td>−2</td><td></td></tr>
<tr><td>−2.4</td><td>−3.8</td><td>h</td><td colspan="2">0.0740</td><td></td><td></td></tr>
</table>

表中，视距部分的计算：

(9) ＝[(1) − (2)] ×100

(10) ＝[(4) − (5)] ×100

(11) ＝(9) − (10)

(12) ＝本站(11) ＋前站(12)

高差部分的计算：

(13) ＝(3) − (6)

(14) ＝(8) − (7)

(15) ＝(13) − (14)

$$(16) = \frac{1}{2}\left[(13) + (14)\right]$$

3. 四等三角高程测量

三角高程测量的观测方法简单，受地形条件限制小，在地形变化起伏较大的山区、丘陵地区常使用。

1）技术要求

四等三角高程测量采用电磁波测距三角高程测量，其技术要求见表 2.16。

表 2.16　电磁波测距三角高程测量的主要技术要求

等级	每公里高差全中误差（mm）	边长（km）	观测方式	对向观测高差较差（mm）	附合或环形闭合差（mm）
四等	10	≤1	对向观测	$40\sqrt{D}$	$20\sqrt{\sum D}$

注：1. D 为测距边的水平距离（km）；

2. 四等应起止于不低于三等水准的高程点上；

3. 路线长度不应超过相应等级水准路线的长度限值。

2）路线设计

电磁波测距三角高程测量，宜在平面控制点的基础上布设成三角高程导线或三角高程网。

3）外业观测

三角高程测量水准点间的高差方法有两种：测点设站法和中间设站法。

（1）测点设站法

在一个水准点上架设仪器，在另一水准点上架设棱镜，通过测量竖直角、斜距，量取仪器高、棱镜高，利用三角几何公式计算两点之间高差，这种方法为测点设站法。测点设站法三角高程测量应进行对向观测，其目的是消除地球弯曲和大气折光对观测高差产生的影响。

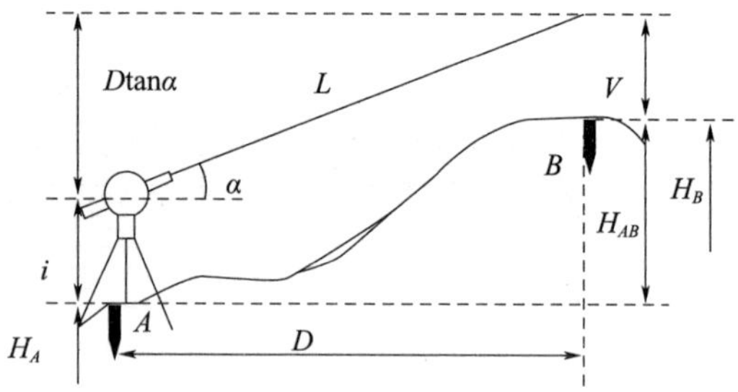

图 2.18　测点设站法

如图 2.18 所示，在已知高程点 A 安置仪器，观测待定点 B，以求得 B 点的高程 H_B，称为直觇。假设 h_{AB} 为 A 到 B 的高差，D 为 AB 的平距，α_{AB} 为 A 瞄准 B 的竖直角、i_A 为测站点 A 的仪器高，v_B 为观测点 B 的镜高，则直觇的计算公式为：

$$h_{AB}=D\tan\alpha_{AB}+i_A-v_B+f \tag{2.25}$$

在待定点 B 安置仪器，观测已知高程点 A，以计算待定点 B 的高程 H_B，称为反觇。反觇的计算公式为：

$$h_{BA}=D\tan\alpha_{BA}+i_B-v_A+f \tag{2.26}$$

所以

$$h_{AB}=[D\cdot(\tan\alpha_{AB}-\tan\alpha_{BA})+i_A-i_B+v_A-v_B]/2 \tag{2.27}$$

在同一条边上，既进行直觇也进行反觇观测，称为对向观测。对向观测通过求平均值的方法可以抵消球气差的影响，从理论上讲可以不进行球气差改正，但为了对直觇和反觇的观测结果进行比较，衡量较差是否合乎要求，仍须计算球气差。

（2）中间设站法

在两个水准点大致中间位置架设仪器，在水准点上架设棱镜，分别瞄准水准点 A、

B，通过测量竖直角、斜距，量取棱镜高，利用三角公式计算两点之间高差，这种方法为中间设站法。中间设站法三角高程测量应独立进行两次观测。

如图 2.19 所示，为求 A、B 两点间的高差，将全站仪置于 A、B 两点大致距离相等的位置 O 点处。

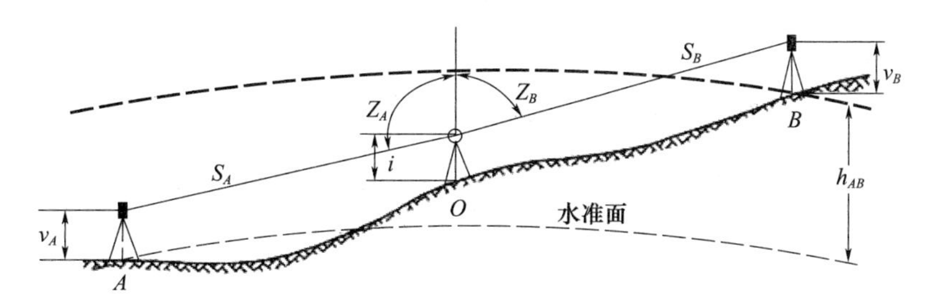

图 2.19 中间设站法

测站 O 与 A、B 的高差为：

$$h_{OA}=S_A\cos Z_A+\frac{1-K}{2R}(S_A\sin Z_A)^2+i-v_A \tag{2.28}$$

$$h_{OB}=S_B\cos Z_B+\frac{1-K}{2R}(S_B\sin Z_B)^2+i-v_B \tag{2.29}$$

所以 A、B 两点的高差为：

$$\begin{aligned}h_{AB}&=h_{OB}-h_{OA}\\&=S_B\cos Z_B-S_A\cos Z_A+\frac{1-K}{2R}(S_B\sin Z_B)^2-\frac{1-K}{2R}(S_A\sin Z_A)^2+v_A-v_B\end{aligned} \tag{2.30}$$

式中 S——经气象改正后的斜距；

Z——天顶距；

i——仪器高；

v——棱镜高；

R——地球曲率半径，取值 6371km；

K——大气折光系数。

一般在观测时，距离不超过 500m，所以两边的地球曲率基本相等，观测时间基本在同一时间，因而两边的大气折光可以相互抵消，上述公式简化为：

$$h_{AB}=S_B\cos Z_B-S_A\cos Z_A+v_A-v_B \tag{2.31}$$

如图 2.20 所示，如果全站仪的设站次数为偶数，则能把转点的棱镜高抵消掉；如果起始点和终点的棱镜高保持相等，则能把起始点和终点的棱镜高也能抵消掉，即：

$$h_{AE}=\sum_{i=1}^{n}S_B\cos Z_B-\sum_{i=1}^{n}S_A\cos Z_A \tag{2.32}$$

4）记录计算

通过三角高程测量水准点间的高差所组成的路线称为三角高程路线。三角高程路线可以布设成闭合、附合或支路线，也可以和水准路线联合使用。

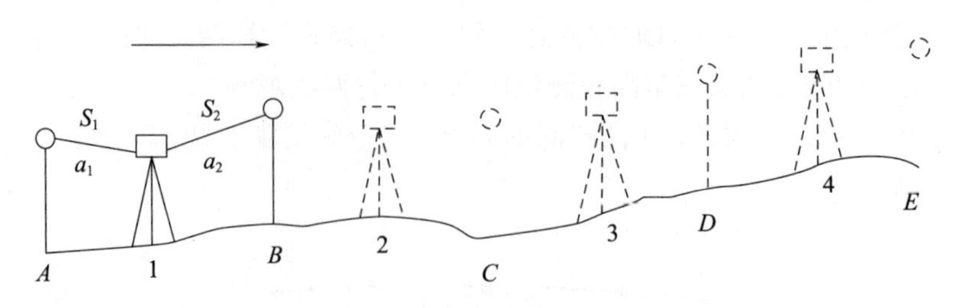

图 2.20　三角高程测量

如图 2.21 所示，三角高程路线 A-P_1-P_2-P_3-B，采用测点设站往返测的方法进行观测，测站记录计算的表格见表 2.17。

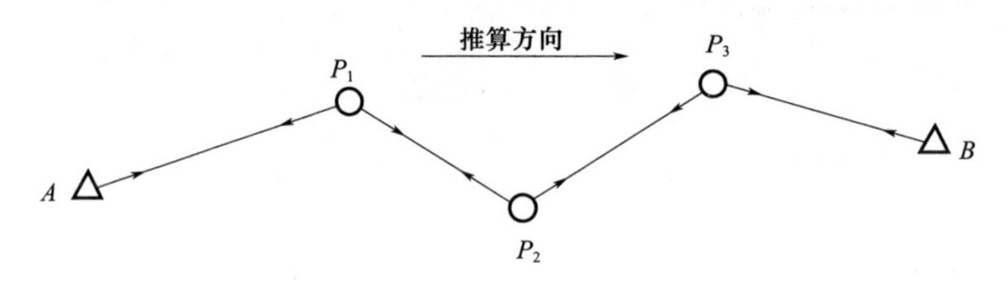

图 2.21　三角高程路线

表 2.17　三角高程路线计算

测站点	P_1	A	P_1	P_2	P_2	P_3	P_3	B
目标	A	P_1	P_2	P_1	P_3	P_2	B	P_3
水平距离 D	258.48	258.48	322.87	322.87	154.44	154.44	268.21	268.21
竖直角 α	2°28′42″	−1°48′30″	0°51′16″	−0°18′40″	1°41′36″	−0°29′57″	−3°10′12″	3°40′54″
仪器高 i	1.47	1.46	1.39	1.46	1.4	1.38	1.49	1.37
目标高 v	3	3	3	3	3	3	3	3
球气差 f	0	0	0.01	0.01	0	0	0.01	0.01
高差 h	9.66	−9.71	3.27	−3.30	2.97	−2.97	−12.35	12.42
高差中数	9.68		3.27		2.97		−12.38	

2.2.5　内业计算

1. 水准路线的内业计算

水准路线的内业计算主要包括测段计算和路线计算。测段计算是水准测量的一个测段所有测站的观测、记录、计算、校核全部完成后进行测段长度和测段高差的汇总，其中测段长度是一个测段内所有测站前后视距的总和，测段高差是一个测段内所有测站高差的总和。

路线计算主要是汇总出全线的路线长度 L，即各测段的长度之和以及全线高差 $\sum h_{测}$，即各测段高差中数之和，然后按下式计算高差闭合差 f_h，并按照测段长度成比例进行分配。

$$f_h=\sum h_{测} \qquad \text{（闭合水准路线）} \qquad (2.33)$$

$$f_h = \sum h_{测} - (H_{终} - H_{始}) \qquad \text{(附合水准路线)} \tag{2.34}$$

式中　$H_{终}$、$H_{始}$——终点、始点高程。

【例 4】　如图 2.22 所示的附合水准路线 A-1-2-B，已知 $H_A = 65.376\text{m}$，$H_B = 68.623\text{m}$，点 1、2、3 为待测水准点。各测段高差、测段距离如图中所示。现以此为例，分析附合水准路线的计算步骤和内容。

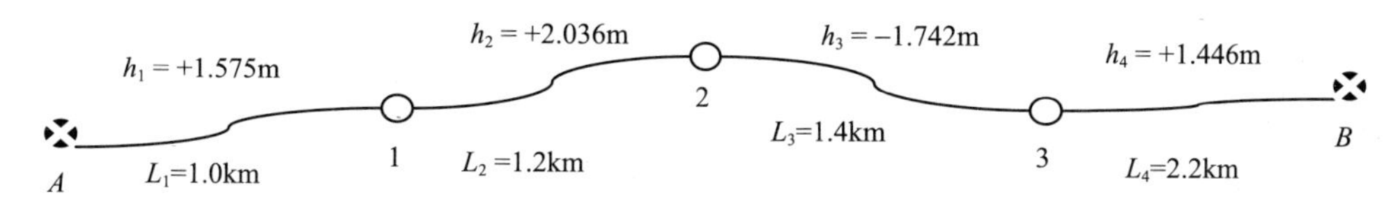

图 2.22　附合水准路线

(1) 高差闭合差的计算与检验

$f_h = \sum h - (H_B - H_A) = 3.315 - (68.623 - 65.376) = +0.068\ (\text{m}) = +68\ (\text{mm})$

因为 $f_h \leqslant f_{h容}$，故精度符合要求。

(2) 高差闭合差的分配

高差闭合差的分配原则是与测段距离成正比例，与 f_h 反号分配到各测段的高差观测值上去，该分配值称为改正数，即：

$$v_i = -\frac{f_h}{\sum l} \times l_i \tag{2.35}$$

式中　v_i——第 i 测段的改正数。

本例中

$$v_1 = -(0.068 \div 5.8) \times 1.0 = -0.012\ (\text{m})$$

$$v_2 = -(0.068 \div 5.8) \times 1.2 = -0.014\ (\text{m})$$

$$v_3 = -(0.068 \div 5.8) \times 1.4 = -0.016\ (\text{m})$$

$$v_4 = -(0.068 \div 5.8) \times 2.2 = -0.026\ (\text{m})$$

(3) 改正后的高差计算

按公式 $h_{改} = h_{测} + v$ 计算测段改正后的高差，本例中：

$$h_{1改} = 1.575 + (-0.012) = 1.563\ (\text{m})$$

$$h_{2改} = 2.036 + (-0.014) = 2.022\ (\text{m})$$

$$h_{3改} = -1.742 + (-0.016) = -1.758\ (\text{m})$$

$$h_{4改} = 1.446 + (-0.026) = 1.420\ (\text{m})$$

(4) 高程的计算

按公式 $H_{前} = H_{后} + h_{改}$ 计算待测水准点的高程，本例中：

$$H_A = 65.376\ (\text{m})$$

$$H_1 = H_A + h_1 = 65.376 + 1.563 = 62.939\ (\text{m})$$

$$H_2=H_1+h_2=62.939+2.022=68.961\text{ (m)}$$

$$H_3=H_2+h_3=68.961-1.758=67.203\text{ (m)}$$

计算过程和成果见表 2.18。

表 2.18　附合水准路线计算

测段	测点	距离 L（km）	实测高差 h（m）	改正数 v（m）	改正后高差 h（m）	高程 H（m）	备注
	A					65.376	
1		1.0	+1.575	−0.012	+1.563		
	1					66.939	
2		1.2	+2.036	−0.014	+2.022		
	2					68.961	
3		1.4	−1.742	−0.016	−1.758		
	3					67.203	
4		2.2	+1.446	−0.026	+1.420		
	B					68.623	
Σ		5.8	+3.315	−0.068	+3.247		
辅助计算	$f_h=+68$（mm）；$f_{h容}=\pm40\times\sqrt{5.8}$（mm）$=\pm96$（mm）						

2. 三角高程路线的内业计算

三角高程路线的内业计算首先计算路线的高差闭合差，然后将高差闭合差按相反符号与边长成比例进行调整分配，最后按照调整后的高差计算测点的高程。

例：如图 2.21 所示的三角高程路线，$H_A=65.38\text{m}$，$H_B=68.86\text{m}$，计算过程和成果见表 2.19。

表 2.19　三角高程路线计算表

测段	测点	距离 L（m）	实测高差 h（m）	改正数 v（m）	改正后高差 h（m）	高程 H（m）	备注
	A					65.38	
1		258.48	9.68	−0.01	9.67		
	P_1					75.05	
2		322.87	3.27	−0.02	3.25		
	P_2					78.30	
3		154.44	2.97	−0.01	2.96		
	P_3					81.26	
4		268.21	−12.38	−0.02	−12.40		
	B					68.86	
Σ		1004.00	+3.54	−0.06			
辅助计算	$f_h=+0.06$（m）；$f_{h容}=\pm40\times\sqrt{5.8}$（mm）$=\pm96$（mm）						

习　题

2-1　场区平面控制网有几个等级？网型有哪些？

2-2　什么是建筑方格网？建筑方格网的测设方法有哪些？

2-3　什么是导线？导线的布设形式有哪几类？

2-4　简述附合导线内业计算的步骤。

2-5　四等水准测量的观测顺序是如何规定的？其观测的主要技术要求有哪些？

2-6　简述四等附合水准路线的计算步骤。

2-7　三角高程测量的高差测量方法有哪几种？各有什么优点？

2-8　完成图 2.23 所示附合导线的计算，结果填入表 2.20 中。已知点坐标为：
x_A＝2005.10m；x_B＝2100.74m；x_C＝2102.94m；x_D＝2153.43m
y_A＝7701.45m；y_B＝7575.30m；y_C＝8087.99m；y_D＝7884.63m

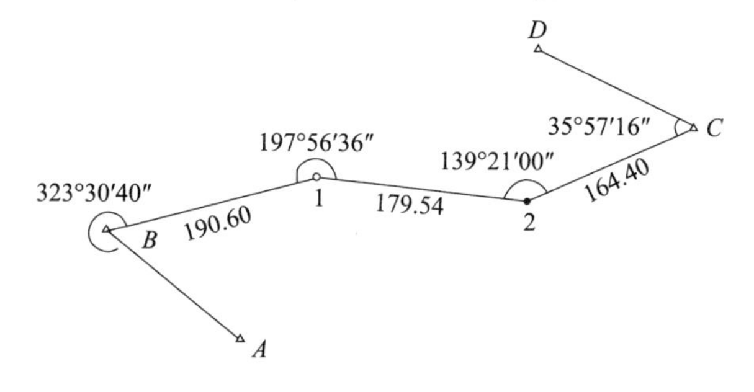

图 2.23　附合导线的计算

表 2.20　附合导线计算表

点号	角度观测值（左角）	改正后的角度	坐标方位角	水平距离	坐标增量		改正后坐标增量		坐标	
	（° ′ ″）	（° ′ ″）	（° ′ ″）	m	Δx（m）	Δy（m）	Δx（m）	Δy（m）	x（m）	y（m）
A									2005.10	7701.45
B	323 30 40								2100.74	7575.30
				190.60						
1	197 56 36									
				179.54						
2	139 21 00									
				164.40						
C	35 57 16								2102.94	8087.99
D									2153.43	7884.63
Σ										

f_β＝　　$f_{\beta容}$＝　　f_x＝　　f_y＝　　f_D＝　　K＝

2-9　完成表 2.21 四等水准观测手簿的计算。

表 2.21　四等水准观测手簿

测站编号	后尺 下丝	前尺 下丝	方向及尺号	标尺读数		K+黑−红	高差中数	备注
	后尺 上丝	前尺 上丝		黑面	红面			
	后距	前距						
	视距差 d	$\sum d$						
BM_1-1	1412	1451	后 BM_1	1297	5982			$K_1=4687$ $K_2=4787$
	1186	1221	前	1338	6125			
			后-前					
1-2	1375	1472	后	1265	6052			
	1156	1249	前	1360	6049			
			后-前					
2-3	1431	1390	后	1356	6041			
	1280	1231	前	1310	6098			
			后-前					
3-BM_2	1441	1380	后	1330	6116			
	1250	1231	前 BM_2	1305	5991			
			后-前					
测段检核			后 B					
			前 A					
			后-前					

2-10　完成表 2.22 四等水准路线的计算。

表 2.22　四等水准路线计算表

测段	测点	距离 L (km)	实测高差 h (m)	改正数 v (m)	改正后高差 h (m)	高程 H (m)	备注
	A					39.833	
1		4.0	+8.364				
	1						
2		1.2	−1.433				
	2						
3		1.4	−2.745				
	3						
4		2.2	+4.611				
	B					48.646	
$\sum$							
辅助计算	$f_h=$　　；$f_{h容}=\pm10\times\sqrt{\sum D}=$						

3 建筑物施工控制测量

建筑物施工控制测量是建立建筑物施工控制网的过程。建筑物施工控制网是单个建筑物定位和施工放样的基本控制，为单个建筑物的骨架、内部的尺寸和相互关系提供依据。建筑物施工控制测量包括建筑物施工平面控制测量和建筑物高程控制测量。

3.1 建筑物施工平面控制测量

3.1.1 精度设计

（1）建筑物施工控制网应根据场区控制网进行定位、定向和起算。当建筑规模较小或精度高的独立施工项目，可直接布设建筑物施工控制网。

建筑物施工平面控制网的定位点不得少于3个；控制网轴线起始点的定位误差不应大于2cm；两建筑物或厂房间有联动关系时，不应大于1cm，例如贯通梁中线不同区段定位误差不大于1cm。

（2）建筑物施工平面控制网，应根据建筑物的分布、结构、高度、基础埋深和机械设备传动的连接方式、生产工艺的连续程度，分别布设一级或二级控制网。一、二级网的主要技术要求见表3.1。

表3.1 建筑物施工平面控制网的主要技术要求

等级	边长的相对中误差	测角中误差	备注
一级	≤1/30000	$\leq 7''/\sqrt{n}$	n 为建筑物结构的跨数
二级	≤1/15000	$\leq 15''/\sqrt{n}$	

建筑物施工平面控制网精度的确定思路和方法如下：

建筑限差是施工点位相对纵横轴线偏离值的限值。在现行国家标准中，对地脚螺栓中心线允许偏差 $\Delta_{限}=\pm 5$mm 的精度要求最高，故建筑物或工业厂房控制网的精度按此限差进行推算。

取限差的1/2作为地脚螺栓纵向和横向位移的中误差，则 $m=2.5$mm。

地脚螺栓的误差是由控制点的误差、放样误差、安装误差共同组成的，所以：

$$m^2=m_{控}^2+m_{放}^2+m_{安}^2 \tag{3.1}$$

按现行国家标准，预埋地脚螺栓相对于定位线的安装允许偏差 $\Delta_{安}=\pm 2$mm，取限差的1/2作为地脚螺栓安装中误差 $m_{安}=1$mm。

通常取定位线放样中误差 $m_{放}=1.5$mm，则可推导出控制线（两相对控制点的连线）的中误差 $m_{控}=1.73$mm。

若控制线纵向误差（相邻两列线间的长度误差）和横向误差（相邻两行线间的偏移误差）都应等于或小于控制线的测量误差，即：

$$m_{纵}=m_{横}\leqslant m_{控} \tag{3.2}$$

上式是1个跨数（单跨）的情形，当工业厂房的跨数为n时，有：

$$m_{S_i}=m_{纵}\times\sqrt{n} \tag{3.3}$$

则边长的相对中误差为：

$$\frac{m_{S_i}}{S_i\cdot n}=\frac{m_{纵}}{S_i\sqrt{n}} \tag{3.4}$$

式中　S_i——单跨的跨度。

建筑物施工平面控制网的测角中误差为：

$$m_\beta=\frac{m_{横}}{S_i}\rho \tag{3.5}$$

3.1.2　网型设计

1）建筑物施工平面控制网的坐标轴应与工程设计所采用的主、副轴线一致。结合地形和施工情况具体而定。

2）建筑物施工控制网，应根据建筑物的设计形式和特点，宜布设成矩形，特殊时也可布设成十字主轴线或平行于建筑物的多边形。

（1）十字轴线是建筑物横向的一条轴线或其平行线，与建筑物纵向的一条轴线或其平行线相交形成的“+”字形状的轴线。如图3.1中标注坐标的点连线就构成了十字形。

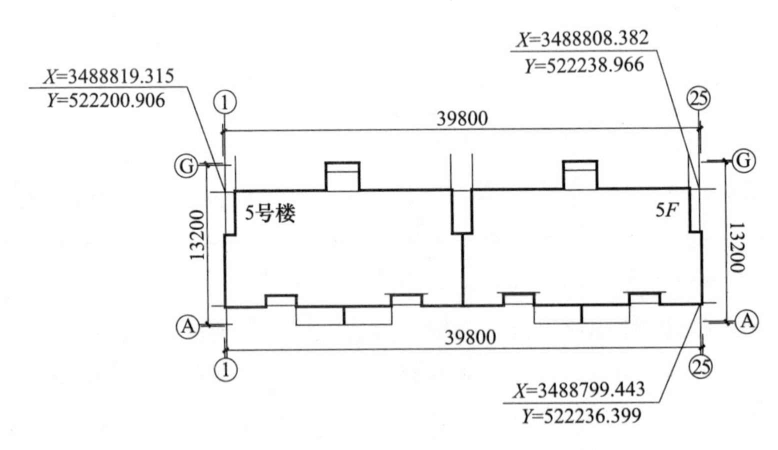

图3.1　十字轴线

（2）矩形控制网是建筑物横向的两条及以上轴线或其平行线，与建筑物纵向的两条及以上轴线或其平行线相交形成的“井”或“田”字等矩形形状的轴线网。如图3.2中标注坐标的点A、B、C、D、E、F、G连线就构成了井字形。

（3）不规则平面形状建筑物的施工控制网可布设平行于建筑物主轴线的多边形控制网。如图3.3中控制网$M'S'N'Q'R'P'$平行于不规则建筑物$MSNQRP$的主轴线。

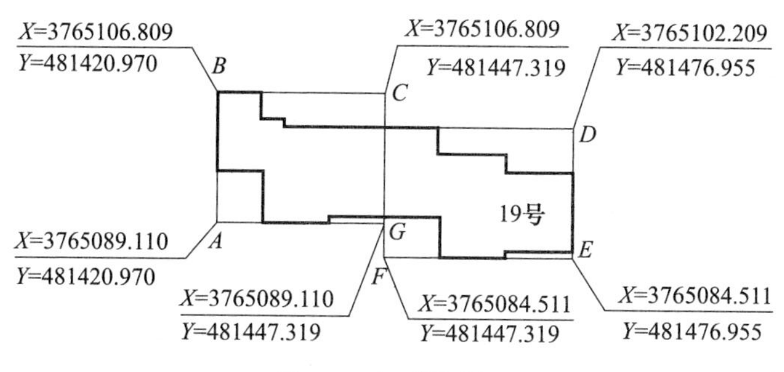

图 3.2 矩形控制网

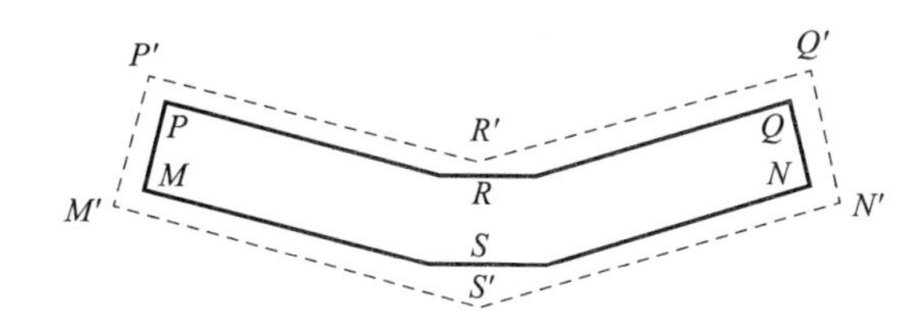

图 3.3 平行于建筑物的多边形控制网

3）控制网加密的指示桩，宜选在建筑物行列线或主要设备中心线方向上，如单元、施工流水段的分界线，楼梯间、电梯间两侧轴线等。

3.1.3 选点埋石

控制点应选在通视良好、土质坚实、利于长期保存、便于施工放样的地方；主要的控制网点和主要设备中心线端点应埋设固定标桩；控制点应采取保护措施。

3.1.4 外业观测

对于小规模或无关联的单体工程，可以不测设场区控制网，建筑物施工平面控制网可以直接由起算平面控制点进行定位、定向和起算；对于已建立场区平面控制网的工程，建筑物施工平面控制网应根据场区平面控制网进行定位、定向和起算；民用建筑物施工控制网也可根据建筑红线定位，定位点不得少于 3 个。

1. 建筑物定位轴线控制网的建立

建筑物定位是根据设计条件，依据平面控制点、建筑红线桩点或与既有建筑物的关系，将起着控制建筑物整体形状或定位作用的拟建建筑物的外廓主轴线的交点（建筑物角点）测设到地面上的测量工作。如图 3.4 所示，将 5 号楼的 E、F、G、H、I、J 点测设在地面即为定位。

精确测设的建筑物定位主轴线网可以作为建筑物施工平面控制网。利用建筑物的定位建立建筑物施工平面控制网，减少了建筑物定位测量的层次，保留了建筑物施工平面控制测量的精度，因而在多数情况下被采用。

建筑物可以依据已知平面控制网点定位，也可以依据与建筑红线桩点或原有建筑物或道路的关系来定位，不同的定位依据有不同的定位方法。

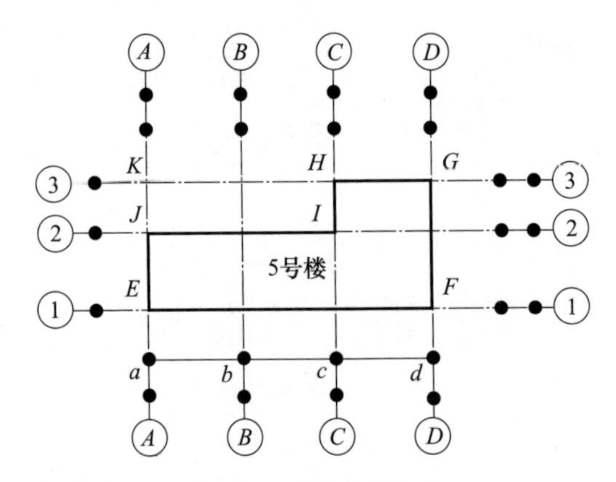

图 3.4　建筑物的定位

1）依据已知平面控制网点定位

已知平面控制网点可以是城市测量控制点或场区平面控制点。如果建筑物角点的设计坐标已知或可以推算出来，则可以根据实际情况选用全站仪坐标放样法、极坐标法、角度交会法、距离交会法、直角坐标法、直线内分法等进行测设。

（1）全站仪坐标放样法

全站仪坐标放样法是利用全站仪坐标放样的功能，根据已知控制点和待测设点的坐标定出点位的一种方法，其实质是极坐标法。由于全站仪的广泛使用，该方法适用于大多数情况。

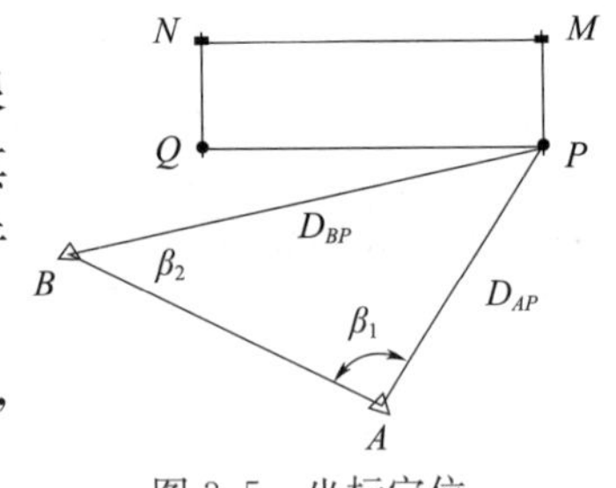

图 3.5　坐标定位

如图 3.5 所示，已知控制点 A（x_A，y_A）、B（x_B，y_B），需放样的点位为 P（x_P，y_P）。其具体步骤为：

① 在控制点 A 上架设全站仪并对中整平，初始化后检查仪器设置：测距模式、气温气压、棱镜常数等，输入或调入测站点的三维坐标，量取并输入仪器高，输入或调入后视点坐标，照准后视点进行定向。照准后视点或另一已知点测量其坐标，与已知坐标数据比较检核，满足要求后可以进行放样测量。

② 输入或调入放样点 P 坐标，仪器自动计算出测站点至放样点的水平距离和方位角。

③ 转动照准部，屏幕显示出当前视线方向与设计方向之间的水平夹角，旋转照准部使夹角显示为 0°，此时视线方向为设计方向。

指挥司镜员移动棱镜至仪器视线方向上，瞄准棱镜，测量平距，仪器自动计算实测距离与放样距离的差值，指挥司镜员在视线上前进或后退使该差值为 0，即为放样 P 的位置。

再次检测 P 点的坐标，与理论坐标比较检核，满足要求后即为 P 点的最终位置。

④ 同理，按照上述过程，放样出建筑物其他角点 Q、N、M。

⑤ 检核四边形 $MNPQ$ 的四个直角和边长是否满足相应等级的限差要求。

此外，也可以按照步骤①～③，分别放样出建筑物长边的角点 P、Q，然后以 PQ 为基线，按照直角坐标法测设出 M、N 点，最后检核 M、N 点处的直角和 MN 的边长应满足要求。该方法能够保证点 $PQNM$ 的相对关系准确，但是测量误差最后集中在边 MN 上，所以该边的精度较差，必须进行角度和距离的检核。

（2）极坐标法

极坐标法是在控制点上测设角度和距离来确定点的平面位置。此法适用于测设点离控制点较近且便于量距的情况。

① 计算放样数据水平角 β 和水平距离 D_{AP}。

如图 3.5 所示，根据已知平面控制点 A、B 和放样点 P 的坐标，计算 α_{AB} 和 α_{AP}，则 $\beta_1=\alpha_{AP}-\alpha_{AB}$；若 $\alpha_{AP}<\alpha_{AB}$，应将 α_{AP} 加上 360°再去减 α_{AB}。$D_{AP}=\sqrt{(x_P-x_A)^2+(y_P-y_A)^2}$。

② 在 A 点安置经纬仪，盘左照准 B 点，旋转 β_1 角定出 AP 方向，沿此方向用钢尺测设距离 D_{AP} 得一点；再盘右瞄准 B 点，旋转旋转 β_1 角定出 AP 方向，沿此方向上用钢尺测设距离 D_{AP} 得另一点，取两点的中点为 P 点位置。

同理，按照上述过程，放样出建筑物其他角点。

③ 检核角度和边长是否满足相应等级的限差要求。

（3）角度交会法

角度交会法是在两个控制点上用两台经纬仪测设出两个已知角度的水平角，交会出点的平面位置。此法适用于待测设点离控制点较远或量距较困难的地区，如图 3.6 所示。

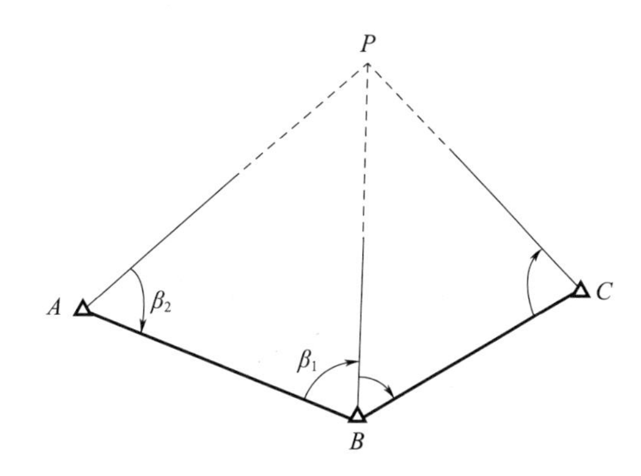

图 3.6　三点角度交会

① 根据控制点 A、B、P 的坐标，计算测设数据 β_1、β_2。

② 在 A、B 点各安置一台经纬仪，盘左分别测设 β_1、β_2 定出两个方向，其交点为一点 M，盘右分别测设 β_1、β_2 定出两个方向，其交点为另一点 N，当 M、N 点间距小于放样点限差要求时，取两点的中点为 P 点的位置。

同理，按照上述过程，放样出建筑物其他角点。

③ 检核角度和边长是否满足相应等级的限差要求。

为提高放样精度，通常用三个控制点三台经纬仪进行交会。如图 3.6 所示，A、B、C 为已知控制点，P 为放样点。首先以控制点 A、B 按照上述过程①②放样出 P_1，然后以控制点 B、C 同样按照上述过程①②放样出 P_2，取 P_1、P_2 的平均位置为 P 点位置。

（4）距离交会法

距离交会法是在两个控制点上各测设已知长度交会出点的平面位置。距离交会法适用于场地平坦，量距方便的地带。

① 根据控制点 A、B 的坐标和待测设点 P 的坐标，计算出测设距离 D_{AP}、D_{BP}。

② 测设时，以 A 点为圆心，以 D_{AP} 为半径，用钢尺在地面上画弧；以 B 点为圆心，以 D_{BP} 为半径，用钢尺在地面上画弧，两条弧线的交点即为 P 点。

同理，按照上述过程，放样出建筑物其他角点。

③ 检核角度和边长是否满足相应等级的限差要求。

（5）直角坐标法

直角坐标法是根据一条与坐标轴平行的控制线，先沿着控制线量出定位点的横坐标，然后在该点位置垂直于控制线方向量出该点的纵坐标。此法适用于建筑场地已建立有相互垂直的主轴线或建筑方格网。

如图 3.7 所示，M、N、Q、P 为建筑方格网或建筑基线控制点，A（216.00，126.00）、B（216.00，168.24）、C（228.24，168.24）、D（228.24，126.00）为待测设建筑物轴线的交点，建筑方格网或建筑基线分别平行或垂直待测设建筑物施工控制网的轴线。

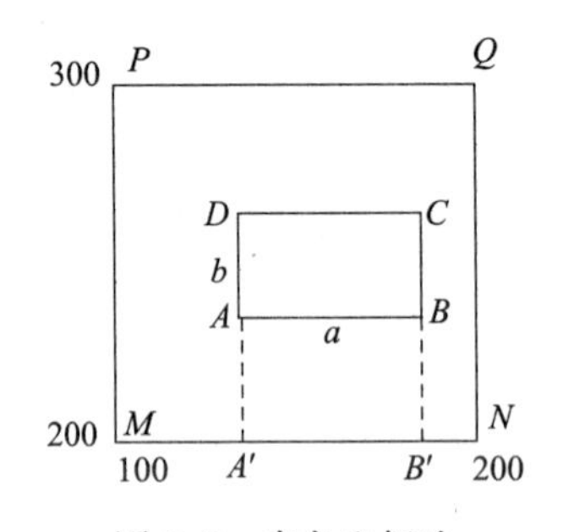

图 3.7　直角坐标法

① 根据控制点的坐标和待测设点的坐标可以计算出两者之间的坐标增量。

计算 M 点与 A 点之间的坐标增量，即：

$$\Delta Y_{MA}=Y_A-Y_M,\ \Delta Y_{MB}=Y_B-Y_M \tag{3.6}$$

$$\Delta X_{MA}=X_A-X_M,\ \Delta X_{MB}=X_B-X_M \tag{3.7}$$

② 在 M 点安置经纬仪，照准 N 点，沿此视线方向从 M 沿 N 方向测设水平距离 ΔY_{MA} 定出 A' 点，测设水平距离 ΔY_{MB} 定出 B' 点。

③ 安置经纬仪于 A' 点，盘左照准 M 点或 N 点，旋转 90°给出视线方向，沿此方向量水平距离 ΔX_{MA} 定一点，同法以盘右照准 M 点或 N 点，旋转 90°给出视线方向，沿此方向测设出水平距离 ΔX_{MA} 定出另一点，取两点的中点即为所求点 A 位置。

同理，可以测设 B 点的位置。

④ 架设仪器在 A 点，后视 B 点，盘左旋转 90°，量取建筑物宽度的距离得一点；再后视 B 点，盘右旋转 90°，量取建筑物宽度的距离得另一点，取两点的中点作为 D 点的位置。

同理，在 B 点架设仪器，可放样出 C 点的位置。

⑤ 检核$\angle D$、$\angle C$ 和边长 D_{DC}是否满足限差要求。

（6）直线内分法

直线内分法是从控制轴线上的一个端点量取一定距离而确定的建筑物施工控制点。此法适用于场区控制网为建筑方格网的情况。如图 3.8 中建筑物施工平面控制网附着在场区建筑方格网上，图中方形点表示场区平面控制网点，圆形点表示建筑物施工平面控制网点。

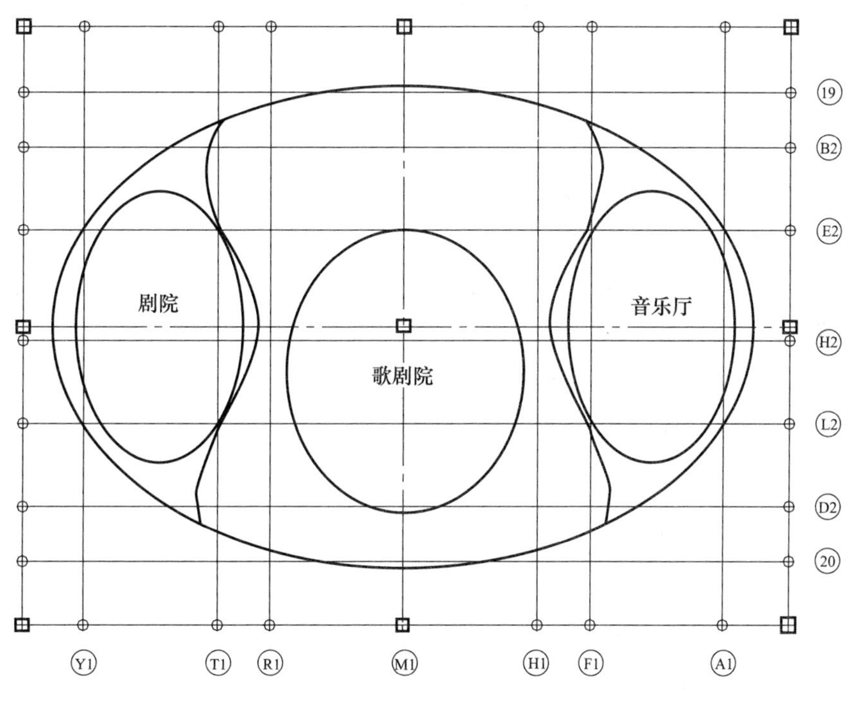

图 3.8 直线内分法

2）根据与建筑红线桩或原有建筑物、道路的关系

（1）根据与建筑红线桩关系

在城市建设中，建筑用地的界址由规划部门确定，并由拨地单位在现场直接标定界址点，界址点的连线通常是正交的直线，称为建筑红线。在建筑红线的范围内，拟建的主要建筑物或建筑群中的多数建筑物的主轴线与建筑红线平行，因此，可根据建筑红线来测设建筑基线。

当以建筑红线桩定位时，应选择沿主要街道且较长的建筑红线边为依据。

如图 3.9 所示，Ⅰ-Ⅱ和Ⅱ-Ⅲ是两条互相垂直的建筑红线，A、O、B 三点是欲测设的建筑基线点。

① 从Ⅱ点出发，沿Ⅱ、Ⅰ和Ⅱ、Ⅲ方向分别量取长度 d 得出 A'点和 B'点。

② 过Ⅰ、Ⅲ两点分别作建筑红线的垂线，并沿垂线方向分别量取长度 d 得出 A 点和 B 点；然后，将 AA'与 BB'连线，则交会出 O 点。A、O、B 三点即为建筑基线点。

③将经纬仪安置在 O 点上，精确观测$\angle AOB$，若$\angle AOB$ 与 90°之差不在容许值以内时，应进一步检查测设数据和测设方法，并对$\angle AOB$ 按水平角精确测设方法进行点位调整，使$\angle AOB=90°$。

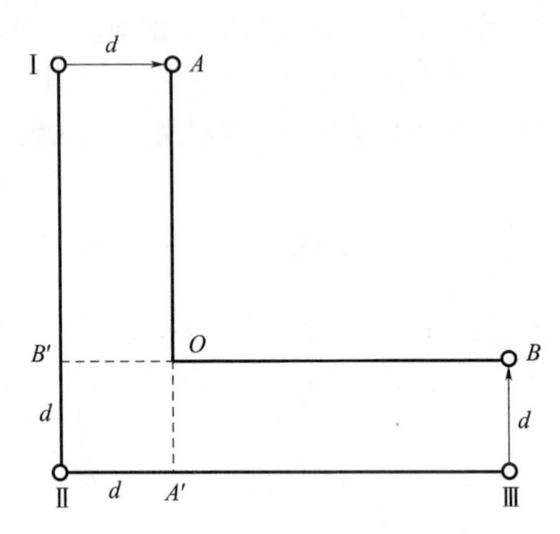

图 3.9　根据建筑红线定位

（2）根据与原有建筑物的关系

如果设计图上只给出新建筑物与附近原有建筑物的相互关系，可根据原有建筑物的边线，将新建建筑物的定位点测设出来。

当以原有建构筑物定位时，应选择外廓规整且较大的永久性建构筑物的长边（或中线）为依据。

如图 3.10 所示，拟建建筑物的外墙边线与原有建筑物（图中绘有斜线的建筑物）的外墙边线在同一条直线上，两建筑物的间距为 10m，拟建建筑物长为 40m，宽为 18m，轴线与外墙边线间距为 0.12m（墙厚 240mm）。

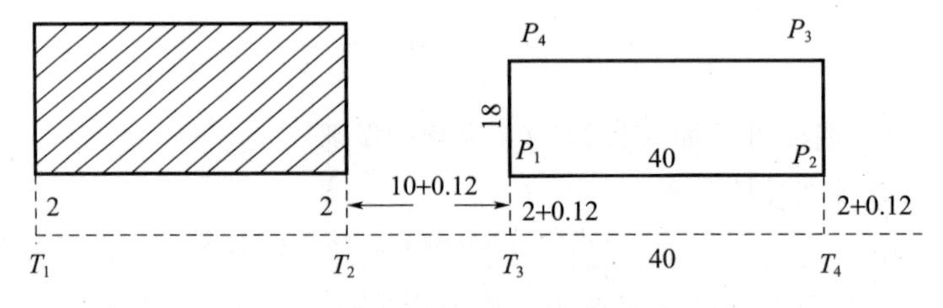

图 3.10　根据与原有建筑物的关系定位

① 设置辅助点 T_1、T_2

沿原有建筑物的两侧外墙拉线，用钢尺顺线从墙角往外量一段较短的距离（这里设为 2m），在地面上标定 T_1 和 T_2 两点，T_1 和 T_2 的连线即为原建筑物的平行线。

② 设置垂足点 T_3、T_4

在 T_1 点安置经纬仪，照准 T_2 点，用钢尺从 T_2 点沿视线方向量取距离 10m＋0.12m，在地面上定出 T_3 点，再从 T_3 点沿视线方向量取距离 40m，在地面上定出 T_4 点，T_3 和 T_4 的连线即为拟建建筑物的平行线，其长度等于建筑物的长度。

③ 测设角点 P_1、P_2、P_3和 P_4

在 T_3点安置经纬仪，照准 T_4点，逆时针测设 90°角，在视线方向上量取距离 2m+0.12m，在地面上定出 P_1点，再从 P_1点沿视线方向量取距离 18m，在地面上定出 P_4点。同理，在 T_4点安置经纬仪，照准 T_3点，顺时针测设 90°角，在视线方向上量取距离 2m+0.12m，在地面上定出 P_2点，再从 P_2点沿视线方向量取距离 18m，在地面上定出 P_3点，则 P_1、P_2、P_3和 P_4点即为拟建建筑物的四个轴线定位点。

④ 检核

在 P_1、P_2、P_3和 P_4点上安置经纬仪，检核四个大角和 90°之差，用钢尺丈量四条轴线的长度，检核长度、宽度的相对误差。

（3）根据与原有道路的关系

如果拟建建筑物距离道路边线有一定的距离，而且轴线与道路中心线平行，则可以根据道路中心线为依据来定位。当以原有道路中线定位时，应选择较长的道路中线为依据。

如图 3.11 所示，拟建建筑物的轴线与道路中心线的距离分别为 12m 和 15m，建筑物轴线长分别为 30m 和 9m。

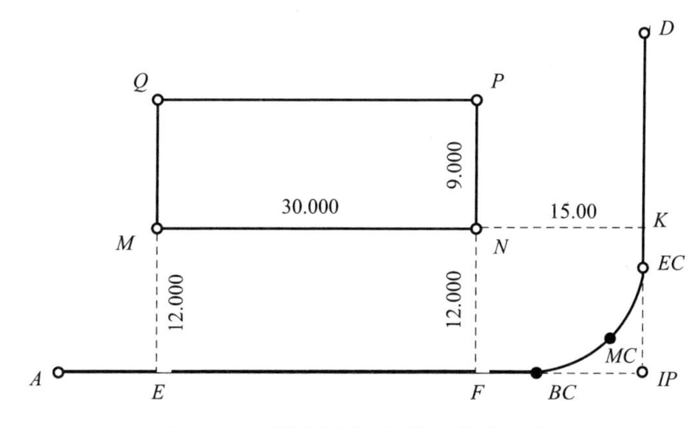

图 3.11 根据与原有道路的关系定位

① 确定道路中心线

在每条道路上选两个合适的位置，分别用钢尺测量该处的道路宽度，其宽度的 1/2 处即为道路中心点，连接每一道路的两中心点即得道路中心线，如图中中心线 EF 和 DK。

② 测设两道路中心线的交点为 IP

在 E 安置经纬仪瞄准 F 点、在 D 点安置经纬仪瞄准 K 点，确定两方向线交会点 IP 点。在 IP 点安置经纬仪，检核两条中心线的垂直度，必要时进行适当的调整。

③ 设置辅助点 F、E

自 IP 起沿道路中心线依次量取距离 15m 和 45m，得 F 和 E 两点。

④ 测设角点 M、N、P 和 Q

在 F 点上安置经纬仪，后视 IP 点，测设 90°角，用钢尺依次测设水平距离 12m 和 21m，在地面上定出 N 和 P 两点。同理，在 E 点上安置经纬仪，在地面上定出 M 和 Q 两点。

⑤ 检核

分别在 M、N、P 和 Q 点上安置经纬仪，检核四个大角和 90°之差，用钢尺丈量四条轴线的长度，检核长度和宽度的相对误差。

工程定位后要经建设单位和规划部门验收合格后方可使用。

3）外部轴线控制桩的测设

如图 3.12（a）所示，由于建筑物的角点或中心桩在基础开挖时会被挖掉，因此需将轴线延长到开挖范围以外安全、便于施工放样的地方，设置外部轴线控制桩，也称为引桩。桩顶面钉小钉标明轴线位置，以便在基槽开挖后恢复轴线时使用。如附近有固定的建筑物或水泥路面，也可以引测到墙面或地面，用红色油漆三角形标注。

外部轴线控制桩采用经纬仪引测的方法，引测时应采用盘左和盘右取中的方法进行。盘左和盘右取中的方法又称为正倒镜法，可以抵消经纬仪的视准轴不垂直横轴和横轴不水平的误差影响。

如图 3.12（b）所示，仪器架设在角点 A 上，盘左瞄准角点 B，将望远镜抬起在 AB 方向上的木桩上定出一点 C'；再盘右瞄准角点 B，将望远镜抬起在 AB 方向的木桩上定出另一点 C''，取 C' 和 C'' 的中点为 C 点，做为引测点。

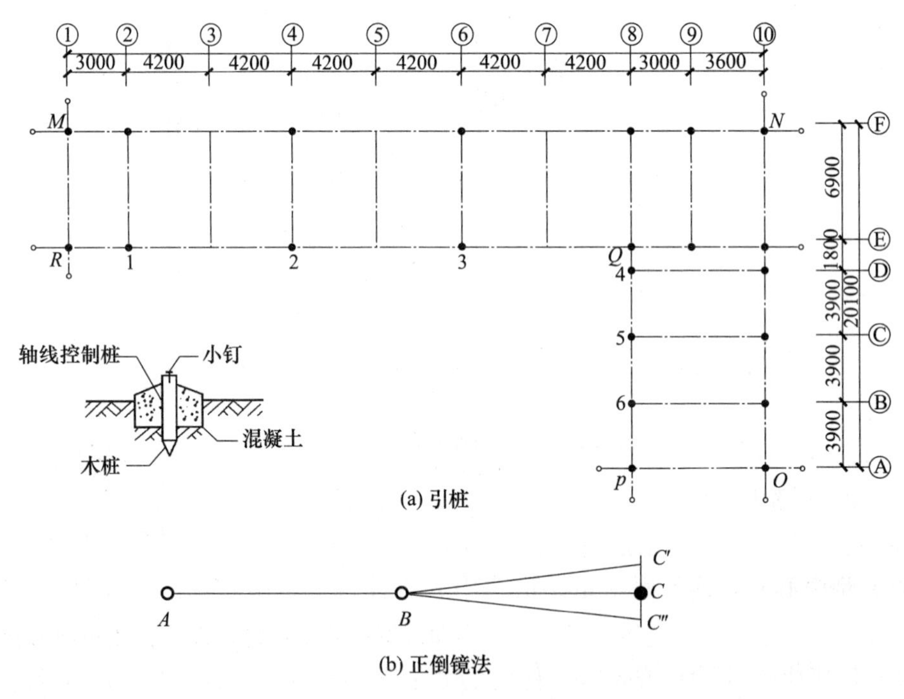

图 3.12　轴线控制桩

外部轴线控制也可以采用设置龙门板的方法。如图 3.13（a）所示，在建筑物四角和中间隔墙的两端，距基槽边线约 2m 以外埋设大木桩即为龙门桩。龙门桩要竖直、牢固，两桩应与基槽平行。根据建筑场地的水准点，在每个龙门桩上测设±0.000m 标高线，在现场条件不许可时，也可测设比±0.000m 高或低一定数值的线。

如图 3.13（b）所示，在中心桩上安置经纬仪，将各控制轴线引测到龙门板上，并钉小铁钉作为轴线标记。龙门板和龙门桩的缺点是耗用的木材较多，做工较复杂，占用范围较多，易受施工影响而不便于保存。

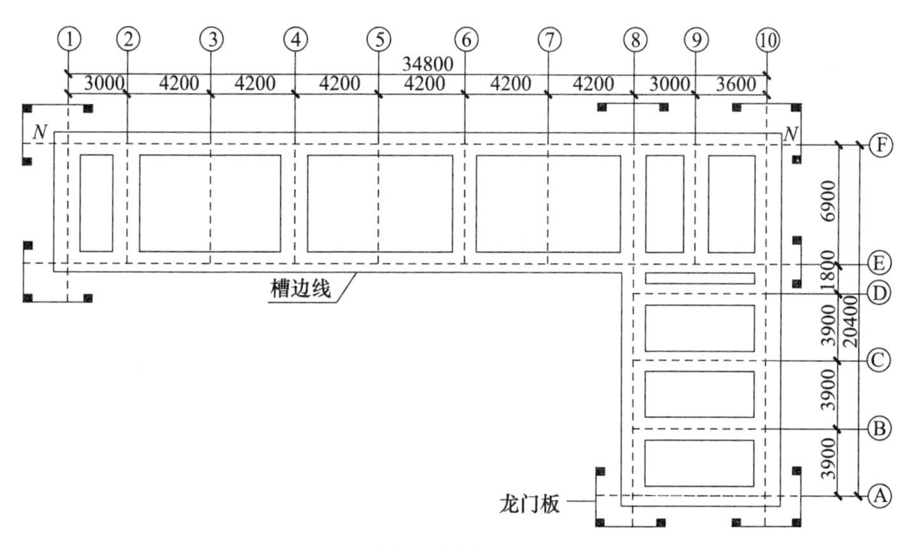

(a) 龙门板和龙门桩

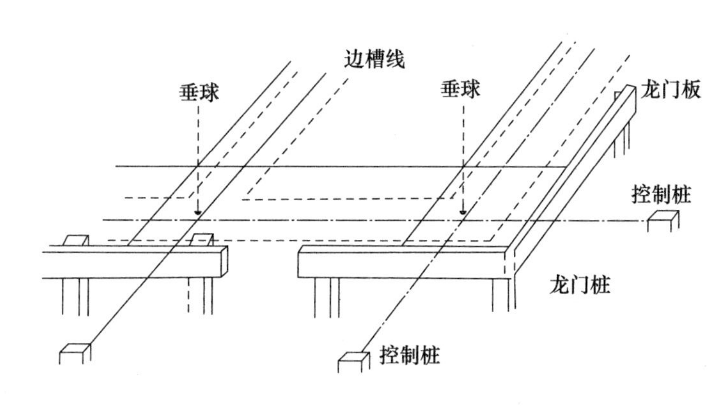

(b) 龙门板引测轴线

图 3.13 龙门桩与龙门板

2. 外部控制网的建立

外部控制网是根据建筑物的形状、大小和现场的施工条件，设计在建筑物外围一定距离且与拟建建筑物平行或重合，构成的“十”字轴线网、矩形控制网或多边形控制网。

外部控制网是根据起算控制点或场区控制点，利用全站仪坐标放样法或直角坐标法，在现场测设出来的。下面以图 3.14 所示某建筑物 1-2-3-4 为例，说明建立外部矩形控制网Ⅰ-Ⅱ-Ⅲ-Ⅳ的方法和步骤。

1）全站仪坐标放样法

矩形控制网在总平面图上设计，首先根据现场场地情况，确定其各边与建筑外廓主轴线的间距，再根据建筑物的四个角点 1、2、3、4 的坐标，确定Ⅰ-Ⅱ-Ⅲ-Ⅳ四个角点的坐标。在现场根据场区控制点 A、B、C、D，用全站仪坐标放样法测设四个角点并打桩。最后检核四个内角和边长，应满足相应等级控制网的要求。

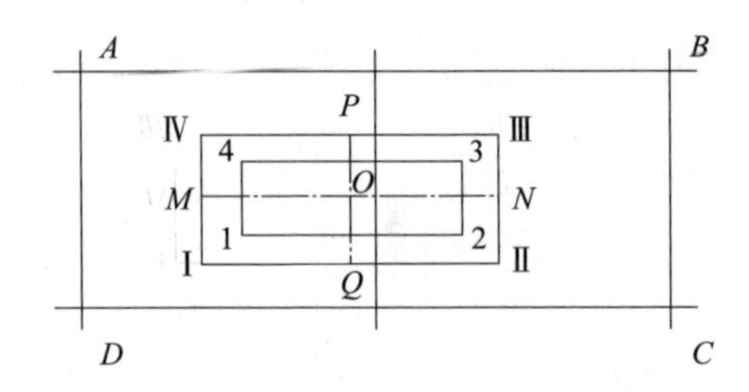

图 3.14　外部控制网

2）直角坐标法

（1）矩形控制网的设计

图 3.14 中 1、2、3、4 为建筑物的四个角点，其设计坐标已经根据建筑方格网 $ABCD$ 的坐标在设计图纸上给出；选定与建筑物轴线重合或平行的两条纵、横轴线作为主轴线，即图中的 MON、POQ 轴线；然后在基础开挖边线外，距离为 1.5～4m 处测设一个与轴线平行的矩形控制网，如图中Ⅰ、Ⅱ、Ⅲ、Ⅳ所示。根据角点 1、2、3、4 点坐标，即可推算出主轴线点 M、N、P、Q 点的坐标及矩形控制网点Ⅰ、Ⅱ、Ⅲ、Ⅳ的坐标。

（2）矩形控制网的测设

测设矩形控制网时，首先根据场区方格网或测量控制点，将长轴线 MON 测设于地面，再根据长轴线测设出短轴线 POQ，使纵主轴线确定后，就可根据主轴线测设矩形控制网。测设时，首先在纵横主轴线端点 M、N、P、Q 分别安置经纬仪，以 O 点作为起始方向，分别测设直角，交会定出Ⅰ、Ⅱ、Ⅲ、Ⅳ四个角点，然后再精密丈量 MⅠ、MⅡ、NⅢ、NⅣ、PⅡ、PⅢ和 QⅠ、QⅣ的距离，其精度要求与主轴线相同，若量距误差所得角点位置与角度交会法定点所得的点位不一致时，则应调整。

图 3.15 中 K_1～K_4 为测设的与建筑物某轴线重合的矩形外部控制网，图 3.16 中 A、B、C、D 为测设的“十”字轴线外部控制网。

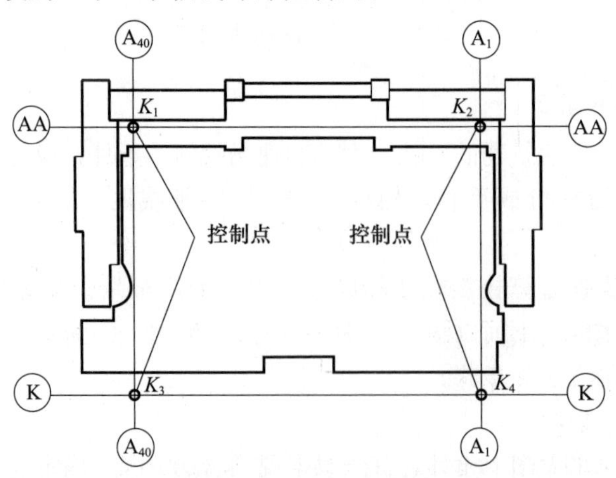

图 3.15　矩形外部控制网

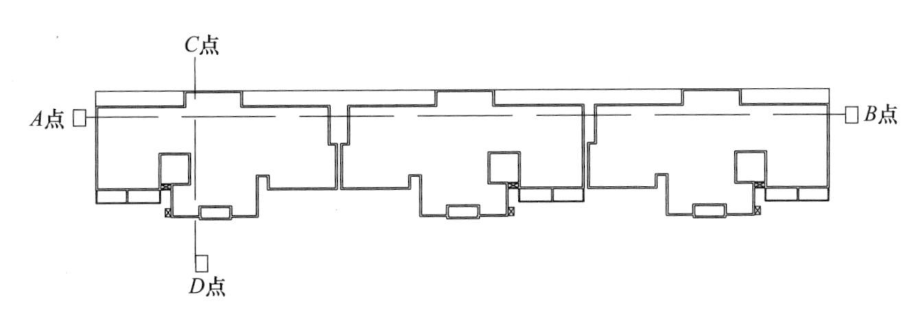

图 3.16 十字轴线控制网

3. 内部控制网的建立

由于建筑工地狭小或随着建筑物的高度的不断增加，在建筑物的轴线控制桩上架设仪器观测，会因为仰角过大而困难或不可能，因此，在建筑物的首层围护结构封闭前，应根据施工需要将建筑物的轴线控制网或外部控制网转移至内部，建立建筑物的内部控制网。

内部控制网的布设及选型必须结合建筑物的平面几何形状，一般设置在建筑物外廓轴线，伸缩缝、沉降缝两侧轴线，电梯间、楼梯间两侧轴线，单元、施工流水段分界轴线等主控轴线位置，并应组成相应的闭合的几何图形。如图 3.17 为建筑物的内部控制点布置图，(a) 为十字轴线形式，(b) 为矩形网形式，(c) 为圆形形式。

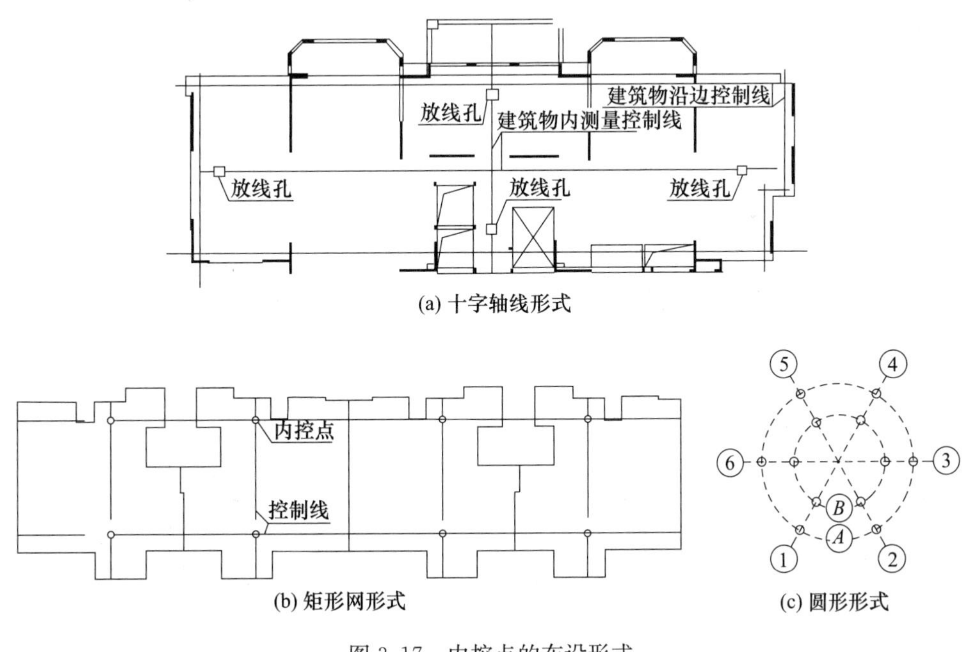

图 3.17 内控点的布设形式

1) 内控点的布设

内控点的布设要根据施工流水段的划分进行，每一流水段布设至少 3 个点，作为该流水段的测量控制点。

2) 预埋件的埋设

内部的控制点宜设置在浇筑完成的预埋件上或预埋的测量标板上。一般地，根据平面控制点布置图，在首层楼板底板上埋设预埋铁件，以后在各层施工浇筑混凝土顶板时，在垂直对应控制点位置上预留出 200mm×200mm 孔洞，以便轴线向上投测。如图 3.18 所示，预埋铁件由 200mm×200mm×10mm 厚钢板制作而成，在钢板下面焊接ϕ12 钢筋，且与楼板焊接浇筑。

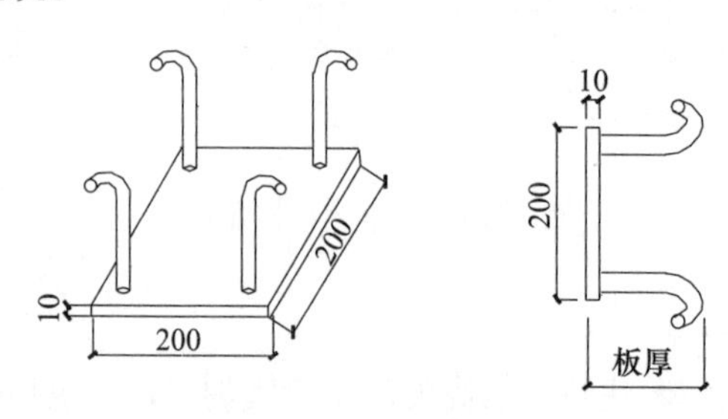

图 3.18　预埋件

3）内控点的测设

预埋件埋设完毕后，以建筑物轴线控制网或外部控制网为基准，将外控点分别引测到预埋件上，引测的投点误差小于 1.5mm。

以图 3.19 为例，说明根据外控十字轴线引测内控点的测设步骤。

（1）在 1 点架设仪器，后视 3 点，在偏离 1～3 连线 1m 预埋件上标注方向线，用红油三角形表示，如图 3.20。

（2）在 2 点架设仪器，后视 5 点，在偏离 2～5 连线 1m 预埋件上标注方向线。

（3）连接预埋件上的两方向线，交点即为内控点。

同理，可以测设其他主轴线上内控点。

（4）以主轴线上内控点为基准，测设其他轴线上的内控点。

（5）检核内控点构成的矩形或几何图形的内角和边长是否满足相应等级的限差要求。

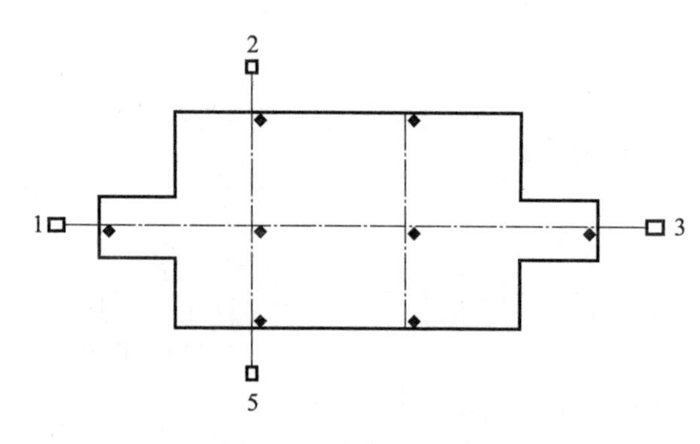

图 3.19　内控点的引测

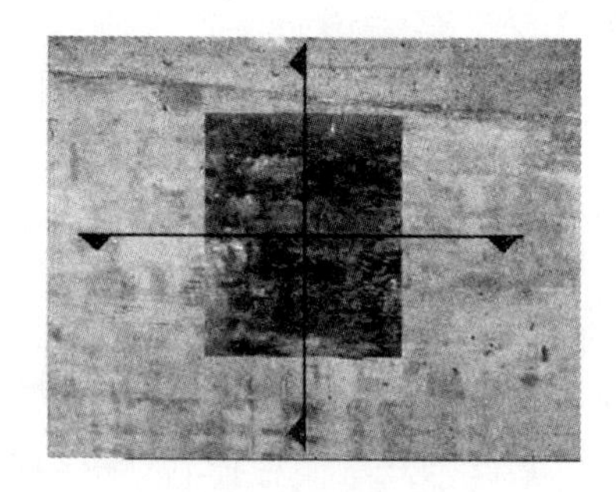

图 3.20　内控点标志

内控点的测设也可以直接以场区控制点或起算点采用极坐标法测设，但必须将内、外控制点进行联测，保证内、外控制点之间几何关系的正确性。

4. 加密控制轴线的测设

根据实际情况和工程的需要，可以测设加密控制轴线。工业与民用建筑物的加密控制轴线一般设置在外廓轴线、伸缩缝和沉降缝两侧轴线、电梯间两侧轴线、单元和施工流水段分界轴线。如图 3.21（a）为首级主轴线控制网，D、G 轴和 1、11、20 轴为主控轴线，（b）为加密轴线控制网，A、F 轴和 5、16 轴为加密轴线。

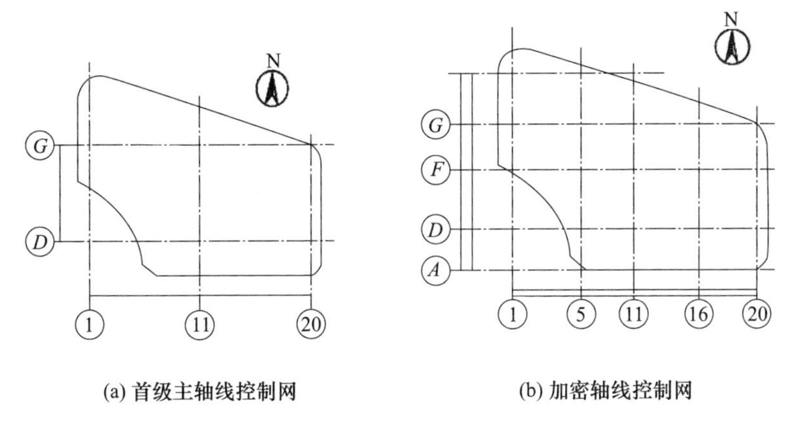

图 3.21　两级轴线控制网

加密控制轴线以首级建筑物主轴线控制网为依据，采用直角坐标法、直线内分法等方法测设，其精度和建筑物首级控制网的相同。

3.2　建筑物高程控制测量

3.2.1　精度设计

建筑物高程控制测量应采用水准测量，附合路线和闭合水准路线的闭合差不低于四等水准测量的要求，即高差闭合差 $f_h \leqslant 16\sqrt{L}$，L 为路线长，以公里为单位。

3.2.2　路线设计

建筑物高程控制网采用附合路线、闭合路线。

3.2.3　选点埋石

（1）建筑物高程控制网应在每一栋建筑物周围布设，水准点的个数不应少于 2 个，独立建筑物不应少于 3 个点。

（2）当场区高程控制点距离施工建筑物小于 200m 时，可直接利用。

（3）水准点可设置在平面控制网的标桩或外围的固定地物上，也可单独埋设。当施工中高程控制点标桩不能保存时，应将其高程引测至稳固的建筑物或构筑物上。

3.2.4　外业观测

（1）建筑物的±0 高程面应根据场区水准点测设。施测前应以高程起算点为依据，对场区水准点进行联测检核，高程无误后采用附合路线或闭合路线测量建筑物±0 高程点。

(2) 建筑物高程控制宜采用水准测量，施测精度不应低于四等水准；引测高程的精度不应低于四等水准。

习　题

3-1　建筑物施工平面控制测量的网型有哪些？

3-2　什么是定位轴线控制网？依据已知平面控制网点定位的方法有哪些？

3-3　建筑物外部控制网测设的方法有哪些？

3-4　建筑物内部控制网测设的方法和步骤是什么？

3-5　建筑物高程控制点的布设有哪些要求？

4 施工放样

施工放样是把设计的建构筑物的平面位置、高程测设到实地，以便指导工程施工的测量工作，具体就是根据建筑物施工控制网，按照施工图纸和施工方案进行建筑物的定位放线、主轴线投测、细部放线和标高传递的工作。施工放样一般包括资料准备、建筑物施工控制点的检核、定位放线、轴线和标高测设等内容。

4.1 资料准备

建筑物施工放样前，应准备下列资料：

（1）总平面图；

（2）建筑物的设计与说明；

（3）建筑物的轴线平面图；

（4）建筑物的基础平面图；

（5）设备的基础图；

（6）土方的开挖图（或土方施工方案）；

（7）建筑物的结构图；

（8）管网图；

（9）场区控制点坐标、高程及点位分布图。

4.2 建筑物施工控制点的检核

建筑物施工控制点布设在建筑物施工现场附近，容易受到施工过程的土方开挖、运输车辆等影响，因此，放样前应对建筑物施工平面控制点和建筑物高程控制点进行检核，保证控制点的准确。

4.2.1 建筑物施工平面控制点的检核

建筑物施工平面控制点的检核方法主要有坐标检核、边长检核、角度检核、轴线检核等方法。

（1）坐标检核

坐标检核是利用在场区控制点用全站仪重测建筑物平面控制点的坐标，和其已知坐标比较，看其是否超出较差的限差要求。

全站仪坐标测量误差分析的思路和方法如下。

全站仪测量地面点坐标的误差来源于仪器对中误差、测角误差、测距误差以及在地面标定点位的误差，其中测角误差和测距误差为主要误差，只考虑这两项误差的计算公式为：

$$m^2 = m_s^2 + \frac{m_\beta^2}{\rho^2} D \tag{4.1}$$

式中 m_s——测距中误差，$m_s = a + bD$；

a——仪器标称精度的固定误差；

b——比例误差系数；

D——距离，以公里为单位；

m_β——测角中误差；

$\rho = 206265''$。

假设仪器的标称精度为测角中误差为 $2''$，测距中误差为 $m_s = 2 + 2D$，取距离 $D=$ 100m，则测量点位的中误差为：

$$m = \sqrt{(2+2\times0.1)^2 + (2/206265\times100\times1000)^2} \approx 2.41$$

按照测量误差的传播定律，取 $2\sqrt{2}$ 倍的点位中误差作为坐标较差的限差，则：

$$m_{限} = 2\times\sqrt{2}\times2.41 \approx 6.8$$

考虑到仪器对中误差、标定误差等因素，取：

$$m_{限} = 10\ (\text{mm})$$

（2）边长、角度检核

边长、角度检核是测量平面控制点间的边长、角度，和其已知坐标计算出的理论边长、角度比较，看其是否超出限差要求。

（3）轴线检核

如图 4.1 所示，建筑物平面控制网的横向轴线控制只需要 A、B 两个桩点就可以控制，在这两个桩确定的主轴线方向上再设置第三个辅助桩 B'，以便于架设在其中一个桩如 A 点，瞄准另一个桩如 B 点，检测辅助桩 B' 是否与 A、B 两点在一条直线上，以此判断控制桩是否有位移。

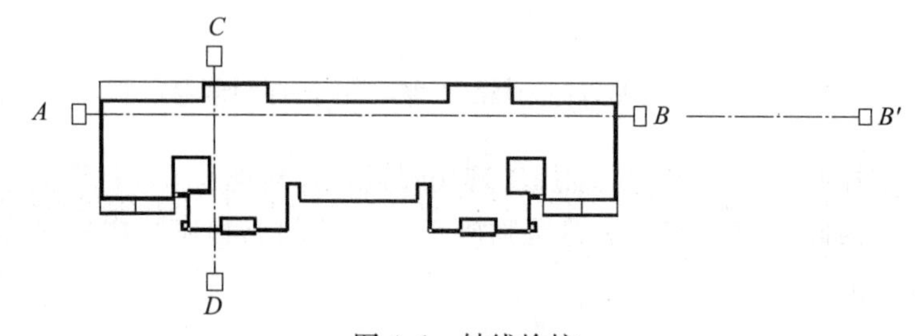

图 4.1 轴线检核

4.2.2 建筑物高程控制点的检核

高程控制点的检测采用同等级测量场区高程控制点和建筑物高程控制点间的高差，和其理论高差相比较，看其是否超出相应等级高差较差的限差要求。

4.3 民用建筑施工放样

民用建筑是供人们居住和进行公共活动的建筑的总称，按照功能划分为住宅建筑和公共建筑。一般民用建筑由基础、墙或柱、楼底层、楼梯、屋顶、门窗等构配件组成，如住宅、写字楼、学校、影剧院、医院、展览馆、商店和体育场馆等。

4.3.1 建筑物定位测量

施工放样阶段建筑物定位测量的方法主要有方向线交会法、直线内分法和直角坐标法三种方法。

（1）方向线交会法

在建立建筑物施工平面控制网阶段，如果建筑物施工平面控制网是根据建筑物定位轴线控制网来建立的，则在建立建筑物施工平面控制网的过程中，已完成建筑物的定位工作。

如果建筑物定位的角点桩保存完好，则可直接利用；如果定位的角点桩需要重测或检测，则可根据两条定位轴线桩采用方向线交会法恢复角点桩的位置。

（2）直线内分法

直线内分法是在两个已知坐标点的联线上，通过测量距离确定直线上任一待定点坐标的方法。如图 4.2 所示，架设仪器在 B 点，瞄准 A 点，量取距离 BA_1，角点 A_1 就被定出点位。

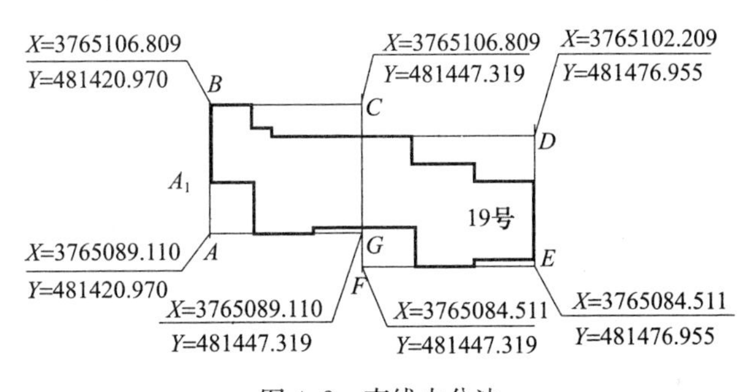

图 4.2　直线内分法

（3）直角坐标法

如果建筑物平面控制网是外部控制网或内部控制网，则建筑物定位常采用直角坐标法。

如图 4.3 所示，四边形 $A'B'C'D'$ 是在基槽外侧测设的平行于建筑物 $ABCD$ 的建筑物平面控制网，建筑物定位的步骤是：

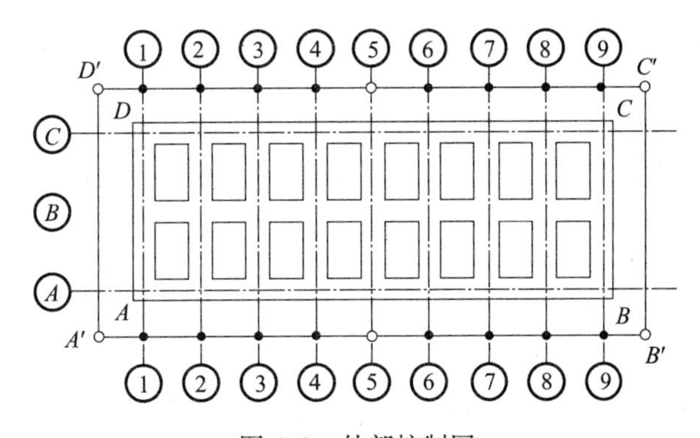

图 4.3　外部控制网

首先，根据建筑物平面控制网点测设建筑物主轴线控制桩。在点 A'架设仪器，瞄准点 B'，在其方向上量取 A'到①轴的距离，定出主轴线控制桩 $A'1$ 点；

然后，根据主轴线控制桩测设建筑物角桩。在 $A'1$ 点架设仪器，后视 B'，旋转 90°，定出①轴方向，在其方向上量取点 $A'1$ 到 A 轴的距离，即可得到 A 角桩点。同法，B、C、D 点可测设出来。

建筑物定位测量的主要轴线点间距离的允许偏差见表 4.1 的规定。

表 4.1　建筑物定位的测量允许偏差表

内容	长度 L 的尺寸（m）	测量允许偏差（mm）
外廓主轴线的长度 L（m）	$L \leqslant 30$	±5
	$30 < L \leqslant 60$	±10
	$60 < L \leqslant 90$	±15
	$90 < L \leqslant 120$	±20
	$120 < L \leqslant 150$	±25
	$150 < L \leqslant 200$	±30
	$L > 200$	按 40% 的施工限差取值

建筑物定位测量由施工单位填写工程定位测量记录，报监理单位审核复测，由建设单位报请规划部门验线。

4.3.2　建筑物的放线

建筑物放线是根据已测设的建筑物主轴线交点桩和建筑物平面图，详细测设建筑物内部各轴线的中心桩的测量工作。

建筑物的放线应根据建筑物主要轴线点（角点或定位点）以直线内分法测定。

如图 4.4 所示，A 轴、E 轴、①轴和⑥轴是建筑物的四条外墙主轴线，其交点 M、N、P、Q 是建筑物的定位点。各主次轴线间距如图，各细部轴线交点的测设方法如下：

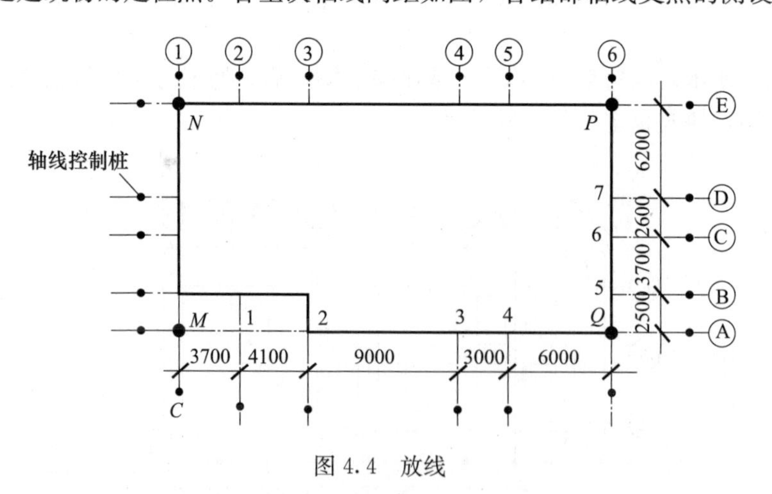

图 4.4　放线

在 M 点安置经纬仪，照准 Q 点，把钢尺的零点对准 M 点，沿视线方向拉钢尺，在钢尺上读数等于①～②轴间距 3.7m 的地方打下木桩，然后用经纬仪视线指挥在桩顶上

画一条 MQ 方向的纵线，再拉好钢尺，在读数等于轴间距处画一条横线，两线交点即 A 轴与②轴的交点 1。

按照同样的方法测设 A 轴与③～⑥轴的交点，但须注意钢尺的零点仍然对准 M 点，并沿视线方向拉钢尺，而钢尺读数应为①轴和③～⑥轴间距，这种做法可以减小钢尺的对点误差。如此依序测设 A 轴与其他有细部轴线的交点。

测设完 A 轴上的轴线点后，用同样的方法测设 E 轴、①轴和⑥轴上的轴线点。

在基槽或基坑开挖时，中心桩将会被挖掉，采用轴线控制桩或者龙门板进行轴线引测，注记轴线编号，并测设标高，做好桩位的保护。相邻轴线点间距偏差应小于 5mm。

4.3.3 基础施工测量

1. 基坑开挖边线标定

建筑物轴线标定以后，就以轴线为依据，按基底宽度、基础深度和放坡要求在工地标定出来基础开挖边线。如图 4.5 所示，先按基础剖面图给出的设计尺寸，计算基槽的开挖宽度：

$$d=B+2mh \tag{4.2}$$

式中 B——基底宽度，可由基础剖面图查取；

h——基槽深度；

m——边坡坡度的分母。

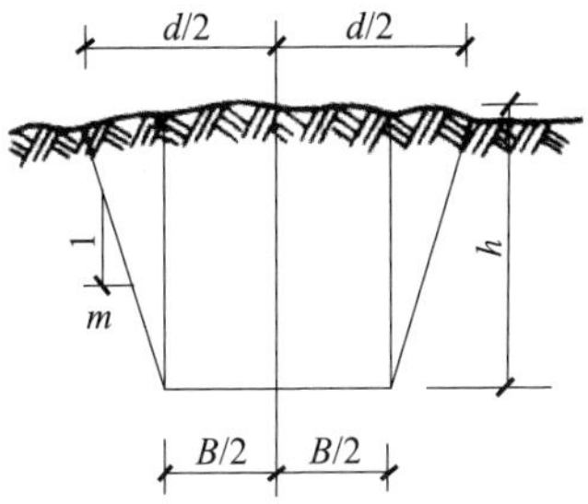

图 4.5 基槽开挖宽度

如图 4.6 所示，根据计算结果，在地面上以轴线为中线向两边各量出 $d/2$，拉线并撒上白灰即为基槽的开挖边线。

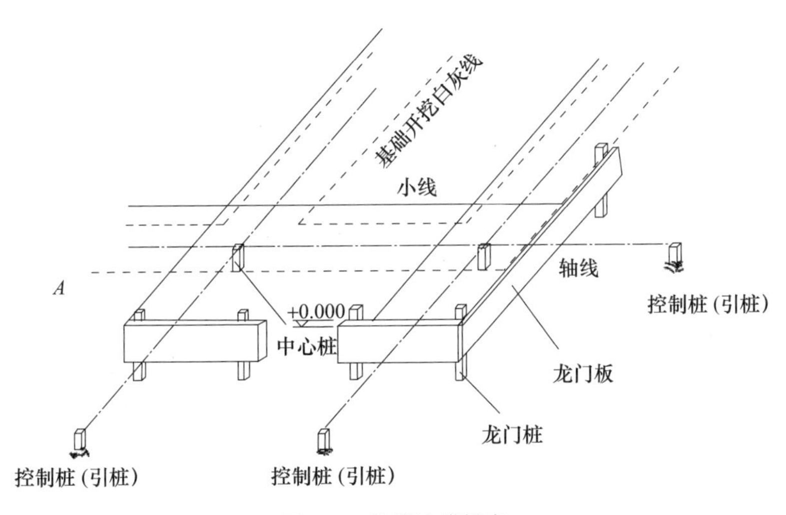

图 4.6 基槽边线标定

如果是基坑开挖，则只需按最外围墙体基础的宽度、深度及放坡坡度确定开挖边线。

基槽（坑）开挖放线的允许误差要求为：

(1) 条形基础放线应以轴线控制桩为准测设基槽边线，灰线外侧为槽宽，允许误差为（＋20mm，－10mm）。

（2）杯型基础放线应以轴线控制桩为准测设柱中心桩，再以中心桩及轴线方向定出柱基开挖边线，中心桩允许误差为3mm。

（3）整体基础开挖放线时以轴线控制桩测设，地下连续墙中线的横向允许误差为±10mm；混凝土灌注桩中线的横向误差为±20mm；大开挖的基槽上口允许误差为（＋50mm，－20mm），下口允许误差为（＋20mm，－10mm）。

2. 基坑标高测设

基槽或基坑使用机械开挖时，一般是一次挖到设计槽底或坑底的标高，因此要在施工现场安置水准仪，边挖边测，随时指挥挖土机调整挖土深度，使槽底或坑底的标高略高于设计标高10～20cm，留给人工清土。当基槽开挖到接近槽底时，在基槽壁上自拐角起，每隔3～5m测设比槽底设计高程高0.3～0.5m的水平桩，作为控制挖槽深度、修平槽底和打基础垫层的依据，其允许误差为±5mm。

水平桩是根据施工现场已测设的±0.000或龙门板顶标高，用水准仪按水准测量的方法测设的标高控制桩。如图4.7所示，设槽底设计标高为－2.1m，水平桩高于槽底0.5m，即水平桩的标高为－1.6m，用水准仪后视龙门板顶面上的水准尺，得读数a＝1.286m，则水平桩上标尺的应有读数为$b=a+1.6=1.286+1.6=2.886$m。测设时沿槽壁上下移动水准尺，当读数为2886mm时，沿尺底面水平地在槽壁打一小木桩即为要测设的水平桩。

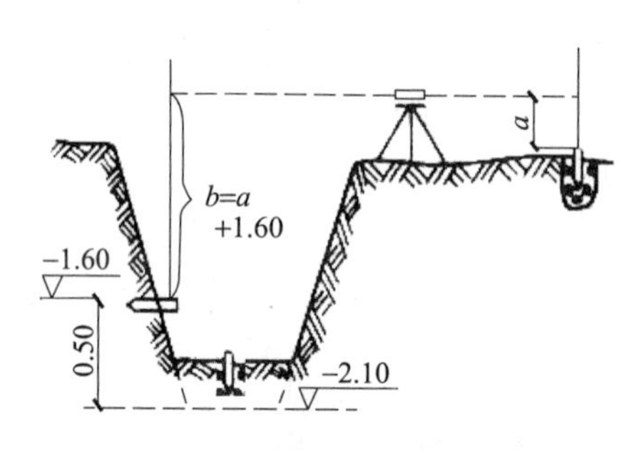

图4.7　水平桩、垂直桩测设

如图4.7所示，垫层面标高的测设可以水平桩为依据在槽壁上弹线，也可在槽底打入垂直桩，使桩顶标高等于垫层面的标高。当基坑底面积较大时，为便于控制整个垫层的标高，也应在坑底均匀地打一些垂直桩，使桩顶标高等于垫层面的标高。

较深的基坑标高由坑内临时水准点进行控制。临时水准点的标高由地面上的标高控制点按连续水准测量的方法进行传递。

3. 基础中线投测

如图4.8所示，基坑开挖完成后，在基坑垫层上需要测设各条轴线。如果设置有龙门板，可以通过在轴线钉上挂线和吊线锤的方法。

如果地面上设置的是轴线控制桩，可以用经纬仪向基坑下投测建筑物的轴线。投测主控轴线的允许误差为±3mm。如图4.9所示，将经纬仪架设在一个控制桩上，瞄准同一轴线上的另一控制桩，然后下俯基坑内，竖丝所指的位置就是轴线的位置。

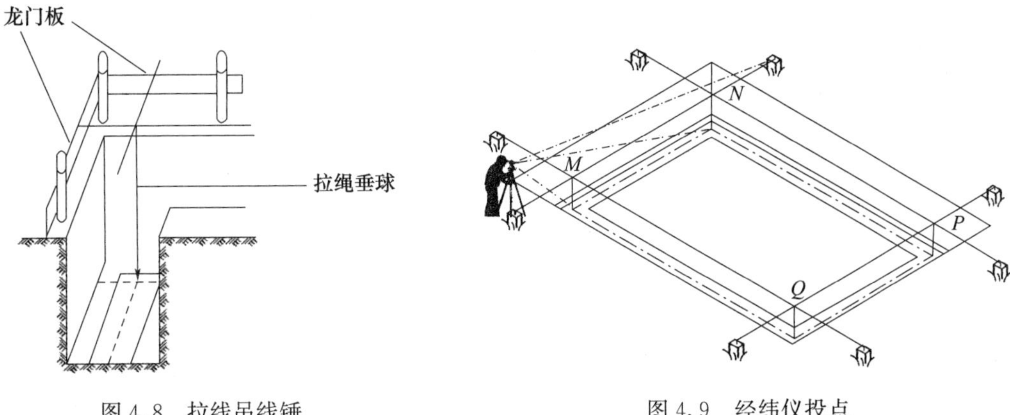

图 4.8 拉线吊线锤　　　　图 4.9 经纬仪投点

经校核投测的主轴线满足要求后，以此为依据放出细部轴线。由主轴线的交点，沿主轴线量出细部轴线距离，将细部轴线的两端对应点弹成墨线，如此完成所有轴线的弹线。细部轴线放线的允许误差小于±2mm。

4. 基础标高控制

基坑开挖完成后，应及时用水准仪根据地面上的±0.000 标高线将高程引测到坑底，较深的基坑引测时可用连续水准测量或用悬吊钢尺代替水准尺进行观测。

采用箱基和筏基的标高，直接将高程标志测设到竖向钢筋和模板上，作为安装模板、绑扎钢筋和浇筑混凝土的标高依据。并在基坑护坡的钢板或混凝土桩上做好标高为负的整米数的标高线。

如图 4.10 所示，采用基础墙的标高一般是用基础皮数杆来控制的。基础皮数杆是用一根木杆做成，在杆上注明±0.000 的位置，按照设计尺寸将砖和灰缝的厚度，分皮从上往下画出来，此外还应注明防潮层和预留洞口的标高位置。

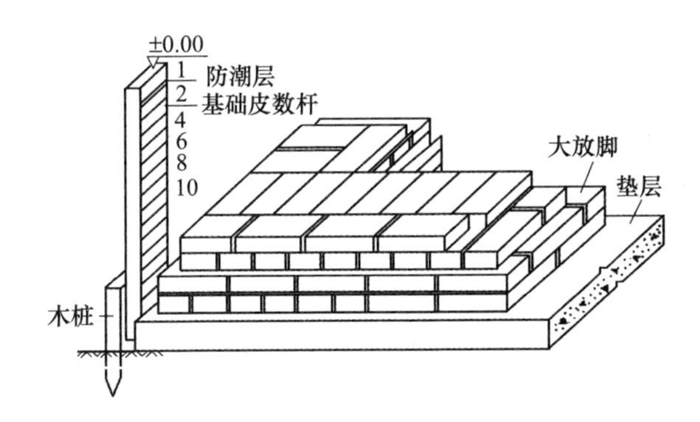

图 4.10 基础皮数杆

立皮数杆时，可先在立杆处打一木桩，用水准仪在木桩侧面测设一条高于垫层设计标高某一数值如+0.2m 的水平线，然后将皮数杆上标高相同的一条线与木桩上的水平线对齐，并用铁钉把皮数杆和木桩钉在一起，这样立好皮数杆后即可作为砌筑基础墙的标高依据。对于采用钢筋混凝土的基础，可用水准仪将设计标高测设于模板上。

5. 桩基础施工测量

高层或超高层建筑常采用桩基础，桩基础根据地上建筑物的需要分为群桩和单排桩。3～20 根桩为一组的称为群桩，1～2 根为一组的称为单排桩。

（1）桩位轴线测设

桩位轴线测设是以建筑物平面控制网为基础，采用直角坐标法、直线内分法测设。桩位定位放样允许误差小于±10mm。

如图 4.11 所示，对所测设的桩位轴线的引桩均要打入小木桩，木桩顶上应钉小铁钉作为桩位轴线引桩的中心点位。

在桩位轴线测设完成后，应及时对桩位轴线间长度和桩位轴线的长度进行检测，要求实量距离与设计长度之差满足：单排桩或群桩中的边桩允许偏差≤10mm；群桩≤20mm。

如图 4.12 所示，如果采用的是机械钻孔桩，则根据桩位四周的引桩的连线交点确定桩位中心点即为护筒中心点，护筒就位后由测量人员对护筒进行二次复测。使用定型十字刻度尺安放在护筒顶部，测量定位后，根据护筒偏差对护筒进行调整，对中后对护筒四周空隙用黏土填实夯紧。并用油漆将引桩点标示在护筒边上，以利于钻机随时校核桩位中心线。

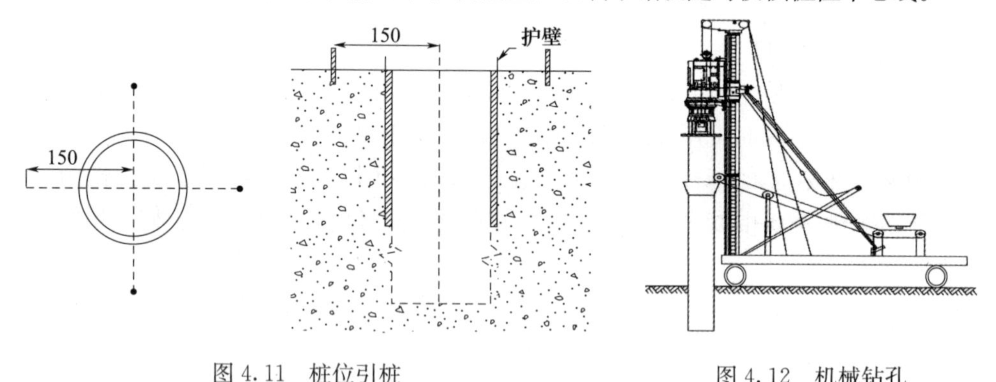

图 4.11　桩位引桩

图 4.12　机械钻孔

（2）桩位标高控制

为了控制孔桩开挖深度，在护壁顶部或护筒顶部测出标高，根据灌注桩设计桩尖标高计算出由顶部到桩尖的深度，用钢尺或测绳测量孔桩的深度。

（3）桩基础竣工测量

在桩基础工程完成后，需测量桩位偏移量。桩位偏移量是指桩顶中心点在设计纵、横桩位轴线上的偏移量。采用极坐标法测定每个桩顶中心点坐标与理论坐标之差计算其偏移量。桩顶标高测量使用水准仪采用水准测量的方法测定。

桩基础桩位竣工测量完成后，应进行桩基础定位测量报验，报验的主要内容包括：建筑物定位控制点、建筑物纵、横桩位轴线编号及其间距、承台桩点实际位置及编号、角桩、引桩点位及编号。

4.3.4　墙体施工测量

1. 首层墙体施工测量

（1）墙体主轴线测设

基础工程结束后，应对龙门板或轴线控制桩进行检查复核，以防基础施工期间发生碰动移位。复核无误后，可根据轴线控制桩或龙门板上的轴线钉，用经纬仪投测法或拉线法，把主轴线测设到基础结构外框柱上并弹线和做出标志，如图 4.13 所示，然后用钢尺检查墙体轴线的间距和总长是否等于设计值，用经纬仪检查外墙轴线四个主要交角是否等于 90°。符合要求后作为向上投测各层楼房墙体主轴线的依据。

（2）墙体标高控制

砌筑墙体时，其标高用墙身皮数杆控制。墙身皮数杆是表面刻划有楼层标高、构件位置及砖的皮数的木质竖杆，皮数杆全高绘制允许误差为±2mm。

如图 4.14 所示，墙身皮数杆一般立在建筑物的拐角和内墙处，固定在木桩或基础墙上。为了便于施工，采用里脚手架时，皮数杆立在墙角的外边；采用外脚手架时，皮数杆应立在墙角里边，相邻间距不大于 15m。立皮数杆时，先用水准仪在立杆处的木桩或基础墙上测设出±0.000 标高线，允许误差为±2mm，然后把皮数杆上的±0.000 线与该线对齐，用吊锤校正并用钉钉牢，必要时可在皮数杆上加两根钉斜撑，以保证皮数杆的稳定。并根据设计要求、将砖规格和灰缝厚度（皮数）及竖向结构的变化部位在皮数杆上标明。

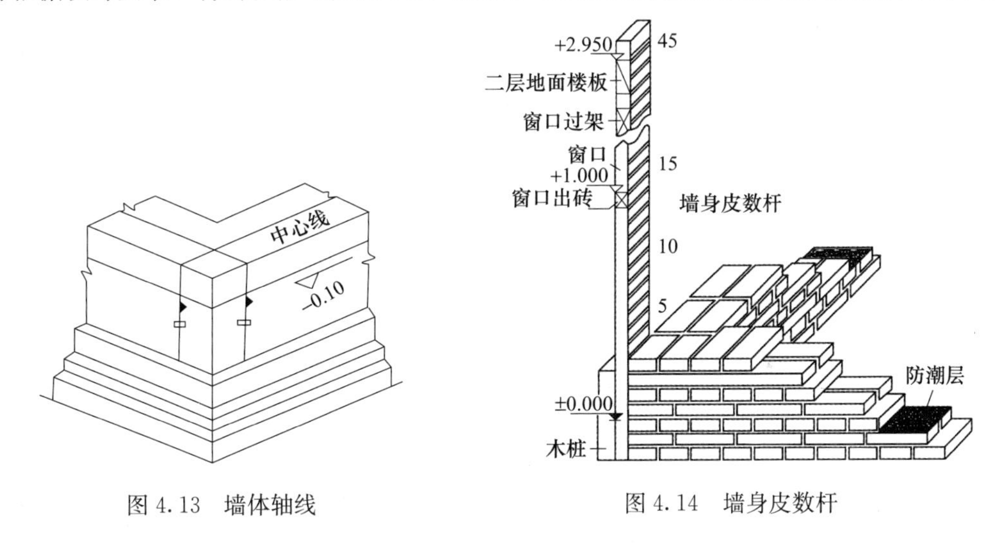

图 4.13　墙体轴线　　　　图 4.14　墙身皮数杆

墙体砌筑到一定高度后，应在内、外墙面上测设出＋0.500m 标高的水平墨线，称为“建筑 50 线”。外墙的＋50 线作为向上传递各楼层标高的依据，内墙的＋50 线作为室内地面施工及室内装修的标高依据，允许误差为±3mm。

2. 二层以上墙体施工测量

1）墙体主轴线测设

墙体主轴线与基础主轴线在同一铅垂面上，应将基础的主轴线投测到施工楼面上，并在楼面上弹出墙体的主轴线，用于指导楼面的施工。根据现场的实际情况，墙体主轴线测设的方法主要有经纬仪投测法、吊垂线法和垂准仪法。

（1）经纬仪投测法

如图 4.15 所示，当施工场地比较宽阔时可使用经纬仪正倒镜分中法进行竖向投测。安置经纬仪于轴线控制桩上，严格对中整平后，首先用盘左照准建筑物底部的轴线标志，往上转动望远镜，用其竖丝指挥在施工层楼面边缘上画一点，然后盘右再次照准建筑物底部的轴线标志，往上转动望远镜，用其竖丝指挥在施工层楼面边缘上画出另一点，取两点的中间点作为轴线的端点。其他轴线端点的投测方法与此相同。

随着楼层的升高，经纬仪投测时的仰角将变大，这样一是操作不便，二是误差也较大，此时应将轴线控制桩用经纬仪引测到远处稳固的地方，然后继续往上投测。如果周围场地有限，也可将轴线控制桩引测到附近建筑物的房顶上。如图 4.16 所示，先在轴线控制桩 A_1上安置经纬仪，照准建筑物底部的轴线标志 C_1，将轴线投测到楼面 A_2点处，然后在 A_2上安置经纬仪，照准 A_1点，将轴线投测到附近建筑物屋面上 A_3点处，以后就可在 A_3点安置经纬仪，照准 A_2点，投测更高楼层的轴线。

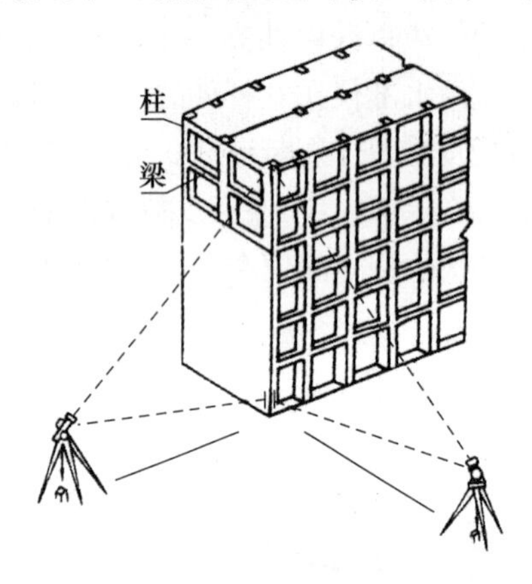

图 4.15　经纬仪轴线投测

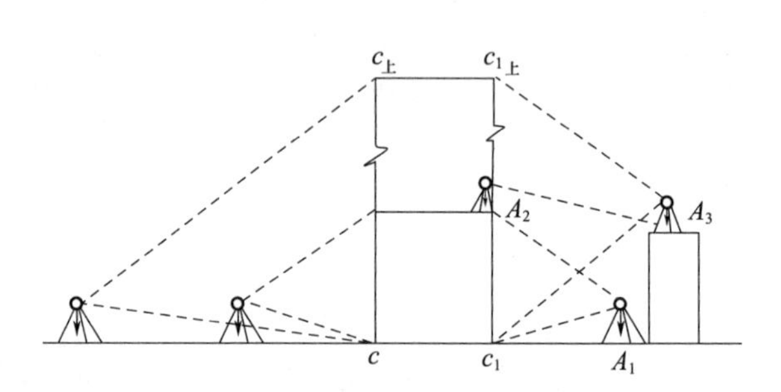

图 4.16　经纬仪逐层轴线投测

如果建筑场地四周较小，高层建筑四廓轴线无法延长，可以采用平行借线法，将轴线向建筑物外侧平行移出一定尺寸，俗称借线。移出的尺寸应视外脚手架的情况而定，尽量不超过 2m。如图 4.17 所示，轴线 A 向外侧借线，仪器先后安置在借线上，以首层的借线点为后视，向上投测并指挥施工层上的人员，垂直视线横向移动水平尺，以视线为准向内量出借线尺寸，就可在施工层上定出或恢复轴线 A 位置。

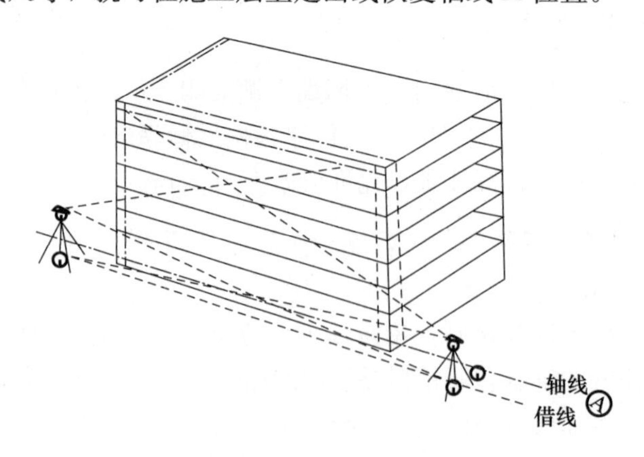

图 4.17　平行借线法

（2）吊垂线法

如图 4.18 所示，将较重的垂球悬挂在楼面的边缘，慢慢移动，使垂球尖对准地面上的轴线标志，或者使吊垂球下部沿垂直墙面方向与底层墙面上的轴线标志对齐，吊锤线上部在楼面边缘的位置就是墙体轴线位置，在此画一条短线作为标志，便在楼面上得到轴线的一个端点，同法投测另一端点，两端点的连线即为墙体轴线。

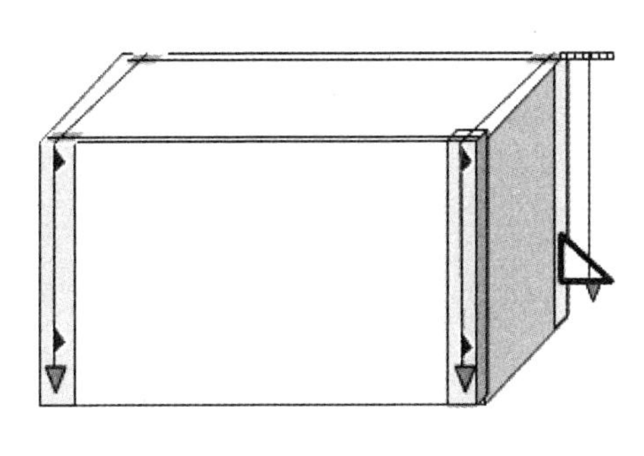

图 4.18 室外吊锤线

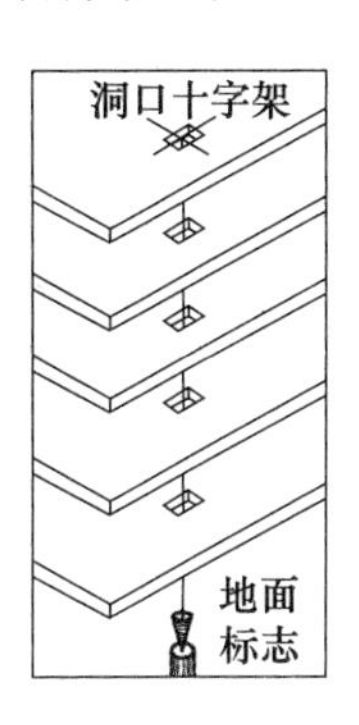

图 4.19 室内吊锤线

吊锤线法受风的影响较大，因此应在风小的时候作业，投测时应等待吊锤稳定下来后再在楼面上定点。此外，每层楼面的轴线均应直接由底层投测上来，以保证建筑物的总竖直度，只要注意这些问题，用吊锤线法进行多层楼房的轴线投测的精度是有保证的。

如图 4.19 所示，如果是高层建筑或超高层建筑，为减少吊线锤的误差，可以事先在首层室内地面上埋设轴线点的固定标志，轴线点之间应构成矩形或十字形等，作为整个高层建筑的轴线控制网。各标志的上方每层楼板都预留 200mm×200mm 孔洞，供吊锤线通过。投测时，在施工层楼面上的预留孔上安置挂有吊线坠的十字架，慢慢移动十字架，当吊锤尖静止地对准地面固定标志时，十字架的中心就是应投测的点，在预留孔四周做上标志，标志连线交点即为从首层投上来的轴线点。

（3）垂准仪法

垂准仪法是利用垂准仪提供的铅直向上或向下视线进行竖向投测的方法。如图 4.20所示，事先在建筑底层或基准层设置轴线控制网，建立稳固的轴线标志，在标志上方每层楼板都预留孔洞，供视线通过。将激光垂准仪安置在首层控制点上，对中整平后打开电源开关，仪器发射激光束穿过楼板预留洞直射到激光接收靶上，激光经纬仪操作人员首先调整焦距使激光束聚焦成光点，然后转动仪器，激光点在接收靶上的轨迹形成圆圈，上面操作接收靶人员见光后挪动接收靶，使靶心与圆心重合，此时固定靶位，接收靶中心即投测点位置。

如图 4.21 所示，由于激光铅直仪自身系统误差以及在操作过程中不可避免的人为操作误差，激光铅直仪在投测过程中会产生偏心现象，即激光投测点与基准点不在同一铅垂线上。为了避免这种现象，采用四相定心法达到在投测时及时有效地控制误差，即当铅直仪一次投测到接收靶并在接收靶上做好标记后，旋转仪器 90°，再检查对中、精平情况后进行二次投测得到第二个投测点，之后继续沿着同一时针方向旋转到 180°、270°，得到第三和第四个投测点，四点取对角线交点即为最终投测点的位置。

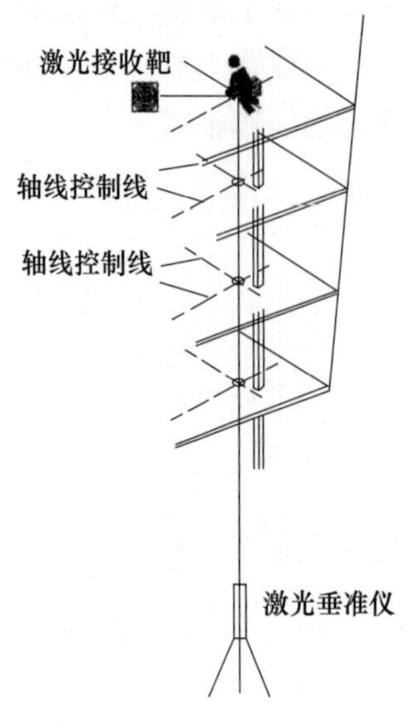

图 4.20　激光垂准仪投测

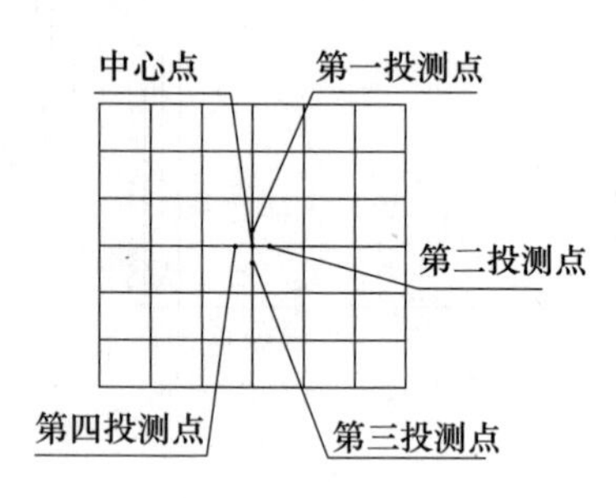

图 4.21　激光接收靶

轴线竖向投测的允许偏差，应满足表 4.2 的规定。

表 4.2　轴线竖向投测的允许偏差

项目		允许偏差（mm）
每层		3
总高 H（m）	$H \leqslant 30$	5
	$30 < H \leqslant 60$	10
	$60 < H \leqslant 90$	15
	$90 < H \leqslant 120$	20
	$120 < H \leqslant 150$	25
	$150 < H \leqslant 200$	30
	$H > 200$	按 40%的施工限差取值

如图 4.22 所示，轴线控制点投测到施工层后，将全站仪或经纬仪分别置于各点上，检查相邻点间夹角是否为 90°，校测每相邻两点间水平距离的相对误差，确定检查控制点是否投测正确。

超高层建筑物轴线的内控点应采用强制对中装置，当建筑高度超出垂准仪量程时，应建立接力层。例如某工程主楼高 185.8m，分别在首层（±0.000m）平面、十四层（+60.000m）平面、二十七层（+115.200m）平面预设内控网平台，十四层和二十七层为接力层。

主轴线测放完毕并自检合格后，以主轴线为依据，依图纸设计尺寸用钢尺依次在同一方向放样出墙体控制线、洞口边线等细部轴线，供施工使用。为保证放样的准确性，拉钢尺必须平行控制线。

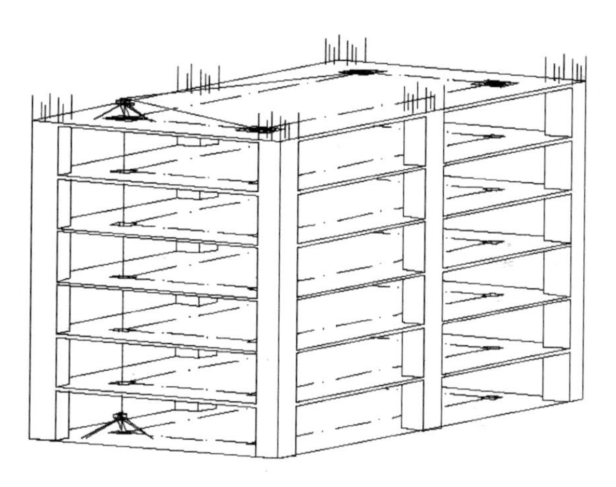

图 4.22 轴线投测的检测

各部位放线的允许偏差见表 4.3 的规定。

表 4.3 各部位放线允许偏差

项目	允许误差（mm）
细部轴线	±2
承重墙、梁、柱边线	±3
非承重墙边线	±3
门窗洞口线	±3

2）墙体标高传递

多层建筑物施工中，要由下往上将标高传递到施工楼层，以便控制施工楼层的标高，标高传递一般可采用钢尺直接测量法、悬吊钢尺法和全站仪天顶测距法。

（1）用钢尺直接测量法

一般用钢尺沿结构外墙、边柱或楼梯间，由底层±0.000 标高线向上竖直量取设计高差可得到施工层的标高线。标高传递的允许误差每层为±3mm，总高 $H\leqslant30$m 应为小于±5mm，总高 $30\text{m}<H\leqslant60$m 应为小于±10mm。由底层传递到上面同一施工层的 3 个及以上标高点必须用水准仪进行校核，检查各标高点是否在同一水平面上，其误差应满足较差小于 3mm。合格后以其平均标高作为该层的标高的基准点，以便施工中使用。

（2）悬吊钢尺法

悬吊钢尺法是采取悬吊钢尺代替水准尺的方法。如图 4.23（a）所示，在外墙悬吊一根钢尺，分别在地面和楼面上安置水准仪，将标高传递到楼面上；亦可在楼梯间悬吊钢尺，如图 4.23（b）所示。用于高层建筑传递高程的钢尺应经过检定，测定高差时尺端应悬吊额定重量的重锤，并应进行温度改正。

一般的工业建筑或多层民用建筑，宜从两个位置处分别向上传递，重要的工业建筑或多层民用建筑，宜从三个位置处分别向上传递，传递的标高较差小于 3mm 时，可取平均值作为施工层的标高基准，大于 3mm 时应重新传递。

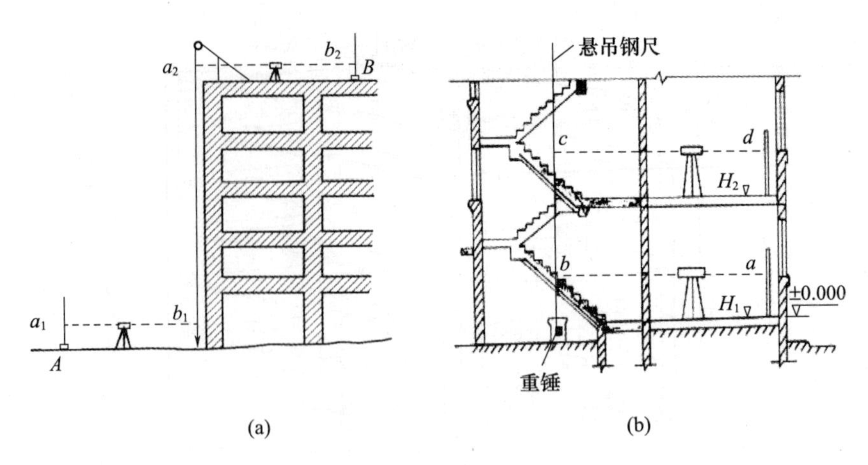

图 4.23　吊钢尺法

(3）全站仪天顶测距法

对于超高层建筑，利用全站仪的测距功能进行垂直距离测量，可以用来高程的竖向传递。如图 4.24 所示，在首层投测点安置全站仪，在已知高程点 A 上竖立水准尺，首先置平全站仪的望远镜读取 A 点水准尺读数 a_0，则全站仪的仪器高为 $H_i=a_0+H_A$；然后将全站仪的望远镜到天顶方向，通过上部的预留洞口，瞄准放置在楼层的反射棱镜或反射片，测量垂直距离 H；最后在棱镜或反射片同一平面竖立后视尺，在楼层架设水准仪瞄准后视尺，读取读数为 a_1，则楼层水准仪的视线高为 $H_A+a_0+H+a_1$，通过上下移动前视尺则可以测设出楼层设计的高程点。

为了减少仪器误差，全站仪天顶距法传递高程应观测至少一个测回，即盘左、盘右各测量一次垂直距离，取平均值作为取值。同时，每施工段应有三处分别向上传递，传递的标高较差同样满足要求后取平均值作为标高基准。

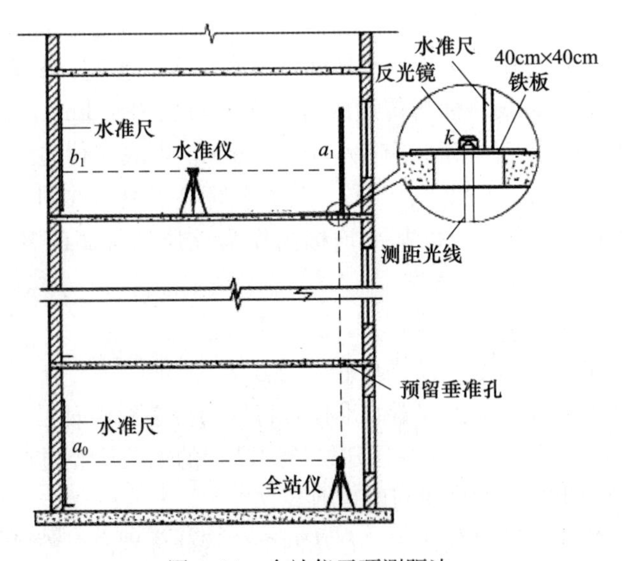

图 4.24　全站仪天顶测距法

标高传递的允许偏差见表 4.4。

表 4.4 标高传递允许偏差表

内容		允许偏差（mm）
每层		±3
总高 H（m）	$H\leqslant 30$	±5
	$30<H\leqslant 60$	±10
	$60<H\leqslant 90$	±15
	$90<H\leqslant 120$	±20
	$120<H\leqslant 150$	±25
	$150<H\leqslant 200$	±30
	$H>200$	按 40%的施工限差取值

楼层施工标高点的测设是以引测标高基准点为依据，采用水准仪水准测量的方法施测，标高测量的允许误差为 3mm。楼板浇注混凝土前，在楼面墙、柱外侧立筋及插筋上测设建筑 0.5m 的施工标高，并用红油漆作好标记，浇注混凝土时在标记的标高点处拉线来控制楼面的平整度。

当每一层平面或每一施工段测量放线和标高抄测完后必须进行自检，自检合格后及时填写楼层放线和抄测记录表，并报监理验收，验收合格后方进行下一步施工。

4.3.5 管道工程测量

管道包括给水、排水、暖气、煤气、电缆等管沟，管道工程属地下工程，管道工程测量的主要内容包括中线测量、基槽开挖边线测量、施工测量和竣工测量。

1. 中线测量

如图 4.25 所示，将管道中心线的平面位置在地面上测设的工作称为中线测量。管道中线测量包括主点测设和沿管道中线方向进行中线测设。管道的起点、终点和转折点称为主点。主点测设可采用极坐标法、角度交会法、直角坐标法和距离交会等方法，测量的点位误差不大于 50mm。

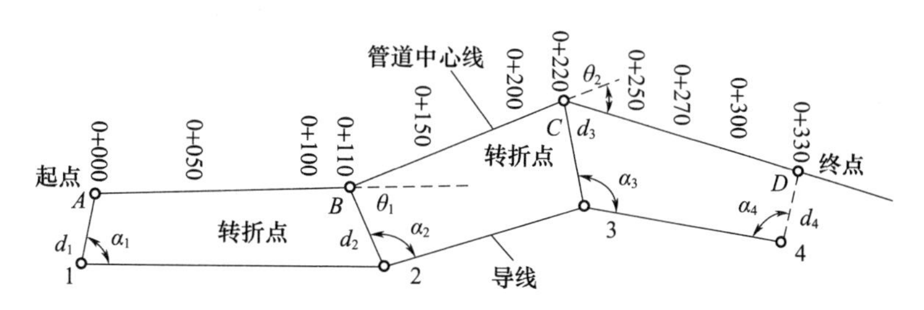

图 4.25 管道中心线测设

从管道的起点开始，每隔某一整数距离在管道的中心线上打一个标明里程的桩，称为里程桩。里程桩的间距可以为 20m、30m，最长不超过 50m。距离的丈量一般使用钢尺，在精度要求不高时也可用皮尺。如每隔 50m 打一个里程桩，则管道起点桩的里程（又称桩号）为 0＋000；第二个桩的桩号为 0＋050，即表示该桩离起点的距离为 0km 又 050m。各桩离管道起点的里程即桩号，用红油漆写在木桩的侧面。

由于管道施工过程中，原在中心线上所定出的中线桩、检查井的木桩都将被挖掉，为了在施工过程中能随时恢复中线桩的位置，可以在施工前设置中线控制桩。如图4.26所示，点1为管道的起点，3为转折点，它们均位于管道中线方向上，挖槽后点位将不能保存。为此，在点1、3的延长线两端分别埋设两个中线控制桩，利用这四个中线控制桩可以随时恢复管道中线的方向。

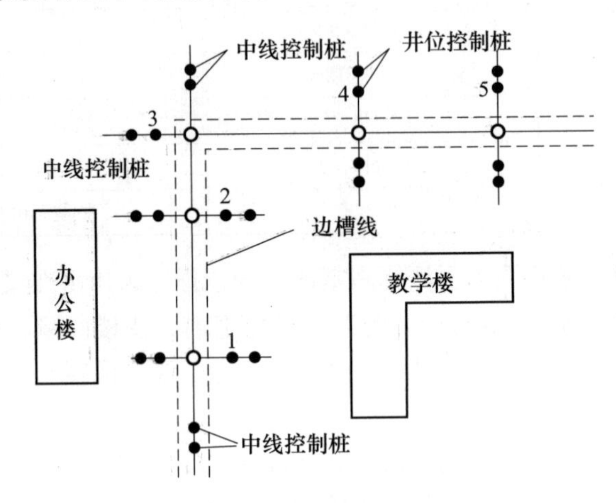

图4.26　管线中线控制桩的测设

2. 基槽开挖边线测量

基槽开挖前需根据管径大小、管道埋置深度和土质情况决定挖槽宽度，测量开挖边线。

（1）当地面平坦时，如图4.27（a）所示，槽口宽度B的计算方法为：

$$B=b+2m\times h \tag{4.3}$$

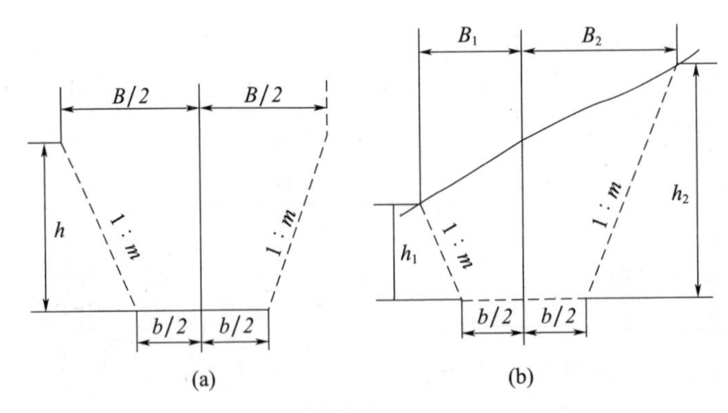

图4.27　基槽开挖边线

（2）当地面坡度较大，中线两侧槽口宽度不相等，如图4.27（b）所示，槽口宽度B的计算方法为：

$$\left.\begin{aligned}B_1=b/2+m\times h_1\\B_2=b/2+m\times h_2\end{aligned}\right\} \tag{4.4}$$

根据槽口标志，用白灰线在地面上标明管道开挖边界线，如图4.27中的虚线。

3. 施工测量

施工测量工作主要是控制管道中线和高程，一般采用龙门板法和平行轴腰桩法。

1）龙门板法

采用龙门板来控制管道的中线和高程称为龙门板法，一般每隔 10～20m 设置一个龙门板。如图 4.28 所示，龙门板由坡度板与坡度立板组成。

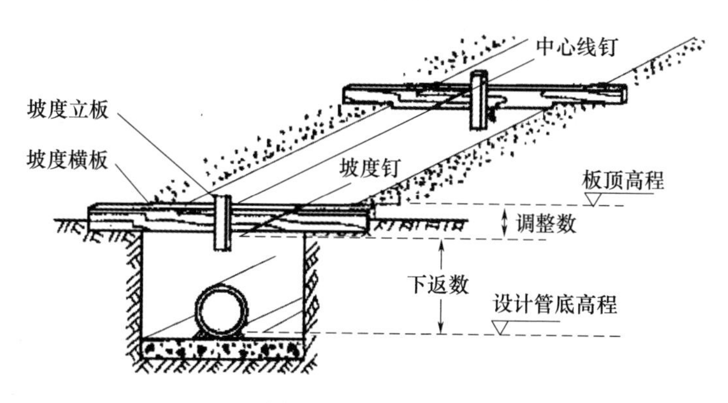

图 4.28　龙门板法

（1）管道中线测设

当管槽挖到一定深度后，在槽顶上用钢尺丈量距离，每隔 10～20m 设置一个龙门板，将经纬仪安置在一端的中线控制桩上，瞄准另一端的中线控制桩即得管道中心线方向，俯下望远镜，把管道中线投影到各坡度板及坡度立板上，并用小钉标明其位置，称中线钉，各坡度板上的中线钉的连线就是管道中心线的方向。管道施工时，在各坡度板的中线钉上吊锤球线即可将中线投影到管槽内，以控制管道中线与管道的埋设。

（2）高程测设

管道标高的测量误差不大于±20mm。为了控制管槽的开挖深度与管道的埋设，必须在龙门板上设置高程标志。在坡度立板侧面钉一个无头钉或扁头钉称为坡度钉，使各坡度钉的连接平行管道设计坡度线，并距管底设计高程为一整分米数，称为下返数。利用这条线来控制管道的坡度、高程和管槽深度。

2）平行轴腰桩法

当现场条件不便采用龙门板时，对精度要求较低或现场不便采用坡度板法时可用平行轴腰桩法测设施工控制标志。

如图 4.29（a）所示，开工之前，在管道中线一侧或两侧设置一排或两排平行于管道中线的轴线桩，桩位应落在开挖槽边线以外。平行轴线离管道中线距离为 a，各桩间距以 15～20m 为宜，在检查井处的轴线桩应与井位相对应。

如图 4.29（b）所示，为了控制管底高程，在槽沟坡上距槽底约 1m 测设一排与平行轴线桩相对应的桩，这排桩称为腰桩，又称为水平桩，以作为挖槽深度、修平槽底和打基础垫层的依据。在腰桩上钉一小钉，使小钉的连线平行管道设计坡度线，并距管底设计高程为一整分米数，即为下返数。

平行轴腰桩法是通过平行轴线离管道中线的距离 a 和腰桩的标高 h 来控制埋设管道的中线和高程。

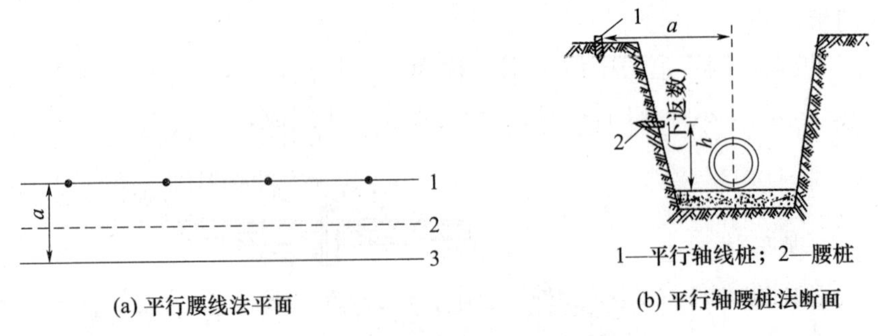

(a) 平行腰线法平面　　(b) 平行轴腰桩法断面

图 4.29　平行轴腰桩法

4. 竣工测量

竣工测量是在管道埋设后回填土以前进行的管道竣工平面图和管道竣工断面图测量。管道竣工图不但能检查管道的施工质量是否符合设计要求，而且对管道运行后的管理和维修工作以及对管道工程的扩建与改建是不可缺少的。

管道竣工平面图的测绘可利用施工控制网测绘，当已有实测详细的平面图时，可以利用已测定的永久性的建筑物来测绘管道及其构筑物的位置。

管道竣工平面图应能全面地反映管道及其附属构筑物的平面位置，主要包括管道主点、检查井以及附属构筑物施工后的平面位置；管道主点处管底高程，检查井井顶与井底高程以及检查井井间的距离和管径；给水管道阀门、消火栓以及排气装置等的平面位置和高程。

图 4.30 为给水管道竣工平面图。图中标明了检查井的编号、井口高程、管底高程、井间距离以及管径等，还用专门的符号标明了阀门、消火栓以及排气装置等。

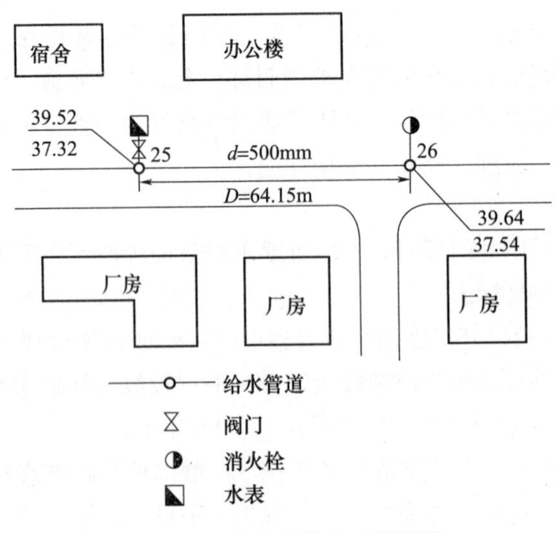

图 4.30　给水管道竣工平面图

4.4 工业建筑施工放样

工业建筑是为从事物质生产和直接为生产服务的建筑，工业建筑主要以厂房为主，工业厂房多为排柱式建筑，跨距和间距大，隔墙少，平面布置简单。厂房按层数分为单层、多层和层次混合的厂房；按跨度的数量和方向分单跨、多跨和纵横相交厂房；按跨度尺寸划分，跨度小于或等于12m的单层工业厂房为小跨度厂房；跨度在15～36m的单层工业厂房为大跨度厂房。

4.4.1 厂房柱列轴线的测设

如图4.31所示，*A*、*B*、*C*及1、2、3……轴线分别是厂房的纵、横柱列轴线，又称为定位轴线。纵向轴线的距离表示厂房的跨度，横向轴线的距离表示厂房的柱距。

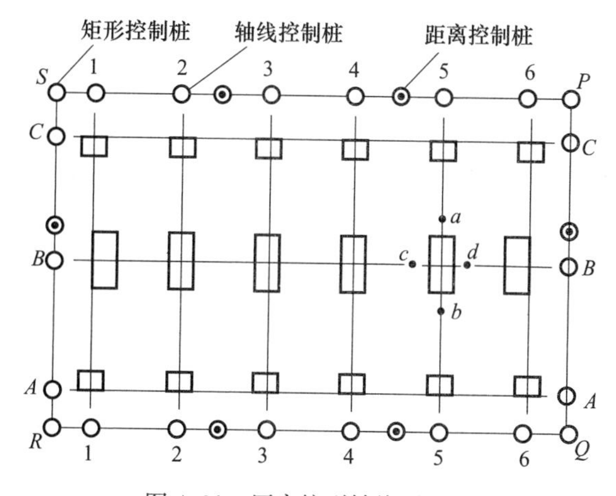

图4.31 厂房柱列轴线测设图

在厂房控制网*PQRS*建立以后，即可按柱列间距和跨距用钢尺从靠近的距离控制桩量起，沿矩形控制网各边定出各柱列轴线桩的位置，并在桩顶上钉入小钉，作为桩基放线和构件安装的依据。

4.4.2 柱基测设

柱基的测设应以柱列轴线为基线，按基础施工图中基础与柱列轴线的关系尺寸进行。以图4.31中的*B*轴与5轴交点处的柱基为例，说明柱基的测设方法。

首先将两台经纬仪分别安置在轴*B*与5轴一端的轴线控制桩上，瞄准各自轴线另一端的轴线控制桩，交会定出轴线交点作为该基础的定位点，在轴线上沿基础开挖边线以外1～2m处打入四个定位小木桩，如图4.32中的*a*、*b*、*c*、*d*，并在桩上钉上小钉以标明点位。再根据基础详图的尺寸和基坑放坡宽度，量出基坑的开挖边线，并撒上白灰标明开挖范围。

当基坑挖到一定深度后，用水准仪在坑壁四周离坑底0.3～0.5m处测设水平桩，作为检查坑底标高和打垫层的依据，也可在打垫层前测设垫层标高桩即垂直桩，如图4.33所示。

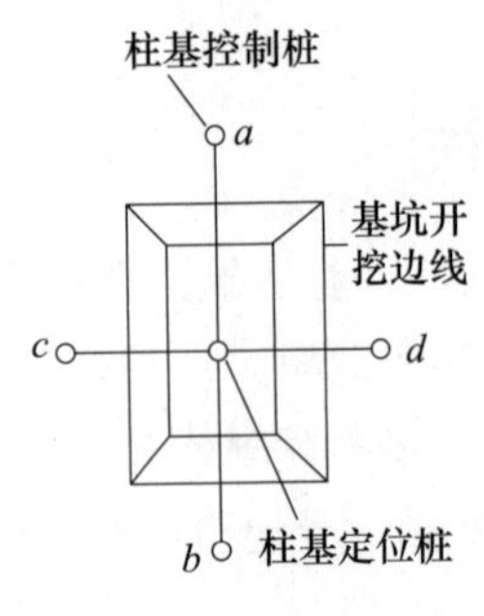

图 4.32 柱基测设

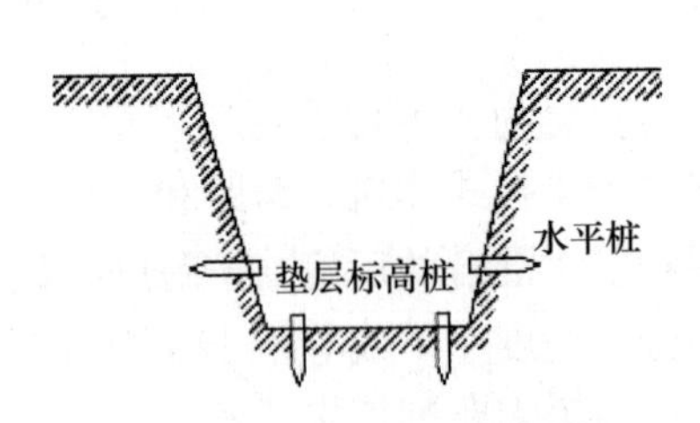

图 4.33 水平桩和垂直桩

基础垫层做好后，根据基坑旁的定位小木桩，用拉线吊锤球法将基础轴线投测到垫层上，弹出墨线，作为柱基础立模和布置钢筋的依据。

立模板时，将模板底线对准垫层上的定位线，并用锤球检查模板是否垂直。最后将柱基顶面设计高程测设在模板内壁。

4.4.3 钢筋混凝土构件的安装测量

装配式单层厂房主要由柱子、吊车梁、屋架、天窗架和屋面板等主要构件组成。一般工业厂房都采用预制构件在现场安装的办法施工。以下着重介绍钢筋混凝土柱子、吊车梁和吊车轨道等构件在安装时的测量工作。

1. 柱子安装测量

1）柱子安装前的准备工作

（1）柱基弹线

柱子安装前，先根据轴线控制桩把定位轴线投测到杯形基础顶面上，并用红油漆画上标志作为柱子中心的定位线，弹线允许误差为±2mm。如图 4.34 所示，当柱列轴线不通过柱子中心线时，应在基础顶面加弹柱子中心定位线，用红油漆画上标志。同时用水准仪在杯口内壁测设如－60cm 的标高线，并画出标志作为杯底找平的依据。

柱基中心线对轴线的偏移不大于±10mm，标高不大于±10mm。

（2）柱子弹线

如图 4.35 所示，在每根柱子的三个侧面上弹出柱中心线，并在每条线的上端和下端近杯口处画中线标志。根据牛腿面设计标高，从牛腿面向下用钢尺量出－60cm 的标高线并画出标志。

（3）杯底找平

先量出柱子－60cm 标高线至柱底面的高度，再在相应柱基杯口内量出－60cm 标高线至杯底的高度，比较两者之间的关系确定杯底找平层厚度，然后用 1∶2 水泥砂浆在杯底进行找平，使牛腿面符合设计高程。

2）柱子安装测量

柱子吊起插入杯口后，使柱脚中心线与杯口顶面中心线对齐，用木楔或钢楔暂时固定，如有偏差，可用锤敲打楔子或者使用千斤顶进行调整，如图 4.36 所示。

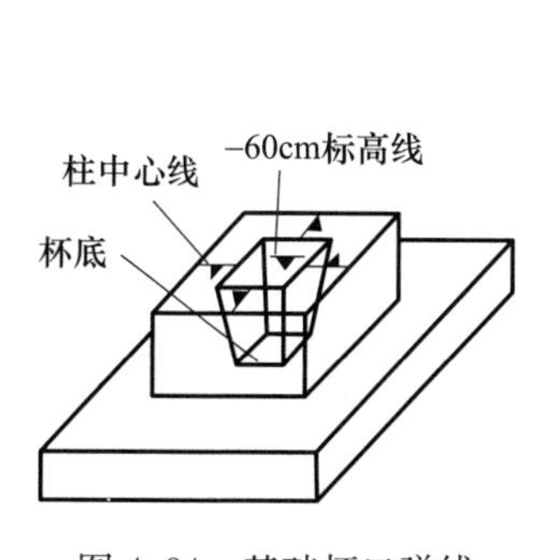

图 4.34 基础杯口弹线

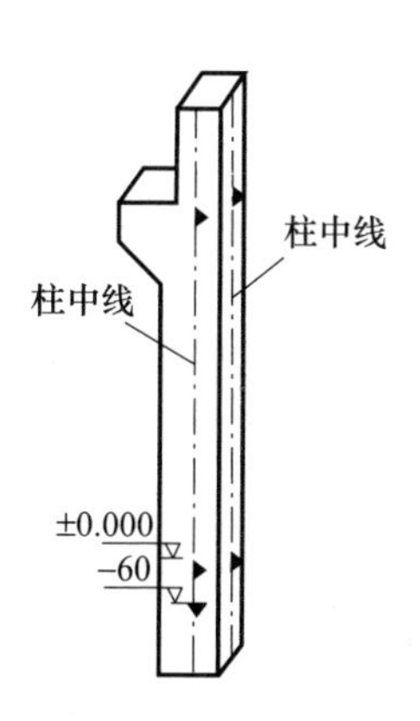

图 4.35 柱子弹线

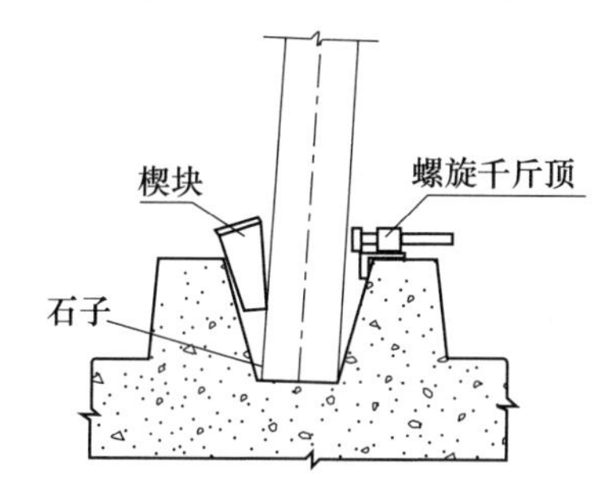

图 4.36 柱脚调整

然后用两台经纬仪分别安置在互相垂直的两条柱列轴线上，离开柱子的距离约为柱高的 1.5 倍处同时观测。如图 4.37 所示，观测时经纬仪先照准柱子底部的中心线，固定照准部，逐渐仰起望远镜直至柱顶，如果柱顶部中心线标志和仪器竖丝不重合，则用缆风绳进行调整，直至二者重合，则表明柱子处于竖直位置。

如图 4.38 所示，实际安装时一般是一次把多根柱子都竖起来，然后进行竖直校正。这时可把两台经纬仪分别安置在纵横轴线的一侧，与轴线成 15°以内的方向上，这样就可以一次观测和校正多根柱子。

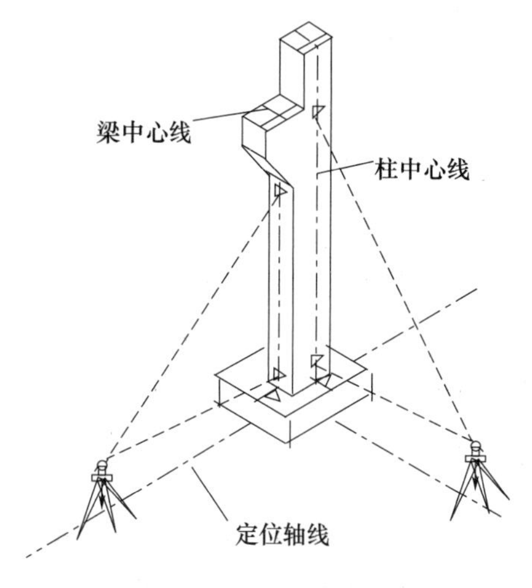

图 4.37 单根柱子校正

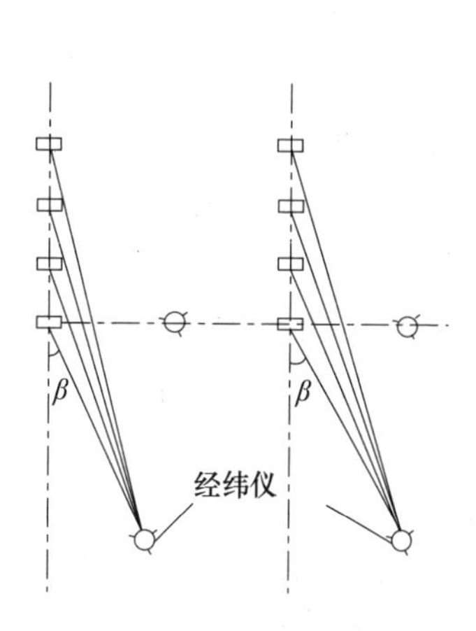

图 4.38 多根柱子校正

柱子安装测量的偏差，不应超过表 4.5 的规定。

表 4.5　柱子安装测量的允许偏差

测量内容		允许偏差（mm）
中心线对轴线偏移		±5
上、下柱接口中心线偏移		±3
垂直度	柱高 10m 以内	10
	柱高 10m 以上	H/1000，且≤20，H 为柱子高度（mm）
牛腿面和柱高	≤5m	±5
	>5m	±8

2. 吊车梁的安装测量

吊车梁的安装测量的目的主要是保证吊车梁的上、下中心线与吊车轨的设计中心线在同一竖直面内以及梁面标高与设计标高一致。梁安装测量的偏差应满足梁间距不大于±3mm；梁面垫板标高不大于 2mm。

（1）在柱面上量出吊车梁顶面标高

根据柱子上的±0.000 标高线，用钢尺沿柱面向上量出吊车梁顶面设计标高线，作为调整吊车梁面标高的依据。

（2）在吊车梁上弹出梁的中心线

如图 4.39 所示，在吊车梁的顶面和两端面上，用墨线弹出吊车梁的中心线作为安装定位的依据。

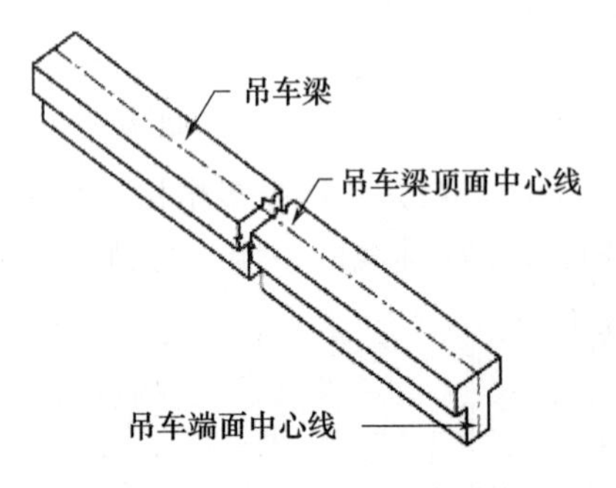

图 4.39　吊车梁中心线弹线

（3）在牛腿面上弹出梁的中心线

根据厂房中心线，在牛腿面上投测出吊车梁的中心线，允许误差为±3mm，方法如下：如图 4.40（a）所示，利用厂房中心线 A_1A_1，根据设计轨道间距，在地面上测设出吊车梁中心线 $A'A'$ 和 $B'B'$，也是吊车轨中心线。在吊车梁中心线的一个端点 A' 或 B' 上安置经纬仪，瞄准另一个端点 A' 或 B'，固定照准部，抬高望远镜，即可将吊车梁中心线投测到每根柱子的牛腿面上，并用墨线弹出梁的中心线。

（4）吊装

吊装时使梁底端中心线与牛腿面梁中心线相重合，使梁初步定位。用吊锤球的方法检查吊车梁的垂直度，不满足时在吊车梁支座处加垫块校正。在吊车梁就位后，先根据

柱面上定出的吊车梁设计标高线检查梁面的标高，并进行调整，不满足时用抹灰调整。再把水准仪安置在吊车梁上，进行精确检测实际标高。

梁或吊车梁的中心线对轴线的偏移不大于5mm，梁上表面标高不大于5mm。

3. 吊车轨的安装测量

1）在吊车梁上测设轨道中心线

（1）用平行线法测定轨道中心线

吊车梁在牛腿上安放好后，第一次投在牛腿上中心线已被吊车梁所掩盖，所以在梁面上再次投测轨道中心线，以便安装吊车轨道。吊车轨道中线投测的允许误差为+2mm，中间加密点的间距不超过柱距的两倍。

采用的方法是平行线法。如图4.40（b）所示，在平行于吊车轨中心线距离为1m的地面测设出平行线$A''A''$，然后安置仪器于一端点A''，瞄准另一端A''，抬高望远镜，使得从吊车梁伸出的长度为1m的直尺刻度和仪器竖丝重合，则直尺另一端即为吊车梁轨道中心线上的点。

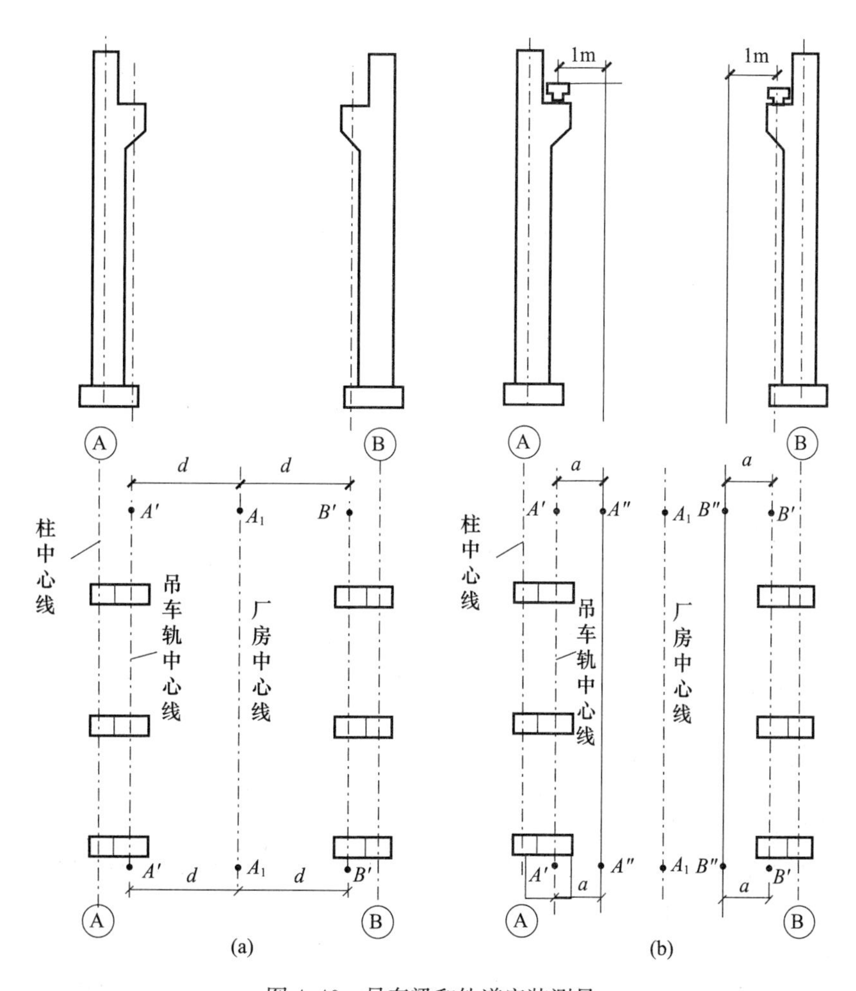

图4.40　吊车梁和轨道安装测量

（2）根据吊车梁两端投测的中线点测定轨道中心线

测出吊车梁或吊车轨道中心线点后，根据此点用经纬仪在厂房两端的吊车梁面上各投一点，两条吊车梁共投四点。再用钢尺丈量两端所投中线点的跨距是否符合设计要求，如超过±5mm，则以实量长度为准予以调整。将仪器安置于吊车梁一端中线点上，照准另一端点，在梁面上进行中线投点加密，每隔一定距离加密一点。如梁面狭窄，不能安置三脚架，应采用特殊设施安置仪器。

2）吊车轨道安装的标高测量

吊车轨道中线点在梁面上测定以后，应根据中线点弹出墨线，以便安放轨道垫板。在安装轨道垫板时，应根据柱子上端测设的标高点，测出垫板标高，使其符合设计要求，以便安装轨道。梁面垫板标高的测量允许偏差为±2mm。

3）吊车轨道检查测量

吊车轨道在吊车梁上安装好以后，必须检查轨道中心线是否成一直线，轨道跨距及轨顶标高是否符合设计要求。检测结果要作出记录，作为竣工资料提出。

（1）轨道中心线的检查

置经纬仪于吊车梁上，照准预先在墙上或屋架上引测的中心线两端点，用正倒镜法将仪器中心移至轨道中心线上，而后每隔一定距离投测一点，检查轨道的中心是否在一直线上，允许偏差为±2mm，否则，应重新调整轨道。

（2）跨距检查

在两条轨道对称点上，用钢尺精密丈量其跨距尺寸，实测值与设计值相差不得超过3～5mm，否则应予调整。

轨道安装中心线经调整后，必须保证轨道安装中心线与吊车梁实际中心线的偏差小于±10mm。

（3）轨顶标高检查

吊车轨道安装好后，必须根据在柱子上端测设的标高点检查轨顶标高。在两轨接头处各测一点，中间每隔6m测一点，允许误差为±2mm。

4. 屋架的安装测量

屋架的安装测量与吊车梁安装测量的方法基本相似。屋架吊装前，用经纬仪或其他方法在柱顶面上，测设出屋架定位轴线。在屋架两端弹出屋架中心线，以便进行定位。屋架吊装就位时，应使屋架的中心线与柱顶面上的定位轴线对准，允许误差为5mm。屋架的垂直度可用悬吊锤球或经纬仪进行检查，精度不低于轴线竖向投测的精度要求。

屋架吊装完成后用经纬仪检校，方法如下：

（1）在屋架上安装三把卡尺，一把卡尺安装在屋架上弦中点附近，另外两把分别安装在屋架的两端。自屋架几何中心沿卡尺向外量出一定距离，一般为500mm，作出标志，如图4.41所示。

（2）在地面上，距屋架中线同样距离处，安置经纬仪，观测三把卡尺的标志是否在同一竖直面内，如果屋架竖向偏差较大，则用机具校正，最后将屋架固定。

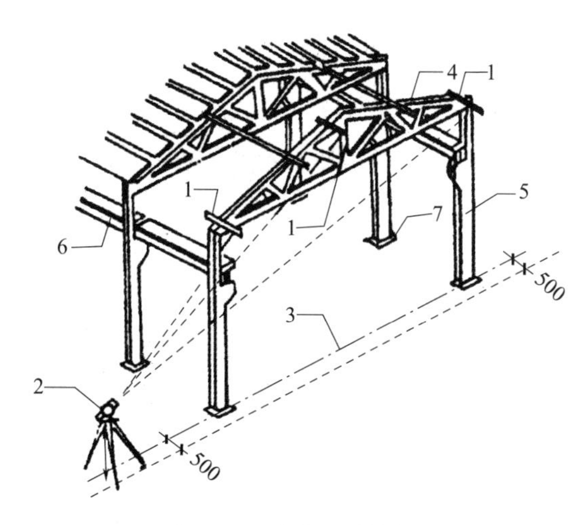

图 4.41 屋架安装测量

1—卡尺；2—经纬仪；3—定位轴线；4—屋架；5—柱；6—吊车梁；7—基础

习 题

4-1 建筑物平面控制点和高程控制点的检核方法有哪些?

4-2 民用建筑物定位的方法有哪些?

4-3 什么是建筑物的放线? 建筑物是如何放线的?

4-4 基坑标高测设的方法有哪些?

4-5 基础中线投测和标高控制的方法有哪些?

4-6 高层墙体轴线测设和标高传递的方法有哪些?

4-7 管道施工测量的主要内容有哪些?

4-8 简述柱子安装测量的步骤和方法。

4-9 简述吊车梁安装测量的步骤和方法。

4-10 简述吊车轨安装测量的步骤和方法。

5　变形测量

建筑物在荷载作用下产生的形状或位置变化的现象称为变形，对建筑物或构筑物的场地、地基、基础、上部结构及周边环境受荷载作用而产生的形状或位置变化进行观测，并对观测结果进行处理、表达和分析的工作称为建筑变形测量或变形监测。下列建筑在施工期间和使用期间应进行变形测量：

（1）地基基础设计等级为甲级的建筑；

（2）软弱地基上的地基基础设计等级为乙级的建筑；

（3）加层、扩建建筑或处理地基上的建筑；

（4）受邻近施工影响或受场地地下水等环境因素变化影响的建筑；

（5）采用新型基础或新型结构的建筑；

（6）大型城市基础设施；

（7）体型狭长且地基土变化明显的建筑。

建筑变形测量一般包括变形测量方案的设计、监测基准网的建立、建筑场地垂直位移监测、塔式起重机变形测量、基坑变形测量、建筑物变形测量以及资料整理和分析等内容。

5.1　变形测量方案的设计

变形测量方案是变形测量工作实施的指导性技术文件。变形测量作业前，应收集相关水文地质、岩土工程资料和设计图纸，并应根据岩土工程地质条件、工程类型、工程规模、基础埋深、建筑结构和施工方法等因素，进行变形测量方案设计，内容一般应包括：

（1）任务要求；

（2）待测建筑概况，包括建筑及其结构类型、岩土工程条件、建筑规模、所在位置、所处工程阶段等；

（3）已有变形测量成果资料及其分析；

（4）依据的技术标准名称及编号；

（5）变形测量的类型和精度等级；

（6）采用的平面坐标系统、高程基准；

（7）基准点、工作基点和监测点布设方案，包括标石与标志型式、埋设方式、点位分布及数量等；

（8）观测频率及观测周期；

（9）变形预警值及预警方式；

（10）仪器设备及其检校要求；

（11）观测作业及数据处理方法要求；

（12）提交成果的内容、形式和时间要求；

（13）成果质量检验方式；

（14）相关附图、附表等。

5.1.1 变形测量的类型

变形可分为沉降和位移两大类。沉降指竖向的变形，又称垂直位移；位移为除沉降外其他变形的统称，包括水平位移、倾斜、挠度、裂缝、收敛变形、风振变形和日照变形等。

建筑物在施工期间变形测量的类型主要有：

（1）对各类建筑应进行垂直位移监测，宜进行场地垂直位移监测、地基土分层垂直位移监测和斜坡位移观测。

（2）对基坑工程应进行基坑及其支护结构变形观测和周边环境变形观测；对一级基坑，应进行基坑回弹观测。

一级基坑指重要工程或支护结构做主体结构的一部分，开挖深度大于10m，与临近建筑物、重要设施的距离在开挖深度以内的基坑，基坑范围内有历史文物、近代优秀建筑、重要管线等需要严加保护的基坑。

（3）对高层和超高层建筑应进行倾斜观测。

高层建筑是指高度大于27m的住宅建筑和高度大于24m的公共建筑；超高层建筑是指高度超过100m的住宅或公共建筑。

（4）当建筑出现裂缝时应进行裂缝观测。

（5）建筑施工需要时应进行其他类型的变形观测。

5.1.2 精度等级

和其他测量工作相比，变形观测要求的精度高，典型精度是1mm或相对精度为10×10^{-6}。制定变形观测的精度取决于变形的大小、速率、仪器和方法所能达到的实际精度以及观测的目的等，选用时可参考表5.1。

表5.1 变形测量的等级划分及精度要求

等级	垂直位移监测		水平位移监测	适用范围
	变形观测点高程中误差（mm）	相邻变形观测点高差中误差（mm）	变形观测点点位中误差（mm）	
一等	0.3	0.1	1.5	变形特别敏感的高层建筑、高耸建筑物、重要古建筑、工业建筑和精密工程设施等
二等	0.5	0.3	3.0	变形较敏感的高层建筑、高耸建筑物、古建筑、工业建筑、重要工业设施和重要建筑场地的滑坡监测等
三等	1.0	0.5	6.0	一般性的高层建筑、高耸构筑物、工业建筑、滑坡监测等
四等	2.0	1.0	12.0	一般建筑物、构筑物和滑坡监测等

注：1. 变形测量点的高程中误差和点位中误差是指相对于临近基准点而言；

2. 特定方向的位移中误差可取表中相应等级点位中误差的$1/\sqrt{2}$作为限值；

3. 位移监测可根据需要按变形观测点的高程中误差或相邻变形观测点的高差中误差确定监测精度等级。

但是，如果观测目的是为了使变形值不超过某一允许的数值，从而确保建筑物的安全，则其观测的中误差应小于允许变形值的1/10～1/20。常见的建筑物的地基变形允许值可参考现行国家标准《建筑地基基础设计规范》（GB 50007），应符合表5.2的规定。其他类型的测量项目的变形允许值可参考相关的设计规范或由设计部门确定。

表5.2 建筑变形允许误差

变形特征	地基土类别	
	中、低压缩性土	高压缩性土
砌体承重结构基础的局部倾斜	0.002	0.003
工业与民用建筑相邻柱基的沉降差		
（1）框架结构	0.002L	0.003L
（2）砌体墙填充的边排柱	0.0007L	0.001L
（3）当基础不均匀沉降时不产生附加应力的结构	0.005L	0.005L
单层排架结构（柱距为6m）柱基的沉降量（mm）	（120）	200
桥式吊车轨面的倾斜（按不调整轨道考虑）		
纵向	0.004	
横向	0.003	
多层和高层建筑的整体倾斜		
$H_g \leqslant 24$	0.004	
$24 < H_g \leqslant 60$	0.003	
$60 < H_g \leqslant 100$	0.0025	
$H_g > 100$	0.002	
体型简单的高层建筑基础的平均沉降量（mm）	200	
高耸结构基础的倾斜		
$H_g \leqslant 20$	0.008	
$20 < H_g \leqslant 50$	0.006	
$50 < H_g \leqslant 100$	0.005	
$100 < H_g \leqslant 150$	0.004	
$150 < H_g \leqslant 200$	0.003	
$200 < H_g \leqslant 250$	0.002	
高耸结构基础的沉降量（mm）		
$H_g \leqslant 100$	400	
$100 < H_g \leqslant 200$	300	
$200 < H_g \leqslant 250$	200	

注：1. 本表数值为建筑物地基实际最终变形允许值；
2. 有括号者仅适用于中压缩性土；
3. L 为相邻柱基的中心距离（mm）；H_g 为自室外地面起算的建筑物高度（m）；
4. 倾斜指基础倾斜方向两端点的沉降差与其距离的比值；
5. 局部倾斜指砌体承重结构沿纵向6～10m内基础两点的沉降差与其距离的比值。

变形测量精度等级确定的思路和方法如下。

【例1】 对于中、低压缩土地区框架结构的工业与民用建筑相邻柱基的沉降差允许值为0.002L，L 为相邻柱基的中心距离。若取 L 为6m，则相邻柱基沉降差允许值为：

$$0.002 \times 6 = 12\ (\mathrm{mm})$$

取其 1/20 作为变形测量的精度，则沉降差测定的中误差不应低于：

$$12 \times 1/20 = 0.6\ (\mathrm{mm})$$

此数值相当于表 5.1 中的相邻变形观测点高差中误差，按表 5.1 选择三等精度即可。

【例 2】 对某高度为 50m 的建筑，其整体倾斜度允许值为 0.003，则其位移允许值为：

$$0.003 \times 50 = 150\ (\mathrm{mm})$$

取其 1/20 作为变形测量的精度，则位移测定的中误差为：

$$150 \times 1/20 = 7.5\ (\mathrm{mm})$$

若采用全站仪投点方法，通过测定建筑顶部点相对于底部点在相互垂直的两个方向上的位移分量来获得此位移值，则位移分量测定中误差不应低于：

$$7.5 \times 1/\sqrt{2} = 5.3\ (\mathrm{mm})$$

此数值相当于表 5.1 中的监测点坐标中误差，按表 5.1 选择二等精度即可。

5.1.3 基准点、工作基点和变形观测点的布设

1. 基准点

基准点是变形观测的基准，宜选在变形影响区域之外稳固可靠、易于保存的位置；每个工程至少应有 3 个基准点；大型工程项目，水平位移基准点应采用带有强制归心装置的观测墩，垂直位移基准点宜采用双金属标或钢管标，如图 5.1 所示。

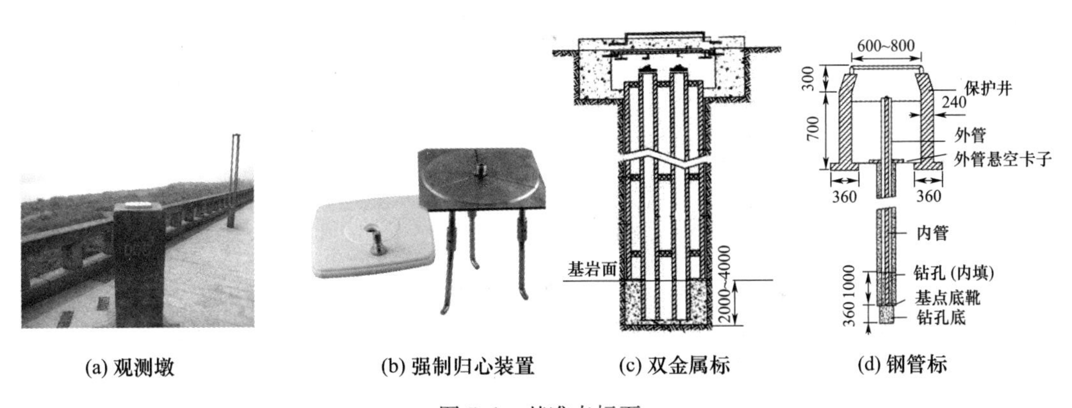

图 5.1 基准点标石

基准点应定期复测，复测周期应视基准点的稳定情况而定，当对变形监测成果产生怀疑时，也应随时检核观测基准网。

2. 工作基点

当基准点与所测建筑距离较远致使变形测量作业不方便时宜设置工作基点，工作基点应选在比较稳定且方便使用的地方；设立在大型工程施工区域内的水平位移监测工作基点宜采用带有强制归心装置的观测墩，垂直位移工作基点可采用钢管标；对通视条件

较好的小型工程，可不设立工作基点，可在基准点上直接测定变形观测点。

每期变形测量作业开始时应先将工作基点与基准点进行联测，建立变形测量基准网；再利用工作基点对测量点进行观测，建立变形测量网。

对四等变形测量，基准点之间测量及基准点与工作基点之间联测的精度等级应采用三等沉降或位移观测精度；对其他等级变形测量，不应低于所选沉降或位移观测精度等级。

3. 变形观测点

变形观测点应设立在能反映监测体变形特征的位置或监测断面上，监测断面应分为关键断面、重要断面和一般断面，需要时还应埋设应力、应变传感器。

变形观测点的点位应便于观测、易于保护，标志应稳固。如图 5.2 所示，观测点标志可以通过现场浇筑、预埋埋件、埋设观测墩等多种方式设置。

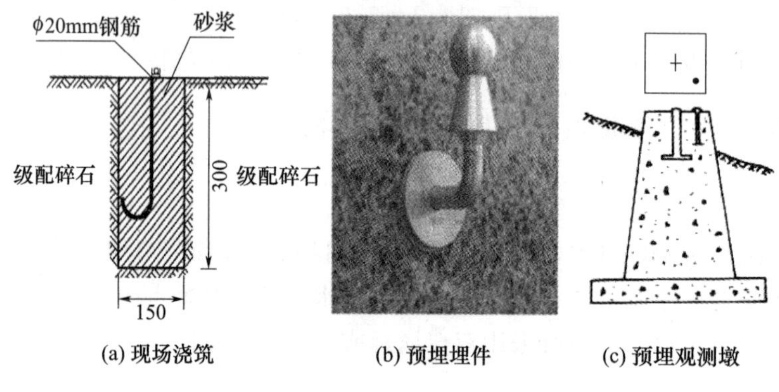

图 5.2　变形观测点标志

监测基准网应由基准点和工作基点构成。监测基准网应每半年复测一次；当对变形测量成果产生怀疑时，应随时检核监测基准网。变形测量网应由工作基点和变形观测点构成。

5.1.4　观测频率和观测周期

观测频率是一定时间内的观测次数，观测周期是相邻两次观测之间的时间间隔。变形观测频率和观测周期应根据建筑的工程安全等级、变形类型、变形特征、变形量、变形速率、施工进度计划以及外界因素影响等情况确定。

变形测量频率的大小应能反映出变形体的变形规律，并可随单位时间内变形量的大小而定。变形量较大时应增大测量频率；变形量小或建筑物趋于稳定时则可减小测量频率。

建筑变形测量过程中发生下列情况之一时应立即实施安全预案，同时应提高观测频率或增加观测内容：

(1) 变形量或变形速率出现异常变化；

(2) 变形量或变形速率达到或超出变形预警值；

(3) 开挖面或周边出现塌陷、滑坡；

(4) 建筑本身或其周边环境出现异常；

(5) 由于地震、暴雨、冻融等自然灾害引起的其他变形异常情况。

5.1.5 变形预警值及预警方式

为保证建筑正常使用而确定的变形控制值为变形允许值。在变形允许值范围内，根据建筑变形的敏感程度，以变形允许值的一定比例计算的或直接给定的警示值为变形预警值。

变形预警值有两种确定方式：一是取对应变形允许值的60%、2/3或3/4；二是在工程设计时直接给定。

变形预警值应有监测项目的累计变化量或变化速率值两项指标控制。当变形速率过快或异常快和累计变形量达到预警值时，应及时分析观测数据并进行预报和评估，将结果及时向施工方和委托方报告。

5.1.6 仪器设备

建筑物外部变形测量使用高精度的水准仪、全站仪、GPS接收机等。首次测量应在同期至少观测两次，无异常时取其平均值作为首期观测值。各期的变形测量应遵循以下相关规定：

(1) 采用相同的图形（观测路线）和观测方法；

(2) 使用同一仪器和设备；

(3) 观测人员相对固定；

(4) 宜记录工况及相关环境因素，包括荷载、温度、降水、水位等；

(5) 宜采用统一基准处理数据。

5.1.7 变形测量的方法

变形测量方法的选择应根据监测项目的特点、精度要求、变形速率以及监测体的安全性等指标选用，也可同时采用多种方法联合监测。

1. 水平位移监测

水平位移监测常用的方法有极坐标法、交会法、视准线法、三角形网、正倒垂线法、引张线法、激光准直法、自由设站法、卫星定位测量、地面三维激光扫描法、地基雷达干涉测量法、精密测（量）距、伸缩仪法、多点位移计、倾斜仪等。

1) 极坐标法

极坐标法是在控制点上测设一个角度和一段距离来确定点的平面位置。如图5.3 (a)所示，A、B为基准点，其坐标分别为（x_A，y_A）、（x_B，y_B）；A为测站点，通过测量$\angle BAP=\beta$和AP的距离D_{AP}来计算P点的坐标，这属于坐标正算。

用极坐标法进行水平位移监测时宜采用双测站极坐标法。如图5.3 (b) 所示，在O点架设仪器，通过测量OA和OB间的夹角可以检核工作基点O点的稳定性，然后分别后视A点、B点，用极坐标法测量P点，取其平均值作为P点的坐标。

2）交会法

交会法有角度交会法和距离交会法。

交会法是在建筑物变形影响范围以外布设若干基准点和工作基点，然后在两个工作基点上应用前方交会的方法测定监测点不同观测期的坐标变化的方法。

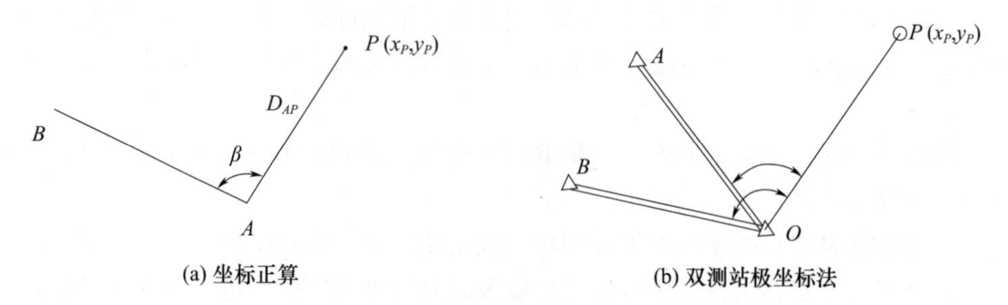

图 5.3　极坐标法

用交会法进行水平位移监测时宜采用三点交会法；角交会法的交会角应在 60°～120°之间，边交会法的交会角宜在 30°～150°之间。

如图 5.4 所示，在建筑物外设置基准点或工作基点 A、B、C，采用角度交会法观测水平位移监测点 P。首先将两台经纬仪分别安置在工作基点 A 点、B 点，分别照准对方为后视方向，用测回法测定观测角 $\angle BAP$ 和 $\angle ABP$，记为 β_1、β_2，应用前方交会公式可以计算出坐标 P（x_P，y_P）。相隔一段时间后，重复上述观测过程，同样可以应用前方交会公式计算出坐标 P_1（x_{P1}，y_{P1}），则根据前后两次测得坐标差值可以计算出 P 点的位移值为：

$$\Delta P_1=\sqrt{(x_{P1}-x_P)^2+(y_{P1}-y_P)^2} \tag{5.1}$$

实际测量时，为了提高观测点 P 的坐标的精度，首先在 A、B 点各安置一台经纬仪，分别测量角度 β_1 和 β_2，应用角度交会公式计算出 P 点的坐标值；然后按照同法，在 B、C 点测量角度 β_3 和 β_4，同样计算出 P 点的坐标值，取两次坐标值的平均值作为 P 的坐标的最终值。

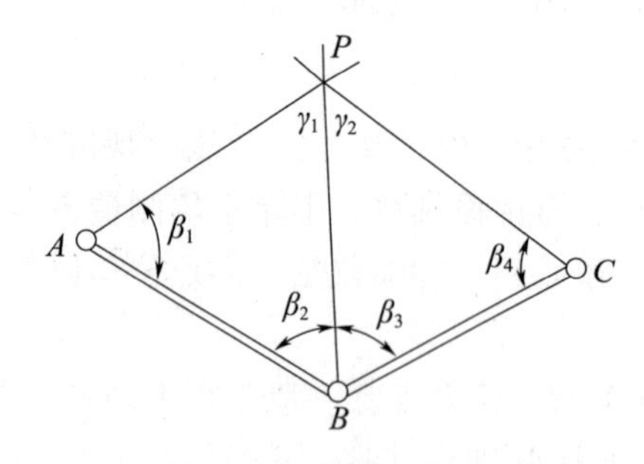

图 5.4　前方交会法

为了保证工作基点的稳定性，要求在变形观测前检测其稳定性后才能进行观测点的施测工作。具体方法可以通过检测基准点或工作基点之间的角度或距离等几何要素的方法。如图 5.4 所示，在工作基准点 B 测量 $\angle ABC$ 或距离 D_{BC}、D_{AB}，然后和这些几何要素首期的理论计算值作比较即可判断工作基点是否有变动。

3）视准线法

视准线法是利用经纬仪或全站仪建立一条通过建筑物轴线或者平行于建筑物轴线的基准线，然后周期性的测定建筑物上的变形观测点相对于该基准线的距离变化。

视准线测量可选用活动觇牌法或小角度法。

（1）活动觇牌法

活动觇牌法是利用经纬仪照准安置在观测点上的觇牌，从而在觇牌的游标尺上读出观测点的位移值。

如图 5.5 所示，活动觇牌在使用前先安装觇牌和主体，通过旋转手轮将滑块指针调到对准居中刻度，使觇牌刻线中心对准滑块中心，然后固紧三个螺丝。同时，需检查并调整水准器对仪器进行整平。

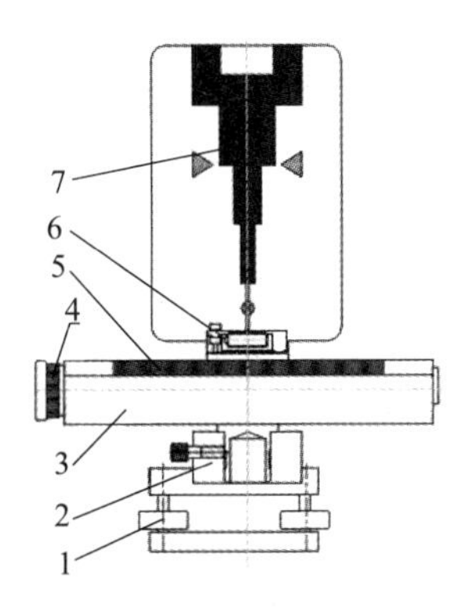

图 5.5 活动觇牌

1—基座；2—连接器；3—主体；4—手轮；5—导轨；6—水准器；7—觇牌

使用时觇牌必须面向基站方向，与观测仪器的视准线垂直。观测方式有两种：

① 基站视准线保持不变，在基站观测员的指挥下，通过旋转手轮使觇牌左右移动，图案在基站仪器视场内居中后读取数据。

② 将觇牌预先置一偏移量，通过基站仪器读取观测值，再与预置量叠加计算。

（2）小角度法

如图 5.6 所示，在平行于建筑物轴线的外侧适当距离设置固定工作基点 A 和 B，在建筑物上设置观测点 a、b、c、d、e 等水平位移监测点。将经纬仪安置在工作基点 A 点，照准另一工作基点 B，构成视准线或基准线。用测回法测得各观测点相对于视准线的角度$\angle a_0AB$、$\angle b_0AB$、$\angle c_0AB$、$\angle d_0AB$、$\angle e_0AB$，分别用 α_{a0}、α_{b0}、α_{c0}、α_{d0}、α_{e0} 表示；相隔一段时间后，同样安置仪器于 A 点，照准 B 点，测得各观测点相对于视准线的角度$\angle a_1AB$、$\angle b_1AB$、$\angle c_1AB$、$\angle d_1AB$、$\angle e_1AB$，分别用 α_{a1}、α_{b1}、α_{c1}、α_{d1}、α_{e1} 表示，则前后两次测得角度的差值，如 a 点的差值 $\Delta\alpha_1=\alpha_{a0}-\alpha_{a1}$ 即为两次观测时段内 a 点在垂直于视准线方向的角度变化值，其水平位移量为：

$$da_1=(\Delta\alpha_1/\rho)\cdot D_{Aa} \tag{5.2}$$

式中 D_{Aa}——工作基点 A 到观测点 a 的距离；$\rho=206265''$。

视准线法的视准线两端的延长线外宜设立校核基准点；采用小角法时小角角度不应超过 30″；基准点、校核基准点和变形观测点均应采用有强制对中装置的观测墩。

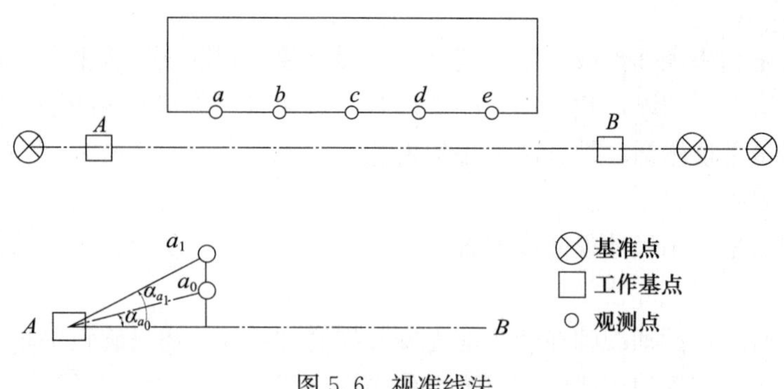

图 5.6　视准线法

2. 垂直位移监测

垂直位移监测可采用水准测量、电磁波测距三角高程测量、液体静力水准测量、地基雷达干涉测量方法等。

1）水准测量

当采用水准测量进行沉降观测时，采用的观测方式见表 5.3。

表 5.3　沉降观测方式

沉降观测等级	基准点测量、工作基点联测及首期沉降观测			其他各期沉降观测			观测顺序
	DS05 型仪器	DS1 型仪器	DS3 型仪器	DS05 型仪器	DS1 型仪器	DS3 型仪器	
一等	往返测			往返测或 单程双观测			奇数站：后前前后 偶数站：前后后前
二等	往返测	往返测或 单程双观测		单程观测	单程 双观测		奇数站：后前前后 偶数站：前后后前
三等	单程 双观测	单程 双观测	往返测或 单程双观测	单程观测	单程 观测	单程 双观测	后前前后
四等		单程双观测	往返测或 单程双观测		单程 观测	单程 双观测	后后前前

2）电磁波测距三角高程测量

电磁波测距三角高程测量可用于三等、四等垂直位移监测。电磁波测距三角高程测量宜采用中间设站（中点单觇）法，也可采用直返觇法。

（1）垂直角宜采用 1″级仪器中丝法对向观测 6 个测回，测回间垂直角较差不大于 6″；

（2）测距长度宜小于 500m，测距中误差不应超过 3mm；

（3）觇标和仪器高应精确至 0.1mm；

（4）测站观测前后应各测量 1 次气温、气压，计算时应加入相应改正。

3）液体静力水准测量

液体静力水准法是利用连通液的原理，多支通过连通管连接在一起的储液罐的液面总是在同一水平面，通过测量不同储液罐的液面高度，经过计算可以得到各个静力水准仪的相对差异沉降。

如图 5.7 所示，假设共有 1，2，3，…，n 个观测点，各个观测点之间已用连通管连通。

安装完毕后初始状态时各测点的安装高程分别为 $Y_{01}\cdots Y_{0i}\cdots Y_{0j}\cdots Y_{0n}$，各测点的液面高度分别为 $h_{01}\cdots h_{0i}\cdots h_{0j}\cdots h_{0n}$。

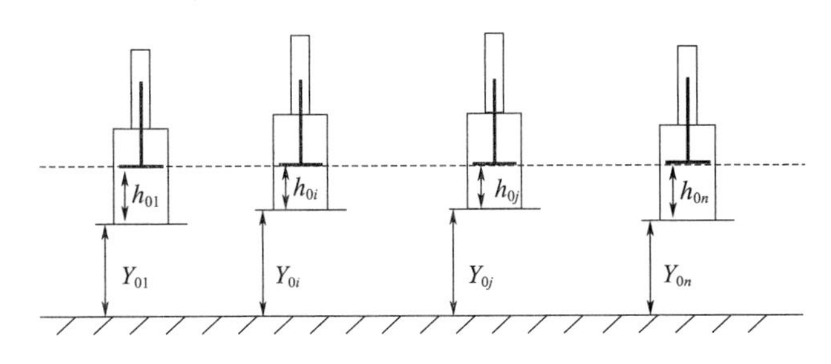

图 5.7　液体静力水准测量

对于初始状态，显然有：

$$Y_{01}+h_{01}=\cdots=Y_{0i}+h_{0i}=\cdots=Y_{0j}+h_{0j}=\cdots=Y_{0n}+h_{0n} \tag{5.3}$$

当第 k 次发生不均匀沉降后，各测点由于沉降而引起的变化量分别为：$\Delta h_{k1}\cdots\Delta h_{ki}\cdots\Delta h_{kj}\cdots\Delta h_{kn}$，各测点的液面高度变化为 $h_{k1}\cdots h_{ki}\cdots h_{kj}\cdots h_{kn}$，如图 5.8 所示。

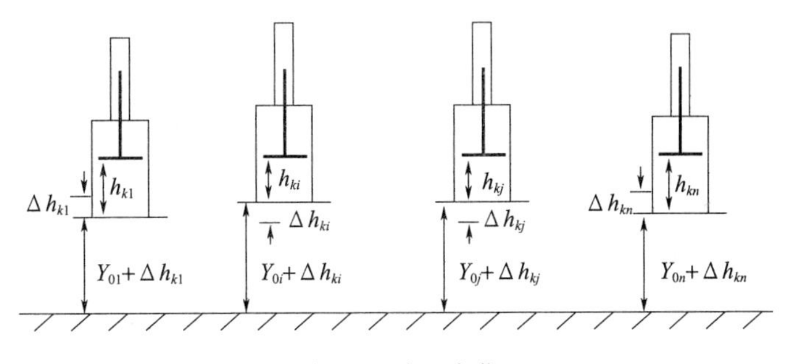

图 5.8　液面变化

由于液面的高度还是相同的，因此有：

$$Y_{01}+\Delta h_{k1}+h_{k1}=\cdots=Y_{0i}+\Delta h_{ki}+h_{ki}=\cdots=Y_{0j}+\Delta h_{kj}+h_{kj}=\cdots=Y_{0n}+\Delta h_{kn}+h_{kn} \tag{5.4}$$

第 j 个观测点相对于基准点 i 的相对沉降量为：

$$\begin{aligned} H_{ji}&=\Delta h_{kj}-\Delta h_{ki}=(Y_{0j}+h_{kj})-(Y_{0i}+h_{ki})\\ &=(Y_{0j}-Y_{0i})+(h_{kj}-h_{ki})=-(h_{0j}-h_{0i})+(h_{kj}-h_{ki}) \end{aligned} \tag{5.5}$$

由上式可知，只需测出各点在不同时间的液面高度值，即可计算出各点在不同时刻的相对差异沉降值。

在安装完仪器后，可以先对仪器调整，使得各个液面的初始高度相同，即 $h_{0j}=h_{0i}$，则上式可以继续简化为：

$$H_{ji}=h_{kj}-h_{ki} \tag{5.6}$$

可见，只需要读出各个静力水准仪的变化值，相减即可求出各点之间的差异沉降量。

3. 倾斜观测

倾斜包括基础倾斜和上部结构倾斜。基础倾斜指的是基础两端由于不均匀沉降而产生的差异沉降现象；上部结构倾斜指的是建筑的中心线或其墙、柱上某点相对于底部对应点产生的偏离现象。

倾斜测量方法有经纬仪投点法、差异沉降法、激光准直法、垂线法、倾斜仪、电垂直梁等。

（1）经纬仪投点法

如图 5.9 所示，在互相垂直的两个方向上距建筑物约 1.5 倍建筑物高度处安置经纬仪，分别照准建筑物顶部观测点 B，用正倒镜分中法向下投点得底部 A 点（即两个位置投点方向线的交点），做好标志。隔一定时间后再次观测，仍以两架经纬仪照准 B 点（由于建筑物倾斜，B 点已偏移），向下投点得 A'点。显然 AA'间的水平距离即为前后两次间隔时段内的水平位移量 ΔD，根据建筑物的高度 H，即可由下式求得建筑物的倾斜率 i。

$$i=\tan\alpha=\frac{\Delta D}{H} \tag{5.7}$$

式中　α——倾斜角。

（2）差异沉降法

差异沉降也称为不均匀沉降或沉降差。如图 5.10 所示，当基础或者构件倾斜方向上的 A、B 两点的沉降量分别为 H_a 与 H_b 时，则两点之间的差异沉降为：

$$\Delta h=H_a-H_b \tag{5.8}$$

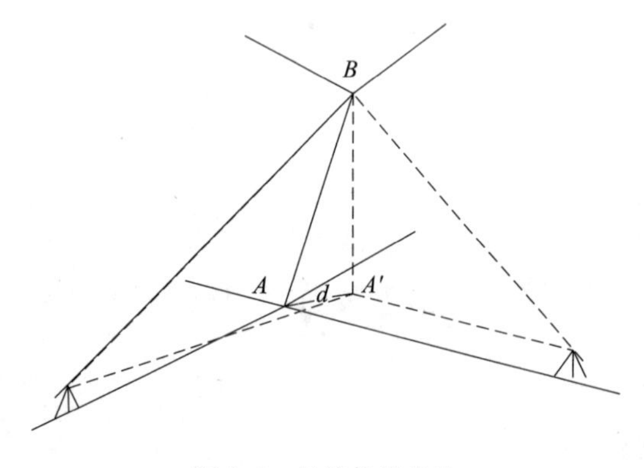

图 5.9　经纬仪投点法

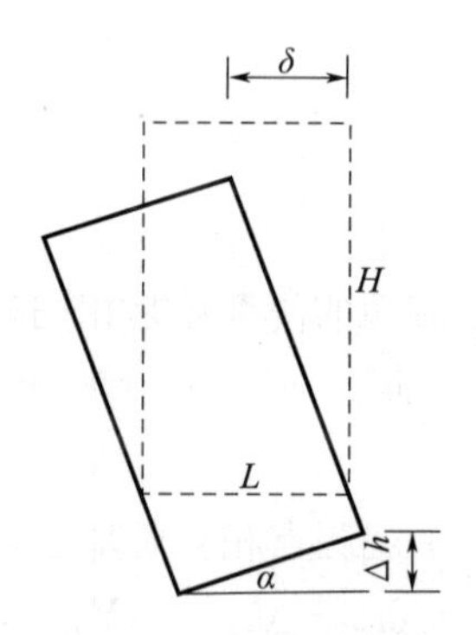

图 5.10　差异沉降法

A、B 两点之间的距离为 L，则 A、B 两点的倾斜度为：

$$i=\Delta h/L \tag{5.9}$$

建筑物的高度为 H，则按差异沉降推算主体的倾斜值为：

$$\delta=\frac{\Delta h}{L}H \tag{5.10}$$

（3）倾斜仪

倾斜仪也称测斜仪，是一种能够精确地测量沿垂直方向结构内部深层水平位移的仪器。测斜仪分为活动式和固定式两种，工程中常用的测斜仪为滑动式测斜仪，主要由测斜管、探头、电缆和主机四部分组成，如图 5.11 所示。

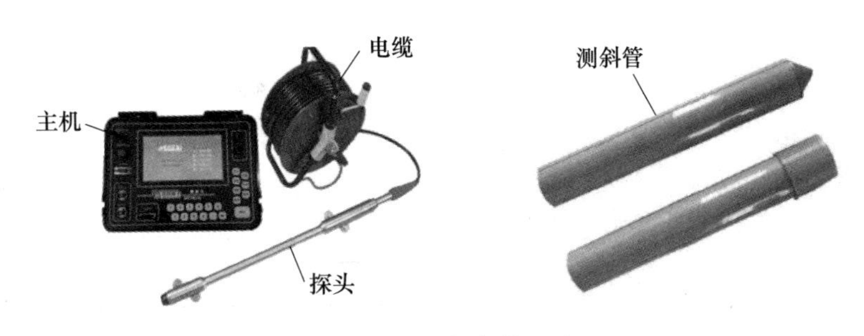

图 5.11 倾斜仪的组成

测斜仪测斜的基本原理如下：将测斜管装入观测结构的垂直钻孔内，或预埋在观测结构内，如图 5.12 所示。

首次复测 2～3 次，待判明测斜管已处于稳定状态后，取其平均值作为初始值，然后开始正式测量工作。如图 5.13 所示，每次观测时，将探头导轮对准与所测位移方向一致的槽口，缓缓放至管底，待探头与管内深度基本一致，显示仪读数稳定后开始观测。一般以管口作为确定测点位置的基准点，每次观测时管口基准点必须是同一位置，按探头电缆上的刻度分划匀速提升，每提升一个轮距，读取测斜仪的倾斜度角值并做记录，直至探头提升至管口处。

图 5.12 测斜管的埋设

图 5.13 测斜仪的测量原理

假设两对导轮之间的轮距为 L，每提升一个测段，测斜仪的探头与重力方向夹角为 θ，则每一测段上、下导轮间相对水平偏差量 δ 为：

$$\delta = L\sin\theta \tag{5.11}$$

n 个测段相对于起始点的水平偏差量 Δ_n，由从起始点起连续测试得到的 δ_i 累计而成，即：

$$\Delta_n = \sum_{i=0}^{n}\delta_i = \sum_{i=0}^{n}L\sin\theta_i \tag{5.12}$$

式中 δ_0——起始测段的水平偏差量（mm）。

为了消除测斜仪自身的误差，将探头旋转 180°后，再按上述方法测量和计算，最后取平均值作为不同段位的位移值。对比当前与初始的观测数据，可以确定侧向偏移的变化量，显示出测斜管所发生的位移。

4. 裂缝观测

裂缝观测方法有精密测（量）具、伸缩仪、测缝计、位移计、光纤光栅传感器、摄影测量等。

（1）裂缝观测点应根据裂缝的走向和长度，分别布设在裂缝的最宽处和最窄处。

（2）裂缝观测标志应跨裂缝安装，标志可选用镶嵌式金属标志、粘贴式金属片标志、钢尺条、坐标格网板或专用量测标志等。

如图 5.14（a）所示白铁片标志，是用两块白铁片制成，一片为 150mm×150mm 的正方形，固定在裂缝的一侧，并使其一边和裂缝边缘对齐；另一片为 50mm×200mm 的长方形，固定在裂缝的另一侧，并使其紧贴在正方形的铁片上。当两块铁片固定好之后，在其表面涂上红漆，如果裂缝继续发展，两块铁片将会拉开，正方形铁片上将会露出没有涂漆的部分，其宽度即为裂缝开裂的宽度，可用尺子量出。

如图 5.14（b）所示金属棒标志，是用两钢筋头或铁钉制成。将长约 100mm，直径约 10mm 的钢筋头插入墙体，并使其露出墙外约 20mm，用水泥砂浆填灌牢固。待水泥砂浆凝固后，用游标卡尺量出两钢筋头标志间的距离并记录下来。以后若裂缝继续发展，则金属棒的间距也就不断加大。定期测定两棒的间距并进行比较，即可掌握裂缝发展情况。

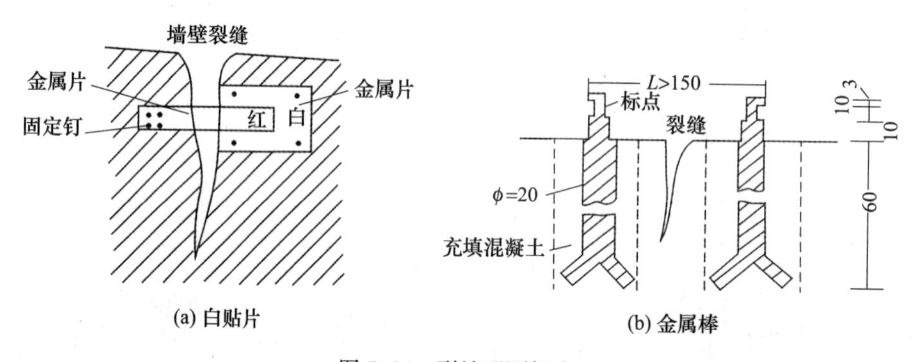

图 5.14　裂缝观测标志

（3）标志安装完成后，应拍摄裂缝观测初期的照片。

（4）裂缝的量测可采用比例尺、小钢尺、游标卡尺或坐标格网板等工具，量测应精确至 0.1mm。

（5）裂缝的观测周期应根据裂缝变化速度而定。裂缝初期可每半个月观测 1 次，裂缝变化速度减缓后宜每月观测 1 次；当发现裂缝加大时，应每周或每 3 天观测 1 次，并宜持续观测。

裂缝观测时首先应对拟观测的裂缝进行编号，在裂缝两侧设置观测标志，然后定期观测裂缝的位置、走向、长度、宽度和深度。

对标志设置的基本要求是，当裂缝开裂时标志应能相应地开裂或变化，以能正确地反映裂缝的发展和变化情况。常用的裂缝观测标志有白铁片标志和金属棒标志等。

5. 挠度观测

建筑物在应力作用下水平方向或竖直方向上产生的弯曲和扭转称为挠度。挠度观测实际上是水平位移或垂直位移监测，常用的方法有水准测量法和经纬仪法。

（1）水准测量法

水准测量法常用于建构筑物水平方向挠度观测。图 5.15（a）是对梁进行挠度观测的例子。在梁的两端及中部设置三个变形观测点 A、B 及 C，定期对这三个点进行水准测量，计算出各点的垂直位移监测数值 h_A、h_B 和 h_C，即可计算各期相对于首期的挠度值，如 B 点挠度值计算公式为：

$$f_B=\frac{S_A}{S_A+S_B}(h_C-h_A)-(h_B-h_A) \tag{5.13}$$

式中 S_A、S_B——AB、BC 间的距离值。

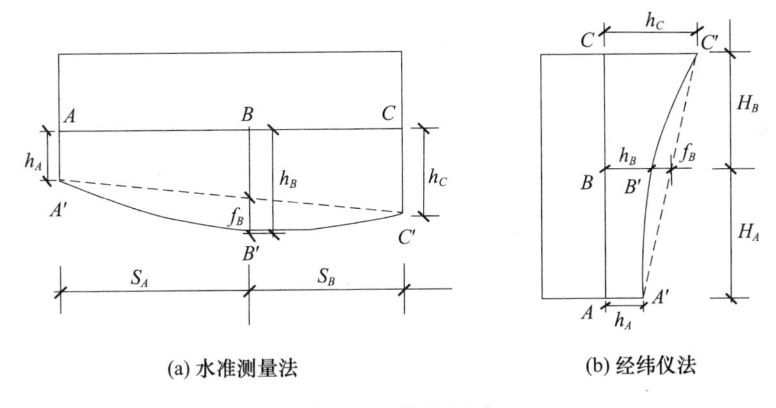

图 5.15 挠度观测

（2）经纬仪法

经纬仪法常用于建构筑物竖向方向挠度观测，通过经纬仪投影或测角法测定建构筑物在不同高度上的变形观测点 A、B 及 C 的水平位移值 h_A、h_B 和 h_C，即可计算各期相对于首期的挠度值，如图 5.15（b）所示的 B 点挠度值 f_B 计算公式为：

$$f_B=\frac{H_A}{H_A+H_B}(h_C-h_A)-(h_B-h_A) \tag{5.14}$$

式中 H_A、H_B——A-B、B-C 间的高度差。

5.2 监测基准网的建立

5.2.1 水平位移监测基准网的建立

水平位移监测基准网宜采用独立的坐标系统，大多数建立专用的和高精度的平面控制网。

平面控制网一般分两级建立。基准点和工作基点构成变形观测的首级网，用来测量工作基点相对于基准点的变形量。位移观测点和工作基点组成次级网，用来测量位移观测点相对于工作基点的变形量，从而最终反映建筑物的变形程度和变化趋势。

对于建筑物较少的测区宜将基准点和观测点布设成单一的控制网，即布设一级控制网。

1. 精度设计

水平位移监测基准网的主要技术要求见表 5.4。

表 5.4　水平位移监测基准网测量的主要技术要求

等级	相邻基准点点位中误差（mm）	平均边长（m）	测角中误差（″）	测边相对中误差	水平角观测测回数	
					1″级仪器	2″级仪器
一等	1.5	≤300	0.7	≤1/300000	12	—
		≤200	1.0	≤1/200000	9	—
二等	3.0	≤400	1.0	≤1/200000	9	—
		≤200	1.8	≤1/100000	6	9
三等	6.0	≤450	1.8	≤1/100000	6	9
		≤350	2.5	≤1/80000	4	6
四等	12.0	≤600	2.5	≤1/80000	4	6

注：1. 水平位移监测基准网的相关指标，是基于相应等级相邻基准点的点位中误差的要求确定；
2. 具体作业时，可根据测量项目的特点在满足相邻基准点的点位中误差的要求前提下进行专项设计。

2. 网型设计

水平位移监测基准网可采用三角形网、导线网、卫星定位测量控制网和视准轴线等形式。当采用视准轴线时，轴线上或轴线两端应设立校核点。

水平位移监测基准网宜采用独立坐标系统，并进行一次布网。必要时可与国家坐标系统联测。狭长形建筑物的主轴线或其平行线应纳入网内。大型工程布网时应充分顾及网的精度、可靠性和灵敏度等指标。

3. 选点埋石

基准点数一般不应少于 3 个。当采用视准线法和小角度法且不便设置基准点时，可选择稳定的方向标志作为方向基准。

对倾斜观测、挠度观测、收敛变形观测或裂缝观测可不设置位移基准点。

根据位移观测现场作业的需要可设置若干位移工作基点，位移工作基点应与位移基准点进行组网和联测。

位移基准点、工作基点的位置应便于埋设标石或建造观测墩，便于安置仪器设备，便于观测人员作业。

基准点及工作基点应建造具有强制对中装置的观测墩或埋设专门观测标石，强制对中装置的对中误差不应超过 0.1mm，照准标志应具有明显的几何中心或轴线，并应符合图像反差大、图案对称、相位差小和本身不变形等要求。

4. 外业观测

（1）监测基准网的水平角观测宜采用方向观测法。方向观测法的技术要求见角度测量的相关内容。

（2）监测基准网的边长应采用电磁波测距，电磁波测距的主要技术要求见表 5.5。

表 5.5　电磁波测距的技术要求

等级	仪器精度等级	每边测回数		一测回读数较差（mm）	单程各测回较差（mm）	气象数据测定的最小读数		往返较差（mm）
		往	返			温度（℃）	气压（Pa）	≤2（$a+b\cdot D$）
一等	1mm 级	4	4	1	1.5	0.2	50	
二等	2mm 级	3	3	3	4			
三等	5mm 级	2	2	5	7			
四等	10mm 级	4	—	8	10			

注：1. 一测回是全站仪盘左、盘右各测量一次的过程；
2. 根据具体情况，边长测距可采取不同时间段测量代替往返观测；
3. 测量斜距应在经气象改正和仪器加、乘常数改正后进行水平距离计算；
4. 测距往返较差应依经加乘常数改正且归化至同一高程面的平距计算，a、b 分别为相应等级所使用的仪器标称的固定误差和比例误差系数，D 为测量距离的斜距。

5.2.2　垂直位移监测基准网的建立

垂直位移监测基准网宜采用测区原有高程系统。重要的监测工程宜与国家水准点联测，一般的监测工程可采用假定高程系统。垂直位移监测基准网由基准点和工作基点组成，用来测量工作基点相对于基准点的变形量。

1. 精度设计

垂直位移监测基准网的主要技术要求见表 5.6。

表 5.6　垂直位移监测网的主要技术要求

等级	变形观测点的高程中误差（mm）	每站高差中误差（mm）	往返较差、附合或环线闭合差（mm）	检测已测高差较差（mm）	使用仪器、观测方法及要求
一等	0.3	0.07	$0.15\sqrt{n}$	$0.2\sqrt{n}$	DS05 型仪器，宜按国家一等水准测量的技术要求施测
二等	0.5	0.15	$0.30\sqrt{n}$	$0.40\sqrt{n}$	DS05 型仪器，宜按国家一等水准测量的技术要求施测
三等	1.0	0.30	$0.60\sqrt{n}$	$0.8\sqrt{n}$	DS05 或 DS1 型仪器，宜按国家二等水准测量的技术要求施测
四等	2.0	0.70	$1.40\sqrt{n}$	$2.0\sqrt{n}$	DS1 型仪器，宜按国家三等水准测量的技术要求施测

注：n 为测站数。

2. 路线设计

垂直位移监测基准网应布设成环形网，并采用水准测量方法观测。

3. 选点埋石

垂直位移监测基准点不应少于3个；密集建筑区内，基准点与待测建筑的距离应大于该建筑基础最大深度的2倍；二等、三等和四等垂直位移监测，基准点可选择在满足距离要求的其他稳固的建筑上。

基准点的标石应埋设在变形区以外稳定的原状土层内，或将标志镶嵌在裸露基岩上；也可以利用稳固的建构筑物设立墙水准点；当受条件限制时，在变形区内也可埋设深层钢管标或双金属标；大型水工建筑物的基准点可采用平硐标志。

工作基点的标石可根据现场条件选用浅埋钢管水准标石、混凝土普通水准标石或墙上水准标志。

4. 外业观测

水准观测起始点的高程宜采用测区原有高程系统。较小规模的测量工程可采用假定高程系统；较大规模的测量工程宜与国家水准点联测。

沉降基准点观测宜采用水准测量；对三等或四等垂直位移监测的基准点观测，当不便采用水准测量时可采用三角高程测量方法。

采用水准测量观测的技术要求见表5.7。

表5.7　水准观测的主要技术要求

<table>
<tr><th>等级</th><th>水准仪型号</th><th>水准尺</th><th>视线长度（m）</th><th>前后视的距离较差（m）</th><th>前后视距离较差累积（m）</th><th>视线离地面最低高度（m）</th><th>黑、红面读数较差（mm）</th><th>黑、红面所测高程较差（mm）</th></tr>
<tr><td>一等</td><td>DS05</td><td>铟瓦尺</td><td>15</td><td>0.3</td><td>1.0</td><td>0.5</td><td>0.3</td><td>0.4</td></tr>
<tr><td>二等</td><td>DS05</td><td>铟瓦尺</td><td>30</td><td>0.5</td><td>1.5</td><td>0.5</td><td>0.3</td><td>0.4</td></tr>
<tr><td rowspan="2">三等</td><td>DS05</td><td>铟瓦尺</td><td rowspan="2">50</td><td rowspan="2">2.0</td><td rowspan="2">3</td><td rowspan="2">0.3</td><td rowspan="2">0.5</td><td rowspan="2">0.7</td></tr>
<tr><td>DS1</td><td>铟瓦尺</td></tr>
<tr><td>四等</td><td>DS1</td><td>铟瓦尺</td><td>75</td><td>5</td><td>8</td><td>0.2</td><td>1.0</td><td>1.5</td></tr>
</table>

注：1. 数字水准仪观测不受基、辅分划或黑、红面读数较差指标的限制，但测站两次观测的高差较差应满足表中相应等级基、辅分划或黑、红面所测高差较差的限值；

2. 水准路线跨越江河时应进行相应等级的跨河水准测量，其指标不受该表的限制，按跨河水准测量的规定执行。

5.2.3　基准点稳定性分析

基准点是变形测量工作的基础，是能否有效获取监测点变形量的关键，基准点不稳定将严重影响监测点变形量的真实性，误导变形分析的结果，因此，对两期及以上的变形测量，需要根据测量结果对基准点的稳定性进行检验分析，以判断基准点是否稳定可靠。

1. 沉降基准点稳定性检验分析

基准点网复测后，对所有基准点应分别按两两组合，计算本期平差后的高差数据与上期平差后高差数据之间的差值。当计算的所有高差差值均不大于按下列公式计算的限差时，认为所有基准点稳定。

$$\delta=2\sqrt{2}\sigma_h \tag{5.15}$$

$$\sigma_h=\sqrt{n}\mu \tag{5.16}$$

式中 δ——高差差值限差（mm）；

μ——对应精度等级的测站高差中误差（mm）；

n——两个基准点之间的观测测站数。

2. 位移基准点的稳定性检验分析

1）当水平位移监测、基坑监测、边坡监测中设置了不少于3个位移基准点时，可按照沉降基准点稳定性检验的方法，通过比较平差后基准点的坐标差值对基准点的稳定性进行分析判断。

2）对大范围的建筑水平位移监测或大型边坡监测等项目，当设置的基准点数多于4个，采用上述方法难以分析判断找出不稳定点时，宜通过统计检验的方法进行稳定性分析，找出变动显著的基准点。

统计检验方法中较为典型是平均间隙法，其计算步骤如下：

（1）整体检验

设某两周期分别为第1、第j周期。根据每一周期观测的成果，对两期观测数据进行平差，由平差改正数计算单位权方差的估值：

$$\left.\begin{aligned}\mu_1^2&=\frac{(V^{\mathrm{T}}PV)^1}{f_1}\\ \mu_j^2&=\frac{(V^{\mathrm{T}}PV)^j}{f_j}\end{aligned}\right\} \tag{5.17}$$

式中，分别用上标和下标1、j表示不同的两个周期观测的成果。两个不同周期观测的精度一般情况下是相等的，即两期单位权方差相等，因此可以将μ_1^2、μ_j^2联合起来求一个共同的单位权方差估值，即：

$$\mu^2=\frac{(V^{\mathrm{T}}PV)^1+(V^{\mathrm{T}}PV)^j}{f_1+f_2} \tag{5.18}$$

假设两期观测点位没有发生变化，则可从两个周期所求得的坐标差ΔX算另一方差估值：

$$\theta^2=\frac{\Delta x^{\mathrm{T}}P_{\Delta x}\Delta x}{f_{\Delta x}} \tag{5.19}$$

式中，$P_{\Delta x}=Q_{\Delta x}^{+}=(Q_{x_j}+Q_{x_1})^{+}$；$f_{\Delta x}$为独立的$\Delta X$的个数。

可以证明方差估值μ^2，θ^2是统计独立的，利用F检验法，可以组成统计量：

$$F=\frac{\theta^2}{\mu^2} \tag{5.20}$$

在原假设H_0：两次观测期间点位没有变动，统计量F服从自由度为$f_{\Delta X}$、f的F分布，故可用下式：

$$P\ [F>F_{1-\alpha}\ (f_{\Delta x},\ f)]|H_0=\alpha \tag{5.21}$$

来检验点位是否发生变动。

可见，整体检验是利用 $\Delta x^{\mathrm{T}}P_{\Delta x}\Delta x$ 构成检验统计量，这个量反映了两周期图形的整体一致性，若两周期的图形一致性好，则 $\Delta x^{\mathrm{T}}P_{\Delta x}\Delta x$ 就小，反之就大。

式中置信水平 α 通常取 0.05 或 0.01，由 α 与自由度 $f_{\Delta x}$，f 查询分布表可得分位值，$F_{1-\alpha}$（$f_{\Delta x}$，f）当统计量 F 小于相应的分位值时，接受原假设，即认为网内点位是稳定的；当统计量 F 大于分位值时，拒绝原假设，则认为点位发生了变动。但是，不能确定所有的点位发生变动的情况，因此，必须进一步搜索不稳定点。

（2）不稳定点搜索

若经过整体检验后发现监测网中存在不稳定点，则需将不稳定点找出来，寻找不稳定点的方法采用分块间隙法。

将监测网的点分为两组：稳定点组（F 组）和不稳定点组（M 组）。首先对稳定点组进行整体一致性检验，因为稳定点组中不完全都是稳定点。将 ΔX、$P_{\Delta x}$ 按 F、M 组排序并分块为：

$$\Delta X^{\mathrm{T}}=\begin{vmatrix}\Delta X_F^{\mathrm{T}} & \Delta X_M^{\mathrm{T}}\end{vmatrix} \tag{5.22}$$

$$P_{\Delta x}=\begin{vmatrix}P_{FF} & P_{FM}\\ P_{MF} & P_{MM}\end{vmatrix} \tag{5.23}$$

由于 ΔX_F、ΔX_M 是相关的，$P_{FM}=P_{MF}\neq 0$，$\Delta X_F^{\mathrm{T}}P_{FF}\Delta X_F$ 不能反映稳点点组的整体检验分析，它会受到不稳定点组的影响。为了得到稳定点组正确的整体检验，做如下变换：

$$\overline{\Delta X_M}=\Delta X_M+P_{MM}^{-1}P_{MF}\Delta X_F| \tag{5.24}$$

$$\overline{P_{FF}}=P_{FF}-P_{FM}P_{MM}^{-1}P_{MF} \tag{5.25}$$

则

$$\Delta X^{\mathrm{T}}P_{\Delta x}\Delta X=\Delta X_F^{\mathrm{T}}\,\overline{P_{FF}}\,\Delta X_F+\overline{\Delta X_M^{\mathrm{T}}}P\,\overline{\Delta X_M} \tag{5.26}$$

这样就将 $\Delta X^{\mathrm{T}}P_{\Delta x}\Delta X$ 分为了两个独立项，第一项表示稳定点组的整体检验。

令

$$\theta_F^2=\frac{\Delta X_F^{\mathrm{T}}\,\overline{P_{FF}}\,\Delta X_F}{f_F} \tag{5.27}$$

则可以构建稳定点组的稳定性检验统计量：

$$F=\frac{\theta_F^2}{\mu^2} \tag{5.28}$$

若 $F<F_{1-\alpha}$（f_F，f_1+f_j），则稳定点组是稳定的，否则稳定点组内含有不稳定点，需要进一步搜索不稳定点，直到稳定性检验接受原假设为止。

3）对不稳定基准点的处理

（1）应进行现场勘察分析，若确认其不宜继续作为基准点应予以舍弃，并应及时补充布设新基准点。

（2）应检查分析与不稳定基准点有关的各期变形测量成果，并应在剔除不稳定基准点的影响后，重新进行数据处理。

5.3 建筑场地垂直位移监测

建筑场地垂直位移监测主要用于观测相邻地基沉降和整个场地的地面沉降情况。相邻地基沉降是由于毗邻建筑间的荷载差异引起的相邻地基土应力重新分布而产生的附加沉降；场地地面沉降是由于长期降雨、大面积堆载等原因引起的一定范围内的地面沉降。

5.3.1 相邻地基垂直位移监测

1. 观测点的布设

（1）观测点可选在建筑纵横轴线或边线的延长线上，亦可选在通过建筑重心的轴线延长线上。

（2）点位间距应视基础类型、荷载大小及地质条件，与设计人员共同确定或征求设计人员意见后确定。点位可在建筑基础深度 1.5～2.0 倍的距离范围内，由外墙向外由密到疏布设，但距基础最远的观测点应设置在沉降量为零的沉降临界点以外。

2. 观测方法

相邻地基垂直位移监测一般采用水准测量的方法。

3. 观测周期和频率

（1）在基础施工期间的相邻地基垂直位移监测，在基坑降水时和基坑土开挖过程中应每天观测 1 次。

（2）混凝土底板浇完 10d 以后，可每 2～3d 观测 1 次，直至地下室顶板完工和水位恢复，若水位恢复时间较短、恢复速度较快，应在水位恢复的前后一周内每 2～3 天观测 1 次，同时应观测水位变化。此后可每周观测 1 次至回填土完工。

（3）在上部结构施工期间，民用高层建筑宜每加高 2～3 层观测 1 次，工业建筑宜按回填基坑、安装柱子和屋架、砌筑墙体、设备安装等不同施工阶段分别进行观测。若建筑施工均匀增高，应至少在增加荷载的 25％、50％、75％和 100％时各测 1 次。

（4）施工过程中若暂时停工，在停工时及重新开工时应各观测 1 次，停工期间可每隔 2～3 月观测 1 次。

5.3.2 场地地面垂直位移监测

1. 观测点的布设

场地地面垂直位移监测点应在相邻地基垂直位移监测点布设线路之外的地面上均匀布设。根据地质地形条件可选择使用平行轴线方格网法、沿建筑四角辐射网法或散点法布设。点间距 30～50m。

2. 观测方法

场地地面垂直位移监测一般采用水准测量的方法，四等监测精度。

3. 观测周期和频率

场地地面沉降与施工荷载增加关系密切。民用高层建筑宜每加高 2 层—3 层观测 1 次，工业建筑宜按回填基坑、安装柱子和屋架、砌筑墙体、设备安装等不同施工阶段分别进行观测。若建筑施工均匀增高，应至少在增加荷载的 25%、50%、75%和 100%时各测 1 次。

5.4 塔式起重机变形测量

塔式起重机是建筑工地垂直运输的主要设备，塔式起重机的变形测量主要有塔身的垂直度观测，塔式起重机基础的水平位移监测和垂直位移监测。

5.4.1 垂直度观测

塔式起重机的垂直度应满足：独立状态或附着状态下，最高附着点以上塔身轴线对支承面垂直度不得大于 4/1000，最高附着点以下塔身轴线对支承面垂直度不得大于相应高度的 2/1000。观测方法可采用经纬仪投点法，具体过程如下：

如图 5.16 所示，垂直度观测点设置在塔式起重机的塔身上下部，分别在垂直的两方向架设经纬仪，先观测塔身上部观测点，然后下俯望远镜观测塔身下部观测点，获得上部点相对于下部点的倾斜值；同理可观测垂直的另一方向的倾斜值，然后将两个方向倾斜值矢量相加可得上部相对于下部的位移值，最后根据位移值和塔吊的高度，计算出塔式起重机的倾斜度。

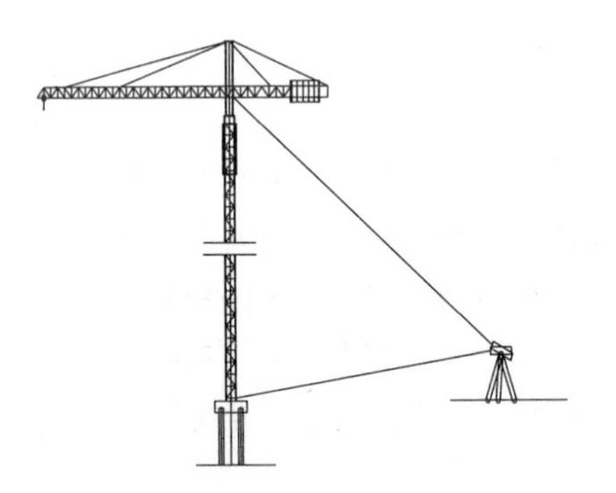

图 5.16 塔式起重机垂直度观测

5.4.2 水平位移监测

基坑塔式起重机在施工过程中应进行水平位移监测，监测基坑承台的变形情况，可采用视准线法和极坐标法。

1. 视准线法

如图 5.17 所示，在塔式起重机承台设置两个观测点 1、2，在其方向上选取基准点 A 和 B，采用经纬仪提供的视准线，观测监测点相对于视准线的位移。

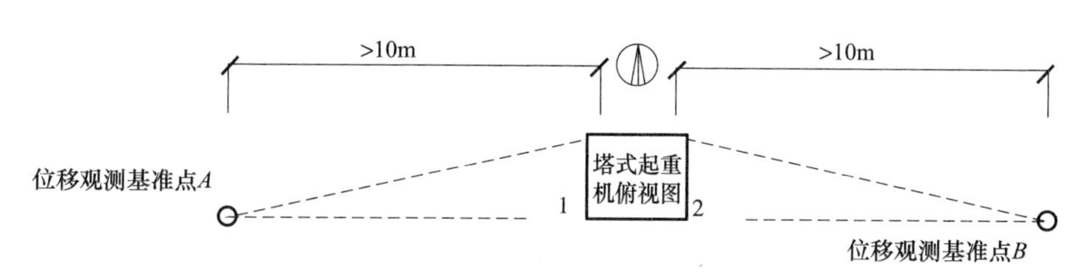

图 5.17 塔式起重机水平位移监测视准线法

2. 极坐标法

如图 5.18 所示，采用高精度全站仪架设在塔式起重机附近的基准点，后视另一已知基准点，直接观测承台点位坐标，与首次观测坐标数据进行比较，从而计算观测点的位移。

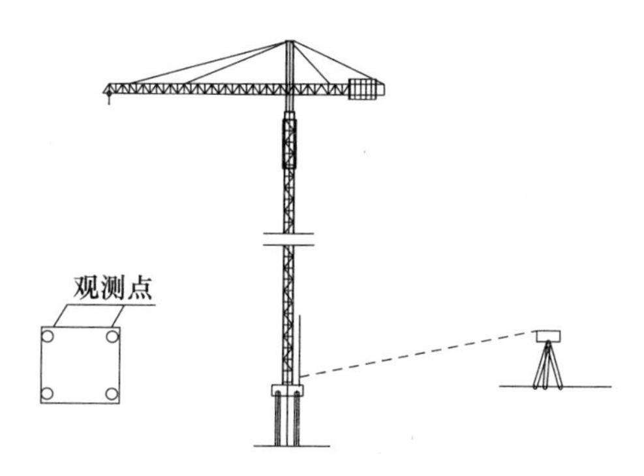

图 5.18 塔式起重机水平位移监测极坐标法

5.4.3 垂直位移监测

为了避免塔式起重机基座沉降，尤其是不均匀沉降，而影响正常施工和发生意外事故，应对塔式起重机基座进行观测，检查塔式起重机基础下沉和倾斜状况，以确保塔式起重机运转安全，工作正常。

如图 5.19 所示，塔式起重机垂直位移监测点设置在承台部位，在附近选取稳固的后视基准点，通过水准测量的方法测出观测点的高程值的变化，从而算出沉降值。

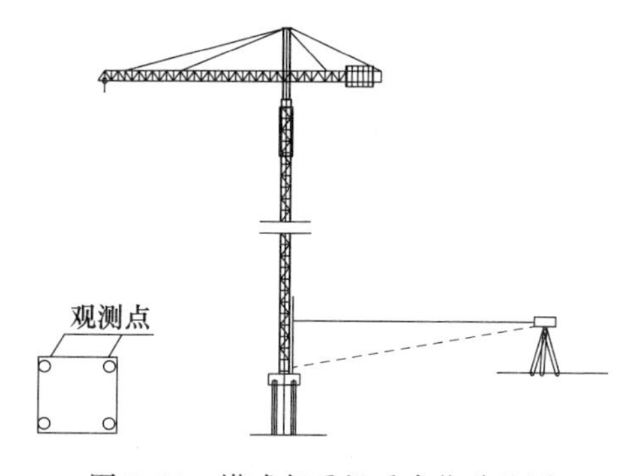

图 5.19 塔式起重机垂直位移监测

5.5 基坑变形测量

基坑变形测量包括基坑支护结构的变形测量、地基变形测量和外围1～2倍基坑深度范围内或受影响区域内的建构筑物、管线设施、道路等的变形测量。

5.5.1 基坑支护结构的变形测量

基坑支护结构变形观测包括测定围护墙或基坑边坡顶部的水平和垂直位移、围护墙或边坡外土体深层水平位移以及对支护结构内力、土体压力、孔隙水压力、水位等进行观测。

1. 观测点的布设

变形观测点应根据工程规模、基坑深度、支护结构和支护设计要求合理布设，可埋设安置反光镜或觇牌的强制对中装置或其他固定照准标志。

（1）围护墙或基坑边坡顶部变形测量点应沿基坑周边布置，周边中部、阳角处、受力变形较大处应设点；监测点间距不宜大于20m，关键部位应适当加密，且每侧边不宜少于3个；水平和垂直监测点宜共用同一点。

（2）围护墙或土体深层水平位移监测点宜布置在围护墙的中间部位、阳角处，点间距20～50m，每侧边不应少于1个；采用测斜仪观测水平位移，当测斜管埋设在土体中时，测斜管埋设长度不应小于围护墙的入土深度。

（3）立柱的竖向位移测量点宜布置在基坑中部、多根支撑交汇处、地质条件复杂处的立柱上，测量点不宜少于立柱总根数的5%，逆作法施工的基坑不宜少于10%，且不应少于3根。立柱的内力测量点宜布置在受力较大的立柱上，位置宜设在坑底以上各层立柱下部的1/3部位。

2. 观测方法

（1）采用视准线、测小角、交会法、极坐标、方向线偏移法或测斜仪等方法进行水平位移监测。

（2）采用水准测量、三角高程测量或静力水准测量方法进行垂直位移监测。

（3）采用应变计、应力计、土压力计、孔隙水压力计、水位计等传感器对支护结构内力、土体压力、孔隙水压力、水位等进行观测。

3. 观测周期和频率

（1）基坑变形观测应从基坑围护结构施工开始，基坑开挖期间宜根据基坑开挖深度和基坑安全等级每1～2d观测1次，位移速率或位移量大时应每天1～2次。基坑开挖间隙或开挖及桩基施工结束后且变形趋于稳定时，可7d观测1次。

（2）当基坑的位移速率或位移量迅速增大、应在确保观测作业安全的前提下提高观测频率，每周或每3d观测1次；当变形量接近报警值或出现其他异常时，应持续观测，并立即报告项目委托方。

5.5.2 地基变形测量

1. 基坑回弹测量

基坑回弹测量是测量基坑开挖对坑底土层的卸荷过程中引起基坑底面及坑外一定范围内土体的回弹或隆起。对于开挖面积较大、深度较深的重要建筑物的基坑，应根据需要或设计要求进行基坑回弹观测，一般应测定基坑开挖到底及基础浇灌施工前的回弹量。

1）观测点的布设

回弹变形观测点宜布设在基坑的中心和基坑中心的纵横轴线上能反映回弹特征的位置；轴线上距离基坑边缘外的 2 倍坑深处，也应设置回弹变形观测点。点距一般为10～15m，也可根据需要而定。如图 5.20 所示，回弹测点的布设通常有方形、矩形、Y 形、U 形、L 形等形式。

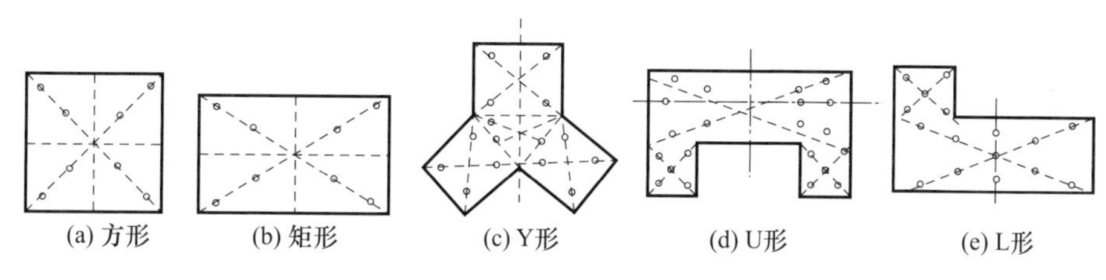

图 5.20 基坑回弹点的布设形式

2）埋设

如图 5.21 所示，基坑回弹测标有回弹测量标和深层沉降标两种。回弹标志必须在基坑开挖前埋设完毕，并同时测定出各标志点顶的标高。埋设方法可采用工程钻机按标定点位成孔，成孔时要求孔位准确，孔径大于保护管直径，钻孔必须垂直，孔底与孔口中心的偏差不超过 5cm。采用跟管钻进（套管直径与孔径相应），孔深控制在基坑底设计标高下 50～200mm。钻孔达到深度后用钻具清理孔底使其无残土，然后卸去钻头，安上回弹标志下至孔底，采用重锤击入法把测标打入土中，并使回弹标志顶部低于基坑底面标高 100～200mm 左右，以防止基坑开挖时标志被破坏。要使标志圆盘与孔底土充分接触，而后卸下钻杆并提出。

3）观测方法

基坑回弹变形观测精度等级宜采用三等变形测量精度。回弹变形观测点的高程宜采用水准测量方法，并在基坑开挖前、开挖后及浇灌基础前各测定 1 次。对传递高程的辅助设备应进行温度、尺长和拉力等项修正。具体观测方法有：

（1）辅助杆法

如图 5.22 所示，辅助杆一般采用空心两头封口的金属管制成，顶部应加工成半球状，并在其侧面安置圆盒水准器，以保证辅助杆的垂直。杆长视基坑深度而定，以放入孔内露出地面20～40cm 为宜。

将辅助测杆放入钻孔，在辅助测杆上的半球状测头竖立标尺进行水准测量。测量完毕后，将辅助测杆、保护管提出地面，用素土回填钻孔。

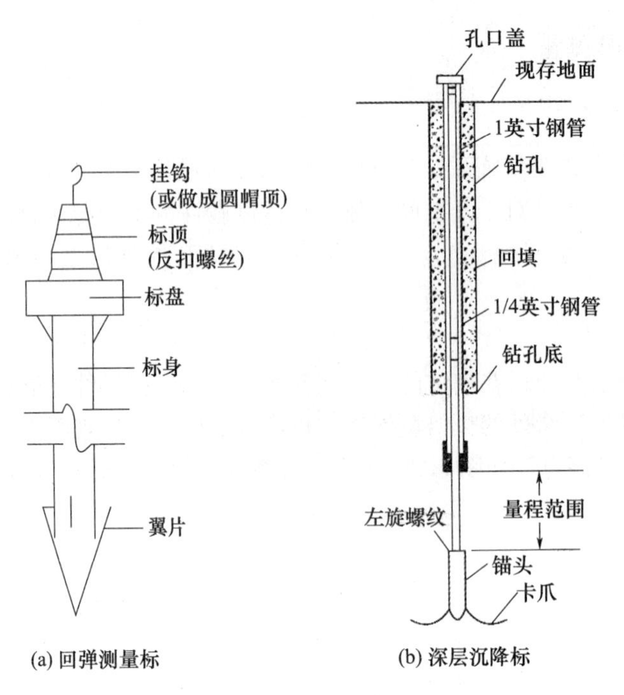

(a) 回弹测量标　　(b) 深层沉降标

图 5.21　基坑回弹测标

测前和测后必须对辅助杆的长度及膨胀系数进行测定，杆长测定中误差应小于回弹观测中误差的 1/2。

(2) 钢尺法

如图 5.23 所示，钢尺法又可分为钢尺悬吊挂钩法，简称挂钩法，一般适用于中等深度基坑；钢尺配挂电磁锤法或电磁探头法，适用于较深基坑。

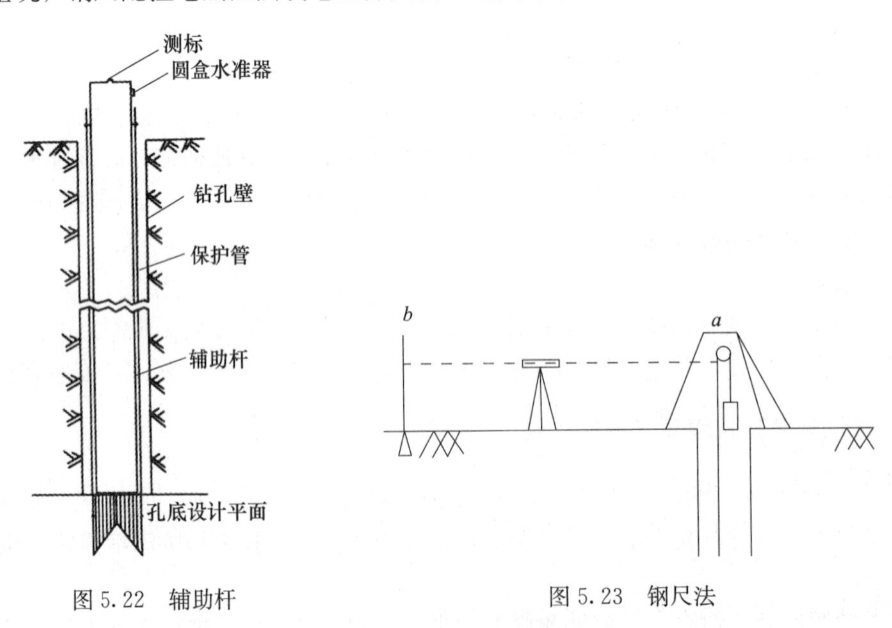

图 5.22　辅助杆　　图 5.23　钢尺法

钢尺法首先在地面上用钻机成孔，把回弹测标埋设到基坑底面设计标高处，在标志

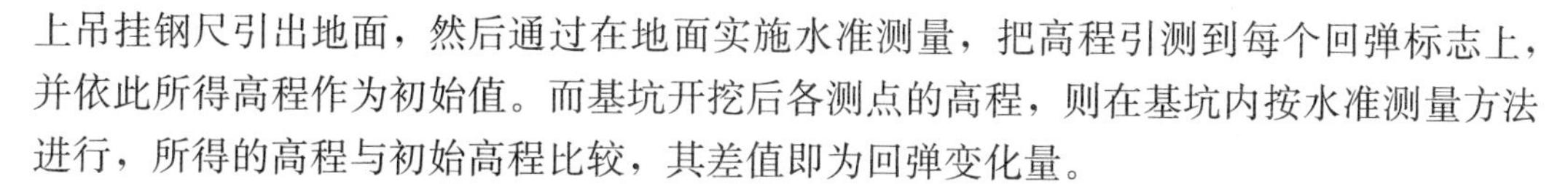

上吊挂钢尺引出地面，然后通过在地面实施水准测量，把高程引测到每个回弹标志上，并依此所得高程作为初始值。而基坑开挖后各测点的高程，则在基坑内按水准测量方法进行，所得的高程与初始高程比较，其差值即为回弹变化量。

2. 地基土分层垂直位移监测

重要的高层建筑或大型工业建构筑物应根据工程需要和设计要求，进行地基土的分层垂直位移观测。

1）观测点的布设

（1）对建筑场地，测量点应根据场地形状及土层分布情况布设，每一土层应至少布设 1 个点。

（2）对建筑地基，测量点应在地基中心附近 2m×2m 或各点间距不大于 0.5m 的范围内，沿铅垂线方向上的各层土内布置。点位数量与深度应根据分层土的分布情况确定，每一土层应至少布设 1 个点，最浅的点位应在基础底面下不小于 500mm 处，最深的点位应在超过理论压缩层厚度处或设在压缩性低的砾石或岩石层上。

2）埋设

分层垂直位移监测可采用分层沉降计、沉降磁环或直接埋设分层沉降标志的方法。分层沉降计、沉降磁环以及分层沉降标志的埋设，在填土区可在填土时分层埋设，在原状土区可采用钻孔法埋设。

3）观测方法

地基土分层垂直位移监测宜采用三等变形测量精度分别测出各标顶的高程，或采用分层沉降仪分别测量各土层的压缩量，计算各土层的沉降量。

分层垂直位移监测应从基坑开挖后基础施工前开始，直至建筑竣工后沉降稳定时为止。观测周期按建筑垂直位移监测的规定确定。

5.5.3 外围影响建构筑物等变形测量

基坑开始开挖至回填结束前或在基坑降水期间，还应对基坑边缘外围 1～3 倍基坑深度范围内或受影响的区域内的建构筑物、地下管线、道路、地面等进行垂直位移监测、倾斜测量等。

1. 基坑外围地面垂直位移监测

基坑外围地面垂直位移监测点宜按剖面垂直于基坑边布设，剖面间距视基础形式、荷载、地质条件、设计要求确定，并宜设置在每侧边中部。每条剖面线上的监测点宜由内向外先密后疏布置，且不少于 5 个。

2. 基坑外围建筑物垂直位移监测

基坑外围建筑物垂直位移监测点布置在变形明显而又有代表性的部位；点位应避开暖气管、落水管、窗台、配电盘及临时构筑物；可沿承重墙长度方向每隔 15～20m 处或每隔 2～3 根柱基设置一个监测点；两侧基础埋深相差悬殊处、不同地基或结构分解处、高低或新旧建筑物分界处等应设置监测点。

3. 基坑外围管线垂直位移监测

基坑外围管线垂直位移监测应根据管线年限、类型、材料、尺寸及现状等情况设置；检测点宜布置在管线节点、转角点和变形曲率较大的部位，监测点平面间距宜为15～20m；上水、煤气、暖气等压力管线宜设置直接监测点，直接监测点应设在管线上，也可利用阀门开关、抽气孔以及检查井等管线设备作为监测点。

5.6 建筑物变形测量

5.6.1 水平位移监测

1. 观测点的布设

（1）水平位移变形观测点应布设在建筑物的四周墙角和柱基上以及建筑沉降缝的顶部和底部；大型构筑物的顶部、中部和下部；当有建筑裂缝时应布设在裂缝的两边。

（2）观测标志宜采用反射棱镜、反射片、照准觇牌或变径垂直照准杆，也可采用墙上标志，具体型式及其埋设应根据现场条件和观测要求确定。

2. 观测方法

水平位移监测应根据现场作业条件，采用全站仪测量、视准线法、激光测量等方法进行。

3. 观测周期

水平位移监测周期应根据工程需要和场地的工程地质条件综合确定。施工期间，可在建筑物每加高2～3层观测1次；主体结构封顶后可每1～2月观测1次。若在观测期间发现异常或特殊情况，应提高观测频率。

5.6.2 垂直位移监测

下列建筑应进行垂直位移监测：重要的工业与民用建筑物；20层以上的高层建筑物；造型复杂的14层以上的高层建筑物；对地基变形特殊要求的建筑物；单桩承受荷载在4000kN以上的建筑物；使用灌注桩基础而设计与施工人员经验不足的建筑物；因施工使用或科研要求进行垂直位移监测的建筑物。

1. 观测点的布设

沉降监测点的布设应能反映建筑及地基变形特征，并应顾及建筑结构和地质结构特点。当建筑结构或地质结构复杂时应加密布点。民用建筑沉降监测点宜布设在下列位置：

（1）建筑的四角、核心筒四角、大转角处及沿外墙每10～15m处或每隔2～3根柱基上；

（2）高低层建筑、新旧建筑和纵横墙等交接处的两侧；

（3）建筑裂缝、后浇带两侧、沉降缝两侧、基础埋深相差悬殊处、人工地基与天然地基接壤处、不同结构的分界处及填挖方分界处以及地质条件变化处两侧；

(4) 对宽度大于或等于 15m，宽度虽小于 15m 但地质复杂以及膨胀土、湿陷性土地区的建筑，应在承重内隔墙中部设内墙点，并在室内地面中心及四周设地面点；

(5) 邻近堆置重物处、受振动显著影响的部位及基础下的暗浜（沟）处；

(6) 框架结构及钢结构建筑的每个或部分柱基上或沿纵横轴线上；

(7) 筏形基础、箱形基础底板或接近基础的结构部分之四角处及其中部位置；

(8) 重型设备基础和动力设备基础的四角、基础形式或埋深改变处；

(9) 超高层建筑或大型网架结构的每个大型结构柱监测点数不宜少于 2 个，且应设置在对称位置。

图 5.24 为某民用建筑的垂直位移监测点布设。

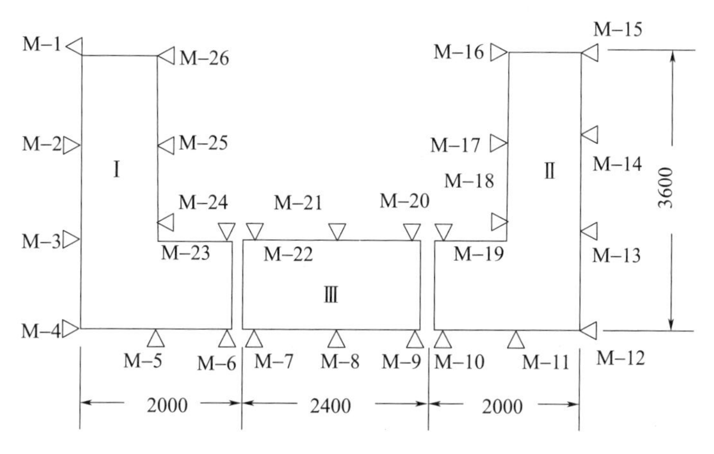

图 5.24　建筑物垂直位移监测点布设

2. 观测方法

垂直位移监测应根据现场作业条件采用水准测量、静力水准测量或三角高程测量等方法进行。对建筑基础和上部结构，垂直位移监测精度不应低于三等。

观测时根据实际情况，可以将各观测点组成闭合水准路线或附合水准路线，如图 5.25 (a)所示，工作基点和沉降观测点组成闭合水准路线；也可以先后视水准基点，然后依次前视各沉降观测点，最后再次后视该水准基点进行检核，如图 5.25 (b) 所示，基准点和工作基点组成附合水准路线，后视工作基点，观测前视沉降点的高程。

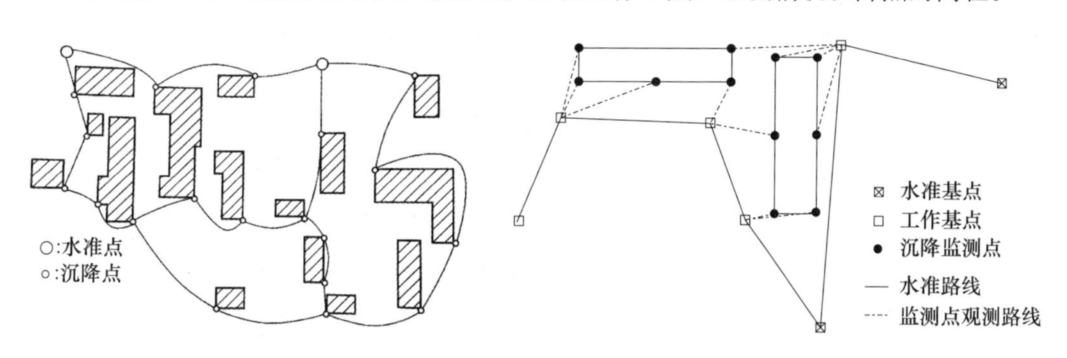

图 5.25　建筑物垂直位移观测路线

3. 观测周期和频率

(1) 垂直位移监测宜在基础完工后或地下室砌完后开始观测。

(2) 观测次数与间隔时间应视地基与荷载增加情况确定：民用高层建筑宜每加高1~2层观测1次；封顶后应每3个月观测1次，应观测1年；工业建筑宜按回填基坑、安装柱子和屋架、砌筑墙体、设备安装等不同施工阶段分别进行观测；若建筑施工均匀增高，应至少在增加荷载的25%、50%、75%和100%时各测1次。

(3) 施工过程中若暂时停工，在停工时及重新开工时应各观测1次，停工期间可每隔2~3月观测1次。

(4) 观测过程中若发现大规模沉降、严重不均匀沉降或严重裂缝等，或出现基础附近地面荷载突然增减、基础四周大量积水、长时间连续降雨等情况，应提高观测频率，并应实施安全预案。

(5) 建筑沉降达到稳定状态可由沉降量与时间关系曲线判定。当最后100d的最大沉降速率小于0.01~0.04mm/d时，可认为已达到稳定状态。对具体垂直位移监测项目，最大沉降速率的取值宜结合当地地基土的压缩性能来确定。

5.6.3 倾斜观测

(1) 整体倾斜观测点宜布设在建筑物竖轴线或其平行线的顶部和底部，分层倾斜观测点宜分层布设高低点。

(2) 倾斜观测标志可采用固定标志、反射片或建筑物的特征点。

(3) 倾斜观测精度宜采用三等水平位移的观测精度。

(4) 倾斜观测方法可采用经纬仪投点法、前方交会法、正锤线法、激光准直法、差异沉降法、倾斜仪测记法等。

5.6.4 裂缝观测

当建筑物出现裂缝且裂缝不断发展时应进行建筑裂缝观测。

(1) 裂缝观测点应根据裂缝的走向和长度，分别布设在裂缝的最宽处和裂缝的末端。

(2) 裂缝观测标志应跨裂缝牢固安装，标志可选用镶嵌式金属标志（图5.26）、粘贴式金属片标志（图5.27）、钢尺条、坐标格网板或专用量测标志等。

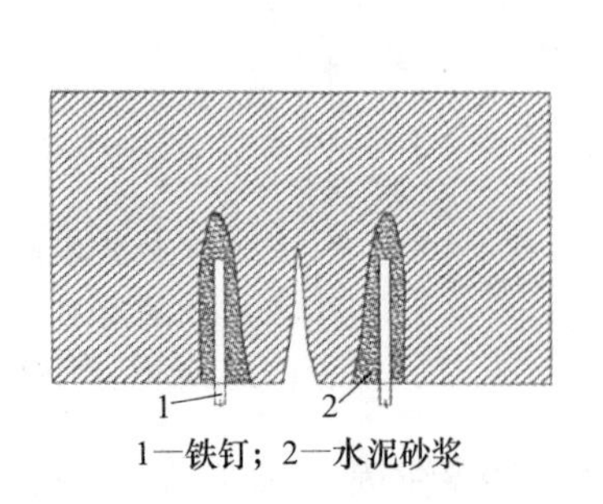

图5.26 镶嵌式金属标志

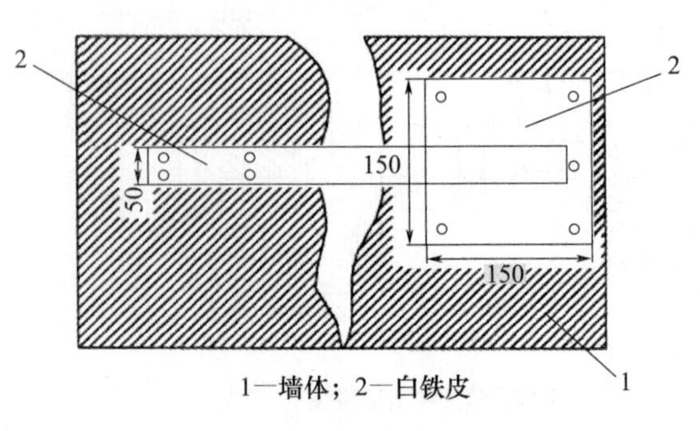

图5.27 粘贴式金属片标志

（3）标志安装完成后应拍摄裂缝观测初期的照片。

（4）裂缝的量测可采用比例尺、小钢尺、游标卡尺或坐标格网板等工具进行，量测应精确至 0.1mm。

（5）裂缝的观测周期应根据裂缝变化速度确定。裂缝初期可每半个月观测一次，基本稳定后宜每月观测一次，当发现裂缝加大时应及时增加观测次数，必要时应持续观测。

5.7 资料整理和分析

变形观测后应对观测资料进行全面检查、整理，并对有关资料作出必要的几何解释，以便找出变形与各种因素的关系以及变形的发展规律。

5.7.1 资料整理

资料整理的主要内容是按时间顺序逐点统计观测数据，并绘制变形过程曲线或变形分布图。

1. 观测数据统计

观测数据统计一般以表格形式做出，其统计内容包括观测点名、观测时间、建筑物荷载、变形观测值以及累计变形值等。

表 5.8 是某建筑物垂直位移监测所做出的统计，表中列举了观测点 1 和 2 的观测结果。

表 5.8 垂直位移监测成果表

观测日期	荷载（t/m^2）	观测点					
		1			2		
		高程（m）	本次沉降（mm）	累计沉降（mm）	高程（m）	本次沉降（mm）	累计沉降（mm）
2002.2.15	0	93.667	0	0	93.683	0	0
2002.3.1	4.0	93.664	3	3	93.681	2	2
2002.3.15	6.0	93.662	2	5	93.679	2	4
2002.4.10	8.0	93.660	2	7	93.677	2	6
2002.5.5	10.0	93.659	1	8	93.675	2	8
2002.6.5	12.0	93.658	1	9	93.673	2	10
2002.7.5	12.0	93.657	1	10	93.671	2	12
2002.5.5	12.0	93.656	1	11	93.670	1	13
2002.11.5	12.0	93.656	0	11	93.669	1	14
2003.1.5	12.0	93.656	0	11	93.668	1	15
2003.3.5	12.0	93.655	1	12	93.667	1	16
2003.5.5	12.0	93.654	0	12	93.667	0	16

2. 绘制变形过程曲线

变形过程曲线是表示观测点所处位置建筑物的变形与时间、荷载之间关系的曲线，它能直观反映建筑物各个部位的变形规律。图 5.28 是对表 5.8 的统计结果所做出的沉陷变形过程曲线。图中横坐标表示时间，纵坐标分上下两部分，上部分为建筑荷载曲线，下部分为各观测点的下沉曲线。

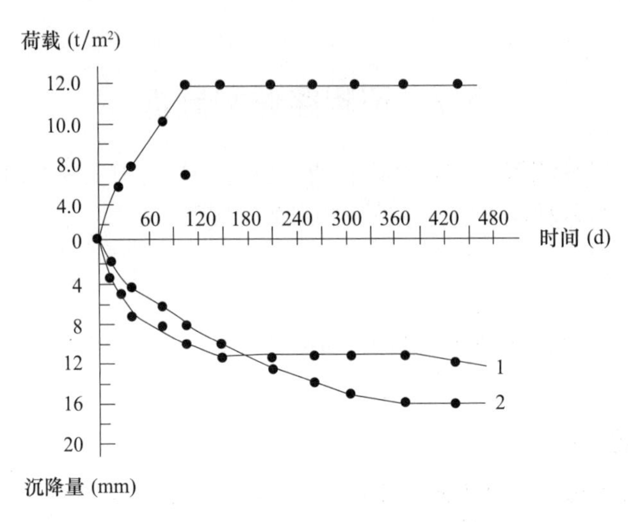

图 5.28　变形过程曲线

3. 绘制变形分布图

常见的变形分布图有沉降等值线图和变形值剖面分布图两种。

沉降等值线图是以等值线表达建筑物沉降变形情况的图，它可以从整体上反映建筑物的沉降变形规律。图 5.29 是对某建筑绘出的沉降等值线图，同一曲线上各点都具有相同的沉降值。

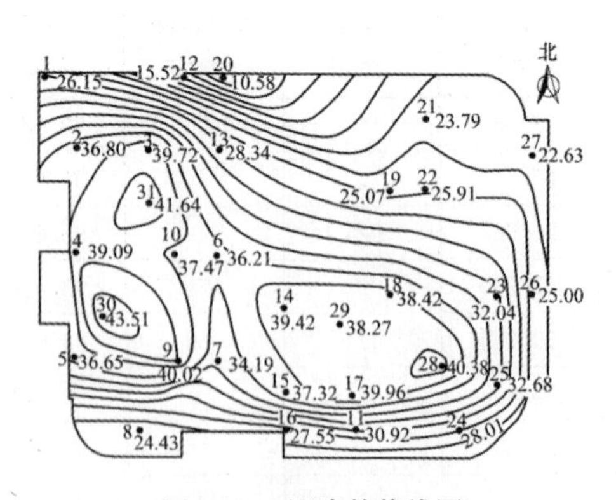

图 5.29　沉降等值线图

变形值剖面分布图常用来表达建筑物在某一剖面（断面）水平位移的分布情况。图 5.30是对某相邻地基某一断面不同距离线上 7 个观测点做出的沉降分布图，从图中可以明显看出沉降和距离之间的关系。

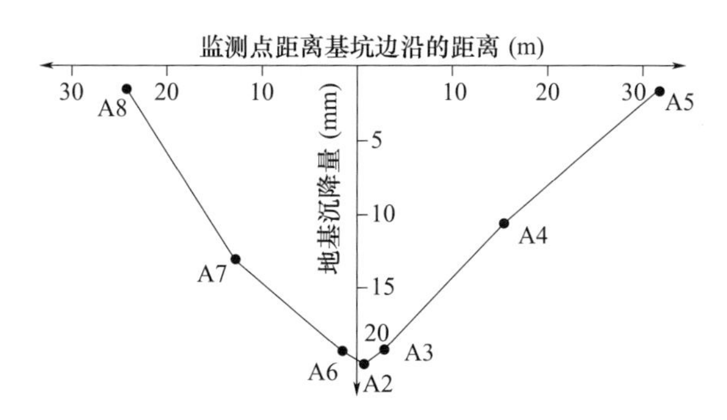

图 5.30 相邻地基沉降曲线

5.7.2 资料分析

变形资料分析是对具有一定精度的观测资料，通过合理的数学处理，寻找出变形体的时空分布情况及其发展规律，掌握变形量与各种内外因素之间的关系，从而确定出变形体是正常还是异常，防止变形朝不安全的方向发展。

变形资料分析的方法有回归分析法、确定函数法、时间序列分析模型，灰色系统分析建模、卡尔曼滤波模型、神经网络模型、小波理论等。回归分析是处理存在着统计相关的变量与变量之间关系的一种有效方法，是变形观测资料分析中常用的方法，其基本原理简述如下。

设建筑物观测点的变形量为 y，x_1，x_2，……，x_k 为产生变形的因素，a_1，a_2，……，a_k 为未知系数，建立多元线性回归分析的数学模型为：

$$y+v=a_0+a_1x_1+a_2x_2+\cdots+a_kx_k \tag{5.29}$$

经过 n 次观测（$n\geqslant k$），则根据最小二乘原理，未知系数的解式为：

$$\boldsymbol{A}=-\ (\boldsymbol{B}^{\mathrm{T}}\boldsymbol{B})^{-1}\boldsymbol{W}$$

式中，$\boldsymbol{A}=[\hat{a}_0,\ \hat{a}_1,\ \hat{a}_2,\ \cdots,\ \hat{a}_k]$，$\boldsymbol{B}=\begin{bmatrix}1 & x_{11} & x_{12} & \cdots & x_{1k}\\ 1 & x_{21} & x_{22} & \cdots & x_{2k}\\ \cdots & \cdots & \cdots & \cdots\\ 1 & x_{n1} & x_{n2} & \cdots & x_{nk}\end{bmatrix}$，$\boldsymbol{W}=\begin{bmatrix}y_1\\ y_2\\ \cdots\\ y_k\end{bmatrix}$。

则建立的线性回归模型为：

$$\hat{y}=\hat{a}_0+\hat{a}_1x_1+\hat{a}_2x_2+\cdots+\tilde{a}_kx_k \tag{5.30}$$

利用下式进行回归分析的精度估计：

$$m=\pm\sqrt{\frac{[vv]}{n-k+1}} \tag{5.31}$$

式中，m 为估计的中误差，v 为估计值和观测值得差值。

习 题

5-1 变形测量方案的内容有哪些？

5-2 变形测量的类型有哪些？

5-3　变形测量的精度有几级？各有哪些指标？各自的适用范围有哪些？

5-4　变形测量点分为哪几类？各自的作用是什么？

5-5　水平位移监测的方法有哪些？

5-6　垂直位移监测的方法有哪些？

5-7　建筑场地变形观测的类型有哪些？

5-8　塔式起重机变形测量的内容有哪些？观测方法有哪些？

5-9　基坑变形测量内容有哪些？

5-10　基坑支护结构变形测量的内容有哪些？观测方法有哪些？

5-11　建筑物变形测量的内容有哪些？观测方法有哪些？

5-12　变形观测数据的表示方法有哪些？

6 竣工测量

建筑工程竣工后，为了反映主要建构筑物、道路和地下管线等位置的工程实际状况，为将来工程交付使用后进行检修、改建或扩建等提供实际资料，应进行竣工测量，编绘竣工总平面图。

6.1 控制测量

6.1.1 首级控制测量

首级控制应利用原有场区控制网点成果资料，当控制网点被破坏，应按照场区控制网的精度要求补测或重建。场区控制点的起始点宜采用原建设用图的控制点。

6.1.2 图根控制测量

图根控制点在场区控制点上进行，图根点的精度应满足相对于邻近等级控制点的点位中误差不应大于图上 0.1mm，高程中误差不应大于基本等高距的 1/10。图根点的密度应满足竣工测量的要求。

1. 图根平面控制测量

图根平面控制点测量可采用图根导线测量、全站仪极坐标法和 RTK 图根测量等方法。

1）图根导线测量

（1）图根附合导线

图根附合导线不宜超过 2 次附合，测角采用 6″级仪器一测回测定水平角，边长可采用全站仪单向施测。对于 1∶500 比例尺地形图，附合导线长度小于 900m，平均边长为 80m，导线相对闭合差小于 1/4000，测角中误差小于 20″，方位角闭合差小于 $40\sqrt{n}$，n 为测站数。

（2）图根支导线

对于难以布设附合导线的困难地区，可布设成支导线。支导线的水平角观测可用 6″级经纬仪施测左、右角各 1 测回，其圆周角闭合差不应超过 40″。边长应往返测定，其较差的相对误差不应大于 1/3000。对于 1∶500 比例尺地形图，导线平均边长不应大于 100m，边数不应超过 3 条。

2）极坐标法图根点测量

（1）极坐标法图根点测量的边长不大于 300m，极坐标法图根点测量可在等级控制点上独立测设，独立测设的后视点应为等级控制点。采用 6″级仪器一测回测角，半测回角值差小于30″；一测回测距，测距较差小于20mm；正倒镜高差较差应小于基本等高距的1/10。

（2）在等级控制点上也可直接测定图根点的坐标和高程，并将上、下两半测回的观测值取平均值作为最终观测成果，其点位误差应满足图根点的精度要求。

2. 图根高程控制测量

图根高程控制可采用图根水准、电磁波测距三角高程等测量方法。

（1）图根水准测量

图根水准测量起算点的精度不应低于四等水准高程点。附合或闭合水准路线采用单程观测，支水准路线采用往返测方法。往返测较差、附合或闭合路线的闭合差小于$12\sqrt{n}$或$40\sqrt{L}$，n为测站数，L为路线长，km为单位。

（2）图根电磁波测距三角高程测量

图根电磁波测距三角高程测量的起算点的精度不应低于四等水准高程点。采用对向观测法，其中竖直角测2测回，竖盘指标差和测回较差小于25″，对向观测高差较差小于$80\sqrt{D}$，D为观测的边长，以km为单位；附合或闭合路线的闭合差小于$40\sqrt{\sum D}$，$\sum D$为附合或闭合路线的长度，以km为单位。

6.2 竣工地形图测量

1. 技术要求

（1）竣工总图中建构筑物细部点的点位和高程误差应符合：主要建筑物点位中误差不大于50mm，高程中误差不大于20mm；次要建筑物点位中误差不大于70mm，高程中误差不大于30mm。

（2）其他地形地物

① 一般地区图上地物点的点位中误差不大于0.8mm；城镇建筑区、工矿区不大于0.6mm。

② 平原地区等高线插求点相对于邻近图根点的高程中误差不大于0.5倍基本等高距；丘陵地区不大于0.9倍基本等高距。

2. 测图方法

竣工地形图测量宜采用全站仪测图、RTK测图、地面三维激光扫描测图及数字编辑成图的方法。

3. 主要内容

1）民用建筑工程竣工测量的内容

（1）民用建筑应测定建筑物各主要角点坐标和高程、零层高程、结构层数、主体房顶高程等；测定建筑物坐标的角点应与建筑建设放样角点一致，矩形建筑不应少于3点，圆形建筑不应少于4点，异形建筑应以满足控制建筑物形状的足够点位为准。

（2）建筑区内部道路应测定路线起终点、交叉点和转折点的三维位置，弯道、路面、人行道、绿化带界线，构筑物位置和高程，并应标注路面结构、路名、道路去向。

（3）民用建筑建设区域内的地下管线应全面测量，给水、燃气、电力管线应探视到分户表，排水管线应探测到化粪池。各种管线应与建设区外的市政管线衔接。

给水管道应绘出地面给水建筑物及各种水处理设施和地上、地下各种管径的给水管线及其附属设备；对于管道的起终点、交叉点、分支点应注明坐标；变坡处应注明高程；变径处应注明管径及材料；不同型号的检查井应绘制详图。当图上按比例绘制管道结点有困难时，可用放大详图表示。

排水管道应绘出污水处理构筑物、水泵站、检查井、跌水井、水封井、雨水口、排出水口、化粪池以及明渠、暗渠等；

检查井应注明中心坐标、出入口管底高程、井底高程、井台高程；管道应注明管径、材质、坡度；对不同类型的检查井应绘出详图。

（4）需计算建筑面积的建筑物应采用钢尺或手持测距仪量测该幢建筑物的四周边长及各层不同结构的边长。

（5）地下人防工程应测量通道的起点、终点、转折点、交叉点、分支点、变坡点、断面变化点、材料结构分界点、地下管道穿越点、轮廓特征点及细部尺寸。

2）工业建筑工程竣工测量的内容

（1）工业厂房及一般建筑物应测定各主要角点坐标、车行道人口、各种管线进出口平面位置和高程，测定主体房顶（女儿墙除外）、地坪、房角室外高程，并应注记厂名、车间名称、结构层数等。

（2）厂区铁路应测定路线转折点、曲线起终点、车挡和道岔中心，测定弯道、道岔、桥涵等构筑物平面位置和高程。直线段，应每 25m 测出轨顶及路基的平面位置和高程；曲线段，半径小于 500m 的应每 10m 测一点，半径大于 500m 的应每 20m 测一点。

（3）厂区内部道路应测定路线起终点、交叉点和转折点，测定弯道、路面、人行道、绿化带界线、构筑物平面位置和高程，并应标注路面结构、路名、道路去向。

（4）地下管线应测定检修井、转折点、起终点和三通等特征点的坐标，测定井旁地面、井盖、井底、沟槽、井内敷设物和管顶等处的高程，井距大于 75m 时，应加测中间点。图上宜注明井的编号、管道名称、管径、管材及流向。地下管线的测定宜在管沟回填前完成。

（5）架空管线应测定管线转折点、结点、交叉点和支点的平面位置和高程，测定支架旁地面高程。

（6）电力线路应测定总变电所、配电站、车间降压变电所、室内外变电装置、柱上变压器、铁塔、电杆、地下电缆检查井等，并应注明线径、送电导线数、电压及送变电设备的型号、容量。

通信线路应测定中继站、交接箱、分线盒（箱）、电杆、地下通信电缆人孔等；各种线路的起终点、分支点、交叉点的电杆应测定坐标；线路与道路交叉处应测定净空高。

地下电缆应测定埋设深度或电缆沟的沟底高程；电力及通讯线路专业图上应测定地

面有关建（构）筑物、铁路、道路等。

（7）动力、工艺管道应测定管道及有关的建构筑物、铁路、道路等，管道的交叉点、起终点，应测定坐标、高程、管径和材质。

沟道敷设的管道，应在适当地方测定沟道断面图，并标注沟道的尺寸及各种管道的位置。

（8）水池、烟囱、水塔、储气罐、反应炉等特种构筑物及其附属构筑物的平面位置和高程与各种管线沟槽的接口位置等均应表示，并应测出烟囱及炉体高度、沉淀池深度等。

（9）围墙拐点的坐标、绿化区边界以及不同专业的规划验收需要反映的设施和内容，应测绘。

6.3　竣工总图编绘

6.3.1　资料收集

竣工总图编绘时应收集下列资料：

（1）建筑工程的总平面布置图；

（2）施工设计图和设计变更文件；

（3）施工检测记录；

（4）竣工测量资料以及其他相关资料。

6.3.2　竣工总图的编绘

编绘竣工图应如实反映竣工区域内的地上、地下建（构）筑物和管线的平面位置与高程以及其他地物、周围地形，并加注相应的文字说明。

（1）竣工图宜采用数字竣工图，竣工图的坐标系统、高程系统、图式、图幅大小以及竣工图的种类、内容等应与施工总图一致，其比例尺宜选用 1∶500 或根据竣工验收项目规模确定。

（2）坐标与高程的编绘点数不应少于设计图上注明的坐标与高程点数。细部点坐标与高程应直接标注在图上，注记平行于图廓线。当竣工总图中坐标和高程点较多时，可编制坐标和高程成果表。

（3）一般工程只编绘竣工总图，当竣工总图图面负载量大但管线不密集时，除绘制总图外，可将各种专业管线合并绘制成综合管线图。当有特殊需要或管线密集时，宜分类编绘给水管道、排水管道、动力管道、工艺管道、电力及通讯线路等专业管线图。

（4）对于按原设计总平面图施工，经实测检查合格的，可在原施工总平面图上加盖竣工图章即可；有较少施工变更的，可在施工总平面图上以实测数据代替原设计数据，并在修改处加盖竣工图章；对于变动较多的应实际测绘竣工地形图，并作为竣工总图编绘的依据。

习 题

6-1 竣工测量的内容有哪些?

6-2 民用建筑工程竣工测量的主要内容有哪些?

7 资料整理

建筑工程竣工后，应进行各个专业资料的收集整理、组卷和归档，以便工程竣工验收交付使用；为了积累和总结工程建设施工测量的经验，测量人员也要进行资料整理，编写资料目录和归档保存。

7.1 资料记录

建筑工程测量资料是在施工过程中形成的保证建筑工程定位、尺寸、标高和变形等满足设计要求和规范规定的记录文件，对记录的资料有以下要求：

(1) 资料应由取得测量工作岗位合格证的人员记录，应严格执行国家及地区发布的现行相关法律法规、规范标准及企业有关管理制度，无证者不得独立从事测量工作。

(2) 测量人员应对资料内容的真实性、完整性、有效性负责；有多方参与形成的资料，应各自对参与部分的资料负责。

(3) 资料的填写、编制、审核、审批、签认应及时进行，其内容应符合相关规定，不得随意修改；当需修改时，应实行划改，并由划改人签署。

(4) 资料中的文字、图表、印章应清晰，一般应为原件，当为复印件时，应在复印件上加盖单位印章，并应有经办人签字及日期。

(5) 资料应内容完整、结论明确、签认手续齐全。记录资料用表如有国家、行业、地方部门提供参考的应选用，未规定的可按照企业规定或自行确定。

7.2 资料收集和整理

建筑工程测量资料属于工程施工资料，根据建筑工程测量的工作过程，资料整理的内容一般包括：

(1) 施工测量准备阶段，包括测量人员上岗证或资格证书；测绘仪器检验合格证书；控制点成果表、工程交接桩记录、控制点检核资料；施工测量方案；土方量测量及计算资料等。

(2) 场区控制测量阶段，包括场区平面控制网图、外业观测记录、内业计算资料及成果表；场区高程控制网图、外业观测记录、内业计算资料及成果表等。

(3) 建筑物施工控制测量阶段，包括建筑物施工平面控制网测量记录、建筑物高程控制测量记录等。

(4) 施工放样阶段，包括工程定位测量记录；桩基、支护测量放线记录；基槽平面及标高实测记录；楼层平面放线记录、楼层标高抄测记录；管道中线测量记录、管道标高测量记录；厂房轴线测量记录、柱基中线及标高测量记录、吊车梁中线及标高测量记录、吊车轨中线及标高测量记录、屋架中线及标高测量记录等。

（5）变形测量阶段，包括变形测量基准网布设、观测及成果资料；建筑场地沉降观测记录；塔式起重机垂直度观测记录、水平位移观测记录、沉降观测记录；基坑支护水平位移观测记录；基坑回弹观测记录、地基分层沉降观测记录；建筑物沉降观测记录、水平位移观测记录；周边建筑物变形测量记录等。

（6）竣工测量阶段，包括竣工总图、综合地下管线竣工图、专业地下管线竣工图、交通运输竣工图等。

7.3 资料归档

建筑工程测量资料收集和整理完成后，应将资料组卷和编写目录，上交相关部门予以归档和保存。

（1）资料组卷应遵循工程文件的自然形成规律，保持卷内文件的有机联系，便于档案的保管和利用。测量资料应按单位工程组卷，可根据数量多少组成一卷或多卷。当资料中部分内容不能按一个单位工程分类组卷时，可按建设项目组卷。竣工图应按专业分类组卷。

（2）资料应按事项、专业顺序排列，既有文字材料又有图纸的，文字材料排前，图纸排后；资料目录应编写文件名称的全名；有书写内容的页面均应从“1”开始编号，单面书写在右下角，双面书写的正面在右下角，背面在左下角，折叠后的图纸一律在下角。

（3）资料装订后应及时向相关部门办理移交手续和归档。归档保存期限应满足工程质量保修及质量追溯的需要，应符合国家现行有关规范标准的要求，当无规定时，不少于5年。

习 题

7-1 施工测量准备阶段的测量资料有哪些?

7-2 施工放样阶段的测量资料有哪些?

7-3 变形测量阶段的测量资料有哪些?

附　录

测量交接桩记录

编号：

<table>
<tr><td>工程名称</td><td colspan="3"></td><td colspan="2">主持单位</td><td colspan="2"></td></tr>
<tr><td>交桩单位</td><td colspan="3"></td><td colspan="2">接桩单位</td><td colspan="2"></td></tr>
<tr><td>主持人</td><td colspan="3"></td><td colspan="2">交接桩日期</td><td colspan="2"></td></tr>
<tr><td>交接桩类别</td><td colspan="3">控制点Ⅱ级</td><td colspan="2">交桩范围</td><td colspan="2">S1、S2、S3</td></tr>
<tr><td rowspan="4">交接桩内容</td><td>编号</td><td>S1</td><td colspan="2">S2</td><td>S3</td><td></td><td></td></tr>
<tr><td>交方测量成果</td><td>X=22082.260
Y=105586.030
H=24.75</td><td colspan="2">X=22068.375
Y=105650.750
H=37.87</td><td>X=22014.551
Y=105586.372
H=35.90</td><td></td><td></td></tr>
<tr><td>现场复测结果</td><td>X=22082.262
Y=105586.031
H=24.74</td><td colspan="2">X=22068.372
Y=105650.753
H=37.846</td><td>X=22014.558
Y=105586.370
H=35.91</td><td></td><td></td></tr>
<tr><td>结论</td><td>符合要求</td><td colspan="2">符合要求</td><td>符合要求</td><td></td><td></td></tr>
<tr><td>附图或说明</td><td colspan="7">现场测量水平角、水平距离如图：
S1　S2　S3　66.19　67.71　83.91　77°36′20″　52°00′23″　50°23′30″</td></tr>
<tr><td>交接桩意见</td><td colspan="7">同意按现场复测结果作为施工控制基准点使用，满足设计及规范要求。</td></tr>
<tr><td rowspan="2">签字栏</td><td>主持单位</td><td colspan="2">交桩单位</td><td colspan="2">接桩单位</td><td colspan="2">监理单位</td></tr>
<tr><td></td><td colspan="2"></td><td colspan="2"></td><td colspan="2"></td></tr>
</table>

本表由测量单位填写，建设单位、监理单位、施工单位各存一份。

工程定位测量记录

编号：

工程名称		委托单位	
图纸编号		施测日期	
坐标依据	轴线控制点（x_1，y_1）（x_2，y_2）（x_3，y_3）（x_4，y_4）	复测日期	
高程依据	甲方提供的由规划院测设的高程控制点 BM_0	使用仪器	DZS3-1 水准仪，检定编号：013453 TDJ2-E 经纬仪，检定编号：20122018
允许误差		检定日期	

定位抄测示意图：

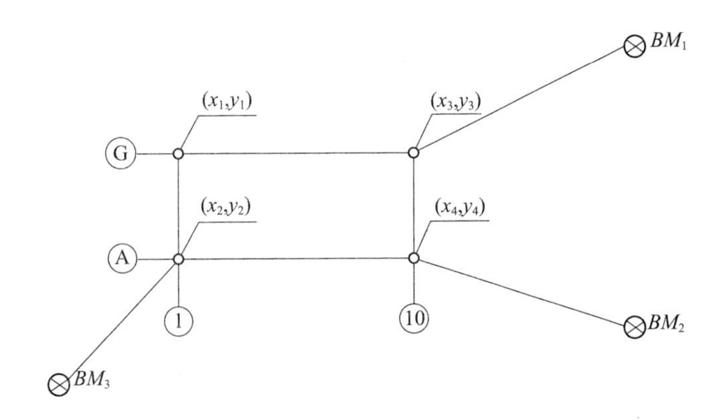

测量说明：

本工程根据业主提供的 4 个轴线控制点，并且引测工程轴线定位控制线，根据规划部门提供的原始水准点 BM_0（标高 6.543m），引测 BM_1（标高 6.456m）、BM_2（标高 6.885m）、BM_3（标高 6.660m）三个现场水准点，经监理单位复核符合要求，本工程室内±0.000 相当于绝对标高 8.300m。

复测结果：

符合要求。

<table>
<tr><td rowspan="3">签字栏</td><td>建设（监理）单位</td><td colspan="2">施工（测量）单位</td><td>测量人员岗位证书号</td><td></td></tr>
<tr><td rowspan="2"></td><td>专业技术负责人</td><td>测量负责人</td><td>复测人</td><td>施测人</td></tr>
<tr><td></td><td></td><td></td><td></td></tr>
</table>

本表由测量单位填写，城建档案馆、建设单位、监理单位、施工单位各存一份。

桩基定位测量验收记录

编号：

工程名称		施工单位	
施测部位	①～⑩轴	施测日期	
使用仪器	TDJ2-E 经纬仪，检定编号：2010036	检定日期	
施测人		复核人	

测量复核情况（简图）

示意图：

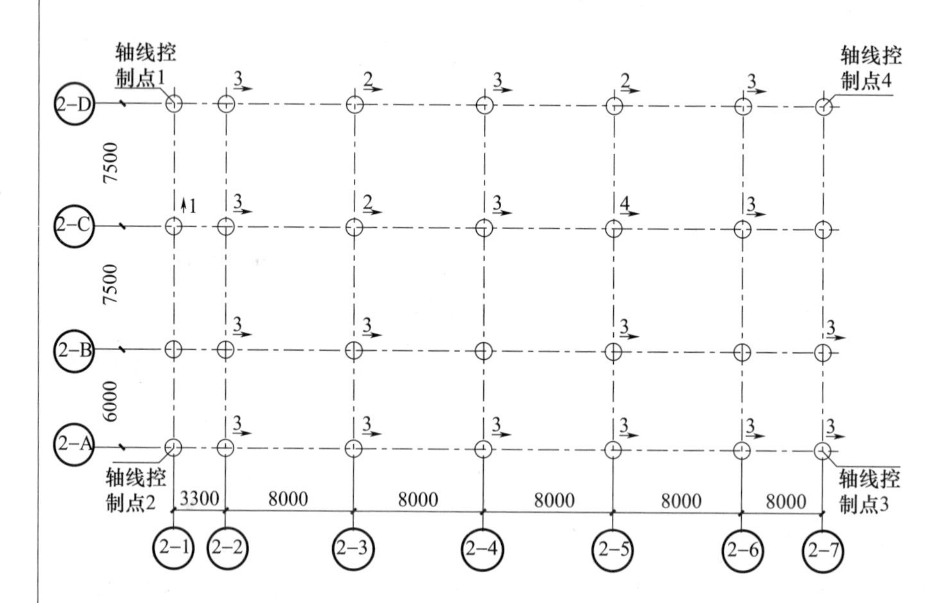

说明：

1. 根据测控表“建筑物定位测量验收记录”的建筑物轴线控制线及控制点，对建筑轴线进行放样及桩位细样。
2. 经现场复核，轴线误差最大 5mm，最小 3mm，桩位误差符合设计要求及施工规范的规定，请给予验收。
3. 根据 02 号图纸放样。

检查结论	符合要求，同意验收。	
签字栏	项目专业技术负责人	监理工程师

本表由测量单位填写，城建档案馆、建设单位、监理单位、施工单位各存一份。

沉降观测记录

编号：

工程名称		水准点编号	
水准点位置		水准点高度	
使用仪器	DS3 水准仪，检定编号：200936	检定日期	
观测日期			

观测点布置简图：

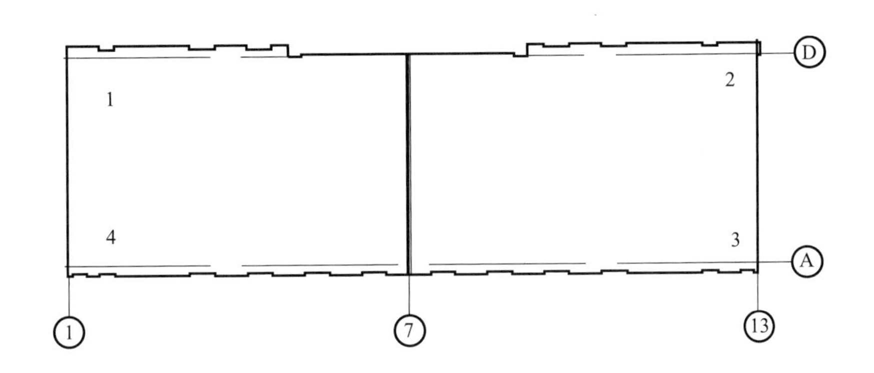

	观测点编号	观测点相对标高（m）	1 次			2 次			3 次			4 次		
			×年×月×日			×年×月×日			×年×月×日			×年×月×日		
			标高（m）	沉降量（mm）		标高（m）	沉降量（mm）		标高（m）	沉降量（mm）		标高（m）	沉降量（mm）	
				本次	累计		本次	累计		本次	累计		本次	累计
沉降观测结果	1	2.135	2.132	3	3	2.130	2	5	2.128	2	7	2.121	3	10
	2	2.139	2.136	3	3	2.132	4	7	2.130	2	9	2.128	2	11
	3	2.116	2.114	2	2	2.110	4	6	2.108	2	8	2.103	5	13
	4	2.141	2.137	4	4	2.133	4	8	2.129	4	12	2.129	2	14

签字栏	技术负责人	审核人	施测人

本表由测量单位填写，城建档案馆、建设单位、监理单位、施工单位各存一份。

塔式起重机垂直度观测记录

编号：

工程名称		施工单位	
使用仪器	TDJ2-E 经纬仪，检定编号：100235	检定日期	
施工阶段	基础筏板	观测时间	

观测说明（附观测示意图）：

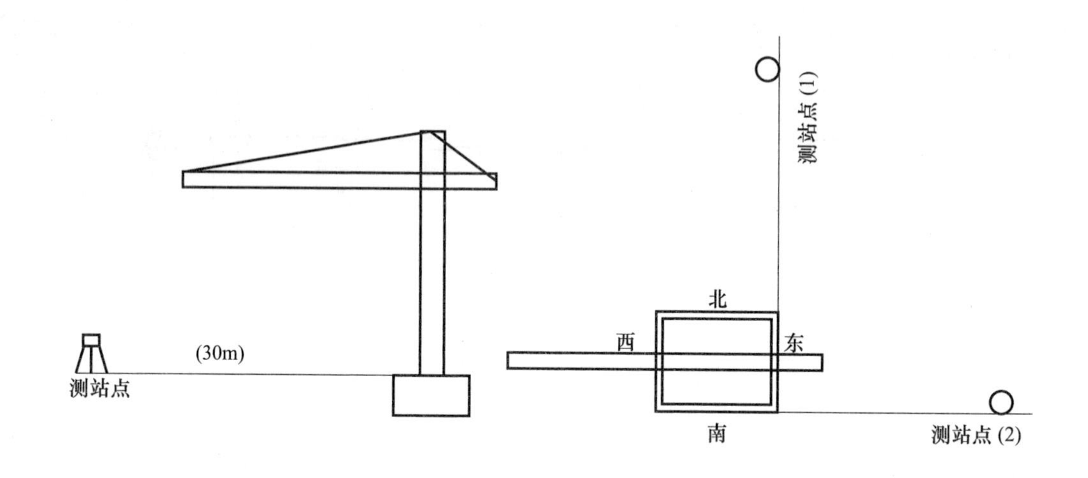

观测部位	东西向实测偏差（mm）	南北向实测偏差（mm）
1 号塔式起重机	向西 20	向南 30
2 号塔式起重机	向东 20	向南 80

结论：根据《建筑施工塔式起重机安装、使用、拆卸安全技术规程》（JGJ 196—2010），本工程观测方法正确，误差值在允许范围内，符合设计及相关规范要求。

<table>
<tr><td rowspan="4">签字栏</td><td colspan="2">施工单位</td><td colspan="2"></td></tr>
<tr><td colspan="2">专业技术责任人</td><td>专业机械员</td><td>施测人</td></tr>
<tr><td colspan="2"></td><td></td><td></td></tr>
<tr><td>监理单位</td><td></td><td>监理工程师</td><td></td></tr>
</table>

本表由施工单位填写，建设单位、监理单位、施工单位各存一份。

塔式起重机基础沉降观测记录

编号：

工程名称		施工单位	
使用仪器	DS3，检定编号：345268	检定日期	
塔式起重机编号	2＃塔吊	基准点高程	

观测点布置简图：

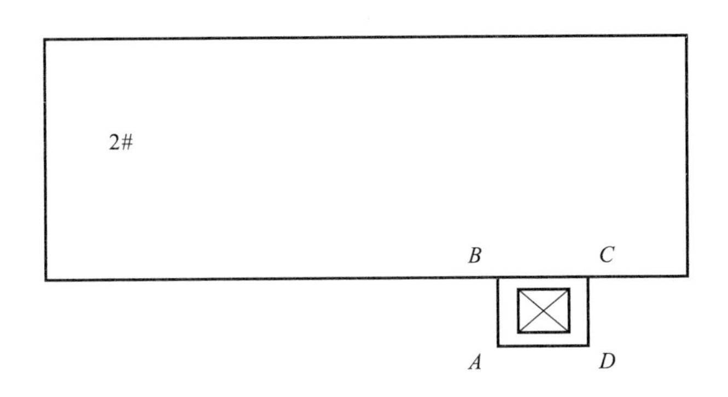

观测点编号	观测日期	后视点（m）	后视读数（m）	前视读数（m）	高程（m）	本次沉降值（mm）	累计沉降值（mm）
A	×年×月×日	203.521	1.369	2.157	202.733	3	3
B				2.168	202.722	2	2
C				2.166	202.724	2	2
D				2.159	202.731	3	3
A	×年×月×日	203.521	1.459	2.249	202.731	2	5
B				2.259	202.721	1	3
C				2.258	202.722	2	4
D				2.250	202.730	1	4
A							
B							
C							
D							
签字栏	观测单位						
	技术负责人			审核人		施测人	

本表由测量单位填写，城建档案馆、建设单位、监理单位、施工单位各存一份。

基槽平面及标高实测记录

编号

工程名称		施工日期	
使用仪器	DS3，检定编号：2021063 TDJ2-E经纬仪，检定编号：19265035	检定日期	
抄测部位	1-11轴 A-B轴	抄测内容	设计高程（基础深度）、基槽轮廓线、基槽断面

验线依据及内容：

依据：1. 施工图纸（图号××）设计变更/洽商（编号××）；

2.《建筑工程施工测量规程》（DBJ 01-21-95）；

3. 本工程《施工测量方案》；

4. 定位轴线控制网。

内容：根据主控轴线和基底平面图，检验建筑物基底外轮廓线、集水坑（电梯井坑）、垫层标高、基槽断面尺寸及边坡坡度（1∶0.5）等。

基槽平面、剖面简图：

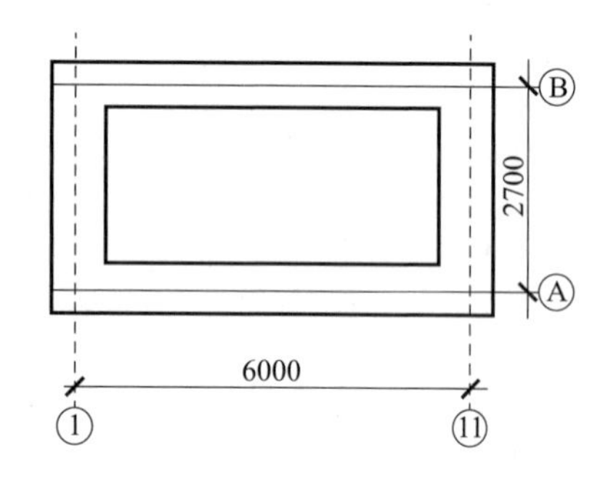

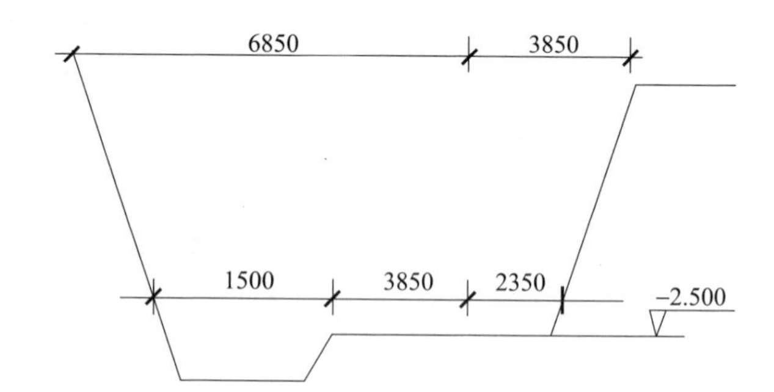

检查意见：

经检查：1-11/A-B轴为基底控制轴线，垫层标高（误差：−1mm），基槽开挖的断面尺寸（误差：+2mm），坡度边线、坡度等各项指标符合设计要求，根据《建筑工程测量规程》（DBJ 01-21-95）及本工程《施工测量方案》的规定，可进行下道工序施工。

<table>
<tr><td rowspan="3">签字栏</td><td rowspan="2">施工单位</td><td rowspan="2"></td><td>专业技术负责人</td><td>专业质检员</td><td>施测人</td></tr>
<tr><td></td><td></td><td></td></tr>
<tr><td>监理（建设）单位</td><td></td><td>专业工程师</td><td colspan="2"></td></tr>
</table>

本表由测量单位填写，城建档案馆、建设单位、监理单位、施工单位各存一份。

楼层平面放线记录

编号：

工程名称		施工日期	
使用仪器	TDJ2-E经纬仪，检定编号：1685246	检定日期	
放线部位	二层楼面		

放线依据：

1. 施工图纸（图号××）；
2. 《建筑工程施工测量规程》（DBJ 01-21-95）；
3. 本工程《施工测量方案》；
4. 定位轴线控制网。

放线简图：

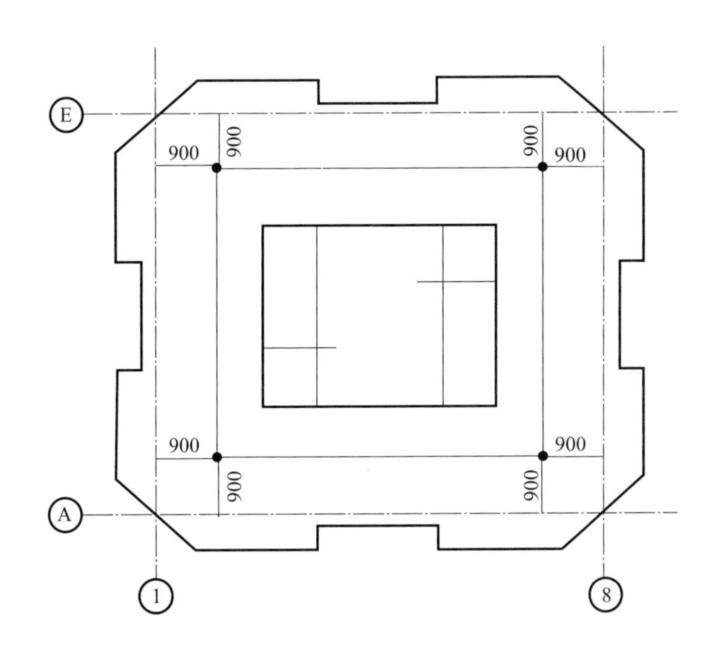

经检查：内控轴线距离外轴线900mm，用经纬仪进行控制轴线闭合差复核，误差最大2mm，角+5″，最小1mm，角+3″，符合设计要求及施工规范的规定。

检查结论：符合要求。

签字栏	建设（监理）单位	施工单位			
		技术负责人	测量负责人	复测人	施测人

本表由测量单位提供，施工单位保存。

楼层标高抄测记录

编号：

工程名称		施工日期	
使用仪器	DS3，检定编号：2651893	检定日期	
抄测部位	地下一层（1-1～1-6/1-A～1-C）	抄测内容	建筑1m标高控制线

抄测依据及内容：

抄测依据：1. 建筑工程施工测量规程（DBJ 01-21-95）

2. S3-1施工测量方案

3. 建筑施工图（建101）

4. S3-1±0.000（绝对标高40.850m）。

抄测简图：

S3商业1-1～1-6/1-A～1-C轴地下一层建筑板面标高为－3.200m（绝对标高37.650m）其建筑1m控制线标高为2.200m（绝对标高38.650m）所有标高均抄测在结构墙体上用墨线标识。

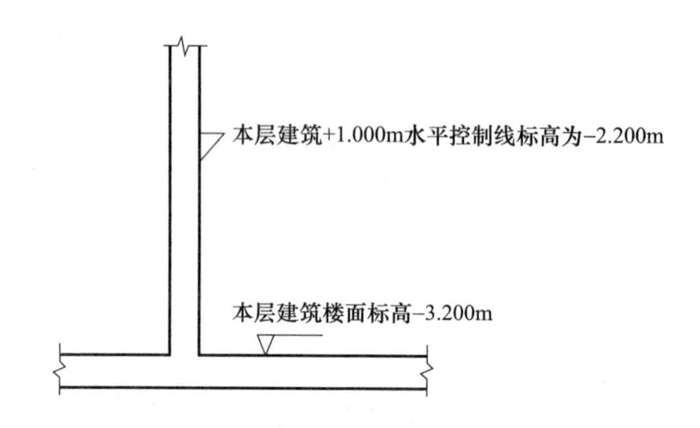

检查意见：

实测控制线的标高为－2.201m与图纸设计标高－2.200m误差－1mm，S3商业1-1～1-6/1-A～1-C轴地下一层建筑1m标高控制线抄测，符合规范DBJ 01-21-95楼层标高抄测精度要求。

<table>
<tr><td rowspan="3">签字栏</td><td rowspan="2">建设（监理）单位</td><td>施工单位</td><td colspan="2"></td></tr>
<tr><td>项目技术负责人</td><td>专业质检员</td><td>施测人</td></tr>
<tr><td></td><td></td><td></td><td></td></tr>
</table>

本表由施工单位填写并保存。

建筑物垂直度、标高测量记录

编号：

工程名称			
使用仪器	DS3，检定编号：25614853	检定日期	
施工阶段	主体结构完成	观测日期	

示意图：

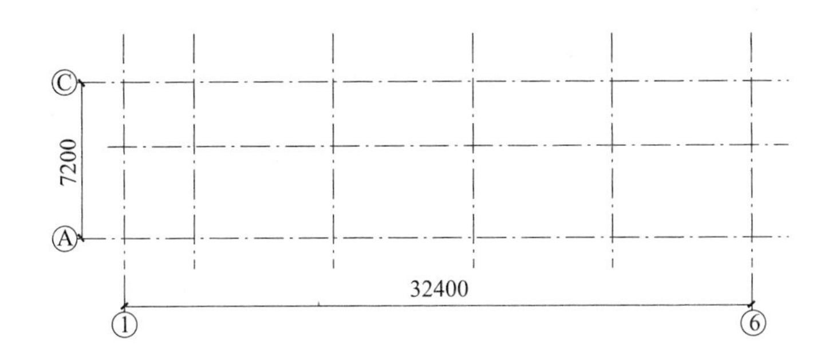

观测说明：本工程共一层，建筑高度 6.60m。

垂直度测量（全高）		标高测量（全高）	
观测部位	实测偏差（mm）	观测部位	实测偏差（mm）
1/C	偏东 4	1/C	+3
1/C	偏东 1		
1/A	偏西 1	1/A	+2
1/A	偏南 2		
6/C	偏南 2	6/C	+2
6/C	偏西 2		
6/A	偏北 4	6/A	+4
6/A	偏东 1		

结论：

经检查，本工程符合《混凝土结构工程施工质量验收规范》(GB 50204—2015) 规定的垂直度偏差值和标高偏差值。

签字栏	监理（建设）单位	施工单位		
		专业技术负责人	专职质检员	施测人

本表由施工单位填写，建设单位、监理单位、施工单位、城建档案馆各存一份。

参考文献

[1] 中华人民共和国国家标准．工程测量基本术语标准：GB/T 50228—2011［S］．北京：中国计划出版社，2011.

[2] 中华人民共和国国家标准．工程测量标准：GB 50026—2020［S］．北京：中国计划出版社，2021.

[3] 中华人民共和国行业标准．城市测量规范：CJJ/T 8—2011［S］．北京：中国建筑工业出版社，2012.

[4] 中华人民共和国行业标准．建筑施工测量标准：JGJ/T 408—2017［S］．北京：中国建筑工业出版社，2017.

[5] 中华人民共和国行业标准．建筑变形测量规范：JGJ 8—2016［S］．北京：中国建筑工业出版社，2016.

[6]《图解建筑工程现场管理系列丛书》编委会．测量员全能图解［M］．天津：天津大学出版社，2009.

[7]《建筑工程测量与施工放线一本通》编委会．建筑工程测量与施工放线一本通［M］．北京：中国建材工业出版社，2009.

[8]《建筑施工手册》(第五版) 编委会．建筑施工手册［M］．5 版．北京：中国建筑工业出版社，2013.

[9] 何保喜．全站仪测量技术［M］．郑州：黄河水利出版社，2005.

[10] 武汉测绘科技大学《测量学》编写组．测量学［M］．3 版．北京：测绘出版社，2000.

[11] 李青岳，陈永奇．工程测量学［M］．北京：测绘出版社，2002.

[12] 张正禄，等．工程测量学［M］．武汉：武汉大学出版社，2005.

[13] 黄声享，尹晖，蒋征．变形监测数据处理［M］．武汉：武汉大学出版社，2003.

[14] 章书寿，华锡生．工程测量［M］．北京：中国水利水电出版社，1994.

[15] 过静珺．土木工程测量［M］．武汉：武汉工业大学出版社，2000.

[16] 覃辉．土木工程测量［M］．上海：同济大学出版社，2004.

[17] 杨中利，汪仁银．工程测量［M］．北京：中国水利水电出版社，2007.

[18] 李生平，陈伟清．建筑工程测量［M］．3 版．武汉：武汉理工大学出版社，2008.

[19] 汪新，戴卿．建筑工程测量［M］．郑州：黄河水利出版社，2016.

[20] 常允艳，谢波，董红娟，等．土木工程测量［M］．成都：西南交通大学出版社，2012.

[21] 费业泰．误差理论与数据处理［M］．6 版．北京：机械工业出版社，2010.